LO QUE EINSTEIN NO SABÍA

ROBERT L. WOLKE

LO QUE EINSTEIN NO SABÍA

Traducción de Jorge Conde

Revisión técnica de Pedro Crespo
(doctor ingeniero industrial)

MA
NON
TROPPO

UN SELLO DE EDICIONES ROBINBOOK

Licencia editorial para Bookspan
por cortesía de Ediciones Robinbook, s.l.
Bookspan
1271 Avenue of the Americas
N.Y., N.Y. 10020

Diseño de cubierta: Jordi Salvany.
Diseño de interior: Cifra, Muntaner 45, 3.º, 1.ª - 08011 Barcelona.
ISBN: 84-95601-37-0.

Impreso en U.S.A. - *Printed in U.S.A.*

*A mis fuentes de energía personales:
a mi hija Leslie, que ha animado mi labor docente
con sus constantes preguntas «¿Por qué, papá?»
y a Marlene, mi esposa, quien continuamente insufla
energías a mi vida, por ser una verdadera compañera.*

ÍNDICE

INTRODUCCIÓN

Olvidemos la palabra ciencia. Este libro se limita a exponer lo que acontece bajo la apariencia de las cosas cotidianas. Está dirigido a las personas que sienten curiosidad por el mundo que las rodea, pero que no disponen de tiempo para indagar por sí mismas y dar con las respuestas, o bien que se sienten algo intimidadas por la ciencia y su vocabulario.

Huelga decir que los motivos que subyacen tras los fenómenos cotidianos siempre tienen una base científica, lógica y precisa. Pero aquí no encontrará el lector las respuestas habituales en la divulgación científica, vacías de contenido, que suelen dejarnos tanto o más desconcertados que al principio. En lugar de simples respuestas obtendrá explicaciones escritas con un lenguaje llano y directo que espero sirva para conducirle a un entendimiento sincero, rotundo, definitivo.

Tradicionalmente la ciencia ha tenido presencia en cuatro ámbitos fundamentales de nuestra vida: las aulas, los libros de texto, los libros infantiles y en extensos y solemnes volúmenes escritos por científicos serios. Por desgracia, los libros de texto y la docencia científica en las aulas causan tanto rechazo en algunas personas como interés en otras. (No empecemos mal.) Los libros para niños son estupendos y muy amenos, si bien propician la falsa noción de que sólo los niños sienten curiosidad por ciertas cosas. Y los libros científicos, tan solemnes, únicamente perpetúan la convicción de que la ciencia es algo por definición incomprensible para la inmensa mayoría de los mortales.

Este volumen no es un libro de texto, dista mucho de ser solemne, y tampoco se trata de un entretenimiento para niños. Pero no se sorprenda el lector si sus hijos se lo roban. Es un libro divertido pensado para adultos. Aunque tampoco es un compendio de pequeños prodigios para maravillarse y olvidarlos al instante. Antes bien aborda cuestiones reales que podrían preguntarse personas reales en situaciones reales: en casa, en la cocina, en el garaje, en el mercado y al aire libre.

No es necesario leer este libro según el orden establecido. Hojéelo según le apetezca y lea con detenimiento aquellas cuestiones que llamen su atención, pues cada explicación es autosuficiente. Ahora bien, en caso de que exista alguna información relacionada con el tema tratado en otra sección del texto, se le remitirá puntualmente a ella indicando la unidad donde aparece y su correspondiente explicación.

Al hojear el libro observará una serie de apartados titulados Haga la prueba, que engloban tests y demostraciones que podrá realizar usted mismo, ya sea sentado a la mesa en la cocina de su casa o también a bordo de un avión. Asimismo encontrará una serie de Apuestas de bar que tal vez le permitirán ganar una ronda de bebidas gratis, o tal vez no, pero que sin lugar a dudas motivarán debates muy animados.

A lo largo de todo el libro, siempre que una explicación amenace con resultar excesiva, los detalles serán desterrados y confinados al Rincón del quisquilloso, a fin de que el lector pueda obviarlos si lo estima oportuno. De igual manera, se procederá a explicar los términos empleados de índole eminentemente técnica. Pero si llega a atascarse con uno y no recuerda su significado, muy probablemente podrá salir de dudas con sólo consultar la lista de Palabras clave que figura al final del texto.

Por ejemplo: si al hojear el texto repara en que la palabra molécula aparece casi por todas partes, y si teme que su definición sea muy técnica o resulte inasequible, no tendrá motivos para preocuparse. Molécula es el único concepto técnico absolutamente ineludible para dar explicación a lo que sucede en nuestro entorno. Es muy posible que ya sepa qué es una molécula, pero para los propósitos de este libro, he aquí lo que usted debe saber:

• Una molécula es cada una de las partículas, diminutas e invisibles, que componen todas las cosas. Todas las cosas que ve y puede tocar son diferentes porque sus moléculas también lo son, puesto que son de clases distintas y presentan tamaños, formas y configuraciones también distintos.

• Las moléculas están formadas por grupos de partículas todavía más minúsculas denominadas átomos. Los hay de hasta cien tipos distintos, pudiendo combinarse de innumerables maneras con el objeto de formar un elevado número de moléculas distintas.

Como podría haberlo definido Keats, «Eso es todo lo que sabes del mundo y todo lo que necesitas saber, en un todo».

Feliz lectura.

Como profesor, he finalizado muchas de mis clases diciendo «¿Hay más preguntas?» Pero en esta ocasión me dirijo a ustedes, mis lectores. Si tienen alguna pregunta sobre cuestiones científicas y el papel que desempeñan en nuestra vida diaria, y si desean que yo responda a sus preguntas en futuras ediciones de este libro, pueden enviarlas a Scientific Answers, 610 Olympia Road, Pittsburg, PA 15211. O, si lo prefieren, ponerse en contacto conmigo mediante el correo electrónico: wolke+@pitt.edu. Además, si la suya es una cuestión incluida en el siguiente volumen, su nombre y la ciudad de procedencia aparecerán también, de modo que no olvide adjuntar todos sus datos.

Capítulo 1
EN LA CASA

Deambulemos un rato por nuestra casa. Si nuestras antenas están desplegadas, a buen seguro que encontraremos una gran cantidad de hechos fascinantes que investigar. Tal vez veamos algunas velas encendidas sobre la mesa del comedor donde el champán nos aguarda burbujeando, al tiempo que admiramos el atardecer desde nuestra ventana. O quizá lleguemos al lavadero donde el jabón y la lejía estarán haciendo maravillas con todo lo que solemos agrupar y definir con el término genérico «suciedad».

En esta sección descubriremos con asombro todo lo que hay detrás de hechos y objetos tan aparentemente sencillos como las velas, el champán, el atardecer, el jabón y la lejía, sin por ello olvidarnos de la ducha y el colchón de agua.

He aquí lo sucio del jabón

Dicen que hay tres cosas cuya elaboración es mejor no ver: las salchichas, las leyes y el jabón. Son muchas las historias turbias que he oído acerca de los legisladores, y lo cierto es que preferiría no saber nada sobre el origen de las salchichas. Pero hoy he decidido arriesgarme: ¿cómo se hace el jabón?

El tremendo desbarajuste que se produce cuando se fabrica el jabón contradice su uso como limpiador incomparable, muy útil para casi todas las manchas, al menos durante los últimos 2.000 años. Siempre se ha elaborado a partir de materiales muy comunes y baratos: grasa y cenizas de maderas. En ocasiones se empleaba cal.

Si lo desea, puede fabricarlo tal como hacían los romanos. En primer lugar, calentaban piedra caliza para obtener la cal.

Seguidamente rociaban las cenizas vegetales calientes con cal mojada y lo mezclaban bien. Removían el fango gris resultante en el interior de un caldero de agua caliente y lo hervían con pedazos de grasa de cabra durante varias horas. Cuando finalmente se formaba una gruesa capa de una especie de requesón de un color marrón sucio en la superficie, que se endurecía al enfriarse, procedían a cortarla en porciones similares a pasteles. Eso es el jabón.

O, si así lo prefiere, diríjase a su tienda y compre una porción del producto que se comercializa hoy en día, altamente purificado. Además de jabón, que es un compuesto químico concreto, probablemente contendrá rellenos, tintes, perfumes, desodorantes, agentes antibacterianos, cremas y lociones varias, además de mucha, mucha publicidad. A menudo más publicidad que jabón.

Cada jabón resulta de la reacción de la grasa con un *álcali*, una base fuerte y potente. Una base es el opuesto de un ácido. En lugar de grasa de cabra, los jabones actuales contienen grasas muy diversas, desde sebo de vaca y cordero hasta aceites de palma, semilla de algodón y oliva. El jabón de Castilla (duro) está hecho con aceite de oliva. El álcali que se emplea actualmente para la fabricación de jabón suele ser lejía (sosa cáustica o hidróxido de sodio). La cal también es un álcali muy socorrido, mientras que, si no hay más remedio, pueden usarse las cenizas de maderas, dado que contienen carbonato de potasio alcalino.

Creada a partir de la adición de un compuesto orgánico (un ácido graso) y un compuesto inorgánico (lejía), la molécula de jabón conserva algunas características de sus dos progenitores (véase pág. 77). Posee una parte de naturaleza orgánica, amiga de las sustancias orgánicas oleaginosas, y otra inorgánica que resulta atraída por el agua (véase pág. 113). De ahí su incomparable capacidad para disolver la suciedad grasienta en el agua del lavado.

Siempre que aparezcan los siguientes compuestos químicos entre los ingredientes que figuran en la etiqueta de un champú no deberá alarmarse: pasta de dientes, espuma de afeitar o cosméticos. Se trata de nombres que responden a los siguientes jabones: estearato sódico, oleato sódico, palmitato sódico, miristato sódico, laurato sódico, talowato sódico y cocoato sódico. Si se ha sustituido el «sodio» por el «potasio», el jabón habrá sido elaborado con potasa cáustica (hidróxido de potasio) en lugar de con sosa cáustica (lejía o hidróxido de sodio). Los jabones de potasio son más suaves, blandos, pudiendo incluso ser líquidos.

La limpieza es... casi imposible

Cuando descubrimos algo que no nos gusta en nuestro cuerpo, en la ropa o en nuestro coche, decimos que están «sucios» y procedemos a lavarlos. Aquello que denominamos suciedad puede ser cualquier cosa. Pero el jabón siempre nos hace el favor de eliminarla, y curiosamente es lo único que elimina. ¿Cómo sabe el jabón que algo es suciedad?

A tenor de lo dicho, podría parecer que el jabón es una sustancia con propiedades mágicas capaz de reconocer y respetar nuestra piel y nuestras preciosas posesiones toda vez que devora todo aquello que encuentra a su paso como si de un buitre se tratara, dejando sólo los huesos. Lo cierto es que dicha magia no existe. La respuesta a semejante dilema tiene que ver con la naturaleza del agua y el aceite. Simple como podría sonar, todo lo que llamamos suciedad o, dicho con más propiedad, «sustancia extraña», no es otra cosa que aceite o algo que se adhiere a nosotros por medio del aceite. Y el jabón (véase pág. 17) es un quitamanchas de aceite único.

Antes de averiguar cómo eliminar la suciedad, deberemos analizar cómo nos ensuciamos.

Una mota de suciedad microscópica (queriendo decir con ello que no la deseamos sobre nosotros) puede adherirse a un tejido de dos maneras distintas: quedar mecánicamente atrapada en una fisura minúscula o fijarse al tejido por medio de la humedad. Un ejemplo de la primera opción es la suciedad que puede uno acumular en una carretera polvorienta; un ejemplo de la segunda es la que se acumula en una carretera enfangada. En ambos casos, un buen rociado con agua corriente de la manguera, seguido quizá de un restregado vigoroso, logrará eliminar cualquier sustancia extraña. Así pues, recurrir al jabón no es absolutamente necesario.

Pero ¿y si las partículas de suciedad presentan un ligero recubrimiento de grasa en lugar de agua? Se pegarán a su piel al igual que hizo el lodo mojado. De hecho, la suciedad no necesita llevar con ella su capa de grasa correspondiente. A menudo nuestra piel contiene el aceite suficiente para lograr que las partículas de suciedad se adhieran fuertemente a ella. No obstante, al contrario que el lodo, la suciedad permanecerá adherida, dado que no se evapora y se seca como hace el agua. Así como tampoco la desalojaremos con un simple rociado con agua porque el agua tiene muy poco que ver con el aceite (véase pág. 113). Sencillamente se deslizará sobre la suciedad como lo haría por el lomo de un pato, que, como bien sabemos, está cubierto de plumas asimismo grasientas.

Parece ser entonces que lo único que podemos hacer para disolver la suciedad adherida con grasa consiste en buscar y destruir el agente oleaginoso que la fija al tejido. La suciedad podrá entonces desprenderse y ser arrastrada por un líquido.

Así las cosas, procedamos a llenar la vieja bañera con alcohol, queroseno o gasolina; todos ellos son buenos disolventes para el aceite, ¿o no? Eso es precisamente lo que hacen los detergentes para limpieza en seco con nuestras prendas sucias: las introducen en un barril lleno con un disolvente como el percloruro de etileno (perc, para abreviar), un disolvente orgánico muy eficaz cuando se trata de disolver aceite. Este proceso se denomina limpieza «en seco» pese a que implica sumergir y agitar la ropa en una sustancia líquida. El razonamiento empleado se sustenta en el hecho de que, al no tratarse de un baño con agua, las cosas no se mojan. Una afirmación totalmente errónea, por supuesto (véase pág. 210).

Desafortunadamente, poner perc en la bañera acabaría con su vida con mayor celeridad que el alcohol, el queroseno o la gasolina, razón por la cual deberemos olvidarnos de los baños con disolventes. Pero existe una sustancia tan buena como las anteriores, y no muy tóxica (con la que se han lavado muchas bocas, según cuentan): el jabón. En sentido estricto, el jabón no disuelve el aceite. Culmina la asombrosa proeza de atraer el aceite y conducirlo hacia el agua, de manera que tanto el aceite como las motas de suciedad cautivas puedan seguidamente enjuagarse.

Las moléculas de jabón son largas y fibrosas. En casi toda su extensión (la «cola») son idénticas a las moléculas del aceite y por tanto tienen cierta afinidad con otras moléculas oleaginosas. Pero en uno de sus extremos (la «cabeza») presentan una pareja de átomos con carga eléctrica siempre dispuestos a asociarse con las moléculas del agua, siendo esta cabeza la que arrastra a toda la molécula del jabón hacia el agua, hasta que se disuelve. Mientras nadan en el agua, si un grupo de moléculas de jabón disueltas se topa con una partícula grasienta de suciedad, sus colas ávidas de grasa se engancharán al aceite, a la vez que sus cabezas amantes del agua se mantendrán firmemente ancladas al agua. Como resultado de todo ello, el aceite será arrastrado hacia el agua, su partícula de suciedad cautiva quedará liberada del material al que estaba adherida y podrá finalmente enjuagarse.

El rincón del quisquilloso

El jabón surte un segundo efecto: hace que el agua moje más. Con ello quiero decir que facilita que el agua penetre en todos los rincones y recovecos del material que se está lavando. Las moléculas del agua se pegan unas a otras con gran fuerza (véase pág. 113). Como resultado de ello, una molécula de agua situada en la superficie de un «pedazo» de agua sufrirá fuertes atracciones que tratarán de arrastrarla hacia el resto del «pedazo». Ahora bien, la formación más prieta y densa que un grupo de partículas cualquiera puede alcanzar en libertad es de naturaleza esférica. Una esfera presenta una extensión mínima de superficie expuesta al mundo exterior. Es por ello por lo que el agua forma gotas esféricas cuando tiene libertad para hacerlo, como cuando cae en forma de lluvia, por citar un ejemplo.

Sirvan de ejemplo bidimensional las formaciones de los carros de los pioneros norteamericanos, siempre ubicados «en círculo», para defenderse mejor cuando se enfrentaban a los indios. En caso de haber adoptado una formación cuadrada, habrían quedado más expuestos a los peligros del exterior.

Esta fuerza de atracción centrípeta que padecen las moléculas de la superficie de un líquido recibe el nombre de tensión superficial. Surge porque las moléculas de la superficie son, en cierto modo, distintas a las moléculas del interior del líquido.

En el interior del líquido una molécula resulta arrastrada por la atracción que ejercen sobre ella las moléculas situadas por encima, debajo y a su alrededor, de suerte que estas fuerzas se neutralizan mutuamente. Así las cosas, una molécula situada en la superficie sólo sufre la atracción de las que tiene a su alrededor y debajo, pero ninguna atracción desde arriba. De este modo existe una tensión dirigida hacia abajo que no está neutralizada desde la zona superior. Este hecho provoca que las moléculas se adhieran con más fuerza al agua que otras moléculas, y el agua se comporta como si tuviera una «piel» tensada en su superficie. Así pues, los objetos pequeños pueden incluso reposar en la superficie sin hundirse en esa «piel». Y los insectos acuáticos pueden patinar alegremente sobre la superficie del agua.

Pasemos ahora al jabón. Al acumularse en la superficie del agua con sus cabezas amantes del líquido elemento y sus colas que sobresalen, las moléculas del jabón perturban la tensión superficial del agua. Esta situación trastoca la tendencia al agrupamiento de las moléculas del agua y les permite prestar atención a otras cosas…, esto es, posibilita que mojen y se adhieran a una aguja que flota, por ejemplo.

 ## Haga la prueba

Debido a la tensión superficial podemos depositar una aguja de coser, de acero, sobre la superficie del agua sin que se precipite hasta el fondo de un tazón. Deposítela cuidadosamente con la ayuda de un par de palillos o con dos cerillas.

Una vez que haya logrado que la aguja flote sobre la superficie del agua, rocíe la zona con una pizca de detergente en polvo, sin llegar a bombardearla. Los detergentes son incluso mejores que el jabón como agentes destructores de la tensión superficial. En cuanto se disuelva el detergente, la aguja se hundirá repentina e irremediablemente hasta el fondo del tazón.

La lógica de un crucero por el mar

Un anuncio de una línea de cruceros por el Caribe, emitido en televisión, dice así: «Y para aquellos de nuestros huéspedes que hayan estado demasiado tiempo expuestos al sol, lavaremos sus sábanas con agua blanda». ¿Es eso cierto? ¿Sirve de algo?

No, el redactor de este anuncio es quien ha estado expuesto al sol demasiado tiempo. Este hecho hace que nos preguntemos si una línea de cruceros que se traga algo semejante de su agencia de publicidad será capaz de dar con la isla que buscamos para disfrutar de unas merecidas vacaciones.

En vez de insultar a mis lectores con la explicación de los motivos por los que las sábanas no serán más suaves, preferiría recordar muy cortésmente a todos los lectores que se dediquen al negocio de los cruceros que el agua no se califica de dura o blanda en función de su rigidez relativa. Así como tampoco debemos esta clasificación a que con agua dura se preparan los huevos duros y con blanda los huevos blandos. La elección de los calificativos «duro» y «blando» referidos al agua es escasamente afortunada. Mejor habría sido tildar al agua de «cooperadora» y «difícil» con respecto al jabón.

El agua dura es agua que ha dado muchas vueltas. Primeramente cayó en forma de lluvia atravesando el aire y entonces jugueteó, retozó y se filtró por ahí, entre las rocas y por los riachuelos, antes de ser capturada, retenida y explotada por el ser humano. En su peregrinaje y sin poder remediarlo, recogió el dióxido de carbono presente en el aire, cosa que la convirtió en ácida: ácido carbónico.

Este ácido es capaz de disolver las pequeñas cantidades de calcio y magnesio presentes en piedras como la caliza (carbonato de calcio) y la dolomía (una mezcla de carbonatos de calcio y magnesio). Igualmente, puede disolver ciertos minerales con hierro. Como resultado de ello, el agua discurrirá arrastrando minerales disueltos como el calcio, el hierro y el magnesio.

Se considera «dura» debido a que el jabón siempre encontrará mayores dificultades para desempeñar su labor en presencia de un agua que contenga estos minerales. El jabón tiene moléculas alargadas que disponen de un terminal que adora el aceite y otro que adora el agua (véase pág. 19). Así, el jabón juntará el agua con el aceite y llevará a cabo su labor de limpieza.

El problema radica en que el calcio, el magnesio y el hierro reaccionan con los extremos de las moléculas que adoran este elemento y dan lugar a una especie de requesón blanco, céruleo e insoluble que consigue separar el jabón del agua, impidiendo así que realice su trabajo. Este requesón resulta visible en forma de «espuma» o, en su apariencia más conocida, como ese anillo espumoso que se forma en la bañera. Contrariamente a lo que postula el saber popular, esto último es un signo de la dureza del agua y no tanto revelador de las costumbres higiénicas del bañista.

Casualmente, aquí está nuestro candidato para convertirse en el pensamiento más inquietante de la semana: es muy probable que usted haya ingerido espuma de jabón al comerse determinados caramelos y dulces. Una forma muy común de espuma de jabón responde al nombre químico de estearato de magnesio. El estearato procede del jabón (véase pág. 17), mientras que el magnesio procede del agua dura. El estearato de magnesio es una sustancia lisa, suave y cerúlea. Es por ello por lo que se adhiere a la bañera, claro está, pero por esa misma razón confiere una textura cremosa a las

pastillas de menta así como a otros muchos caramelos que pueden
«chuparse». Una textura jabonosa, si me lo permite el lector. Cuando aparezca el estearato de magnesio en la composición de ciertos
dulces, tenga la certeza de que se trata del compuesto químico
puro, manufacturado a partir de fuentes muy distintas a los residuos y las raspaduras que pueden encontrarse en una bañera.

Volviendo al agua dura, dos son las posibilidades que tenemos
para paliar la incapacidad del jabón a la hora de llevar a cabo su tarea limpiadora en presencia de agua dura: podemos suavizar el
agua o podemos olvidarnos del jabón y emplear en su lugar un detergente sintético.

Las tácticas para suavizar el agua se basan en la eliminación o
la inutilización de los minerales impertinentes. Muchos de los productos domésticos pensados para suavizar el agua eliminan dichos
minerales por medio de un intercambio de iones. Sustituyen el calcio por sodio, que resulta inocuo dado que ya forma parte de la molécula de jabón.

Hace unos cincuenta años, una fecha casi antediluviana, el
agua dura se combatía mediante la adición de sosa para lavar (carbonato de sodio) en la cuba de lavado. Este compuesto da nueva
forma a los carbonatos de calcio y magnesio originales, insolubles
(en esencia, la piedra original), eliminándolos antes de que puedan
pegarse al jabón.

Hoy en día, empero, prácticamente nadie usa jabón para hacer
la colada. La lista interminable de productos para el lavado que podemos encontrar en los estantes del supermercado está integrada
fundamentalmente por detergentes sintéticos, en su mayoría idénticos, salvo en la publicidad que los acompaña. Como el jabón, sus
moléculas disponen de extremos afines al aceite y al agua, pero que
sencillamente se niegan a reaccionar con el calcio y el magnesio. Y,
además, suelen contener compuestos químicos para suavizar el
agua, como los fosfatos y la sosa para lavar.

No obstante, el agua dura sigue siendo el villano de esta historia, dado que puede embozar las tuberías del agua y los calentadores. Cuando se hierve el agua dura, el calcio y el magnesio disueltos
se desprenden del agua en forma de piedra caliza y dolomía. Esta
piedra renacida, llamada escama de caldera, puede dar lugar a una
costra muy tenaz que recubre el interior de las calderas, los calentadores del agua y las tuberías, atascándolos como atascadas están
las arterias de un repostero vienés.

Si su agua corriente es del tipo duro, ilumine con una linterna el interior de su tetera y vislumbrará dicha escama de caldera en la forma de una capa blanquecina que cubre la superficie. Si eso le molesta, hierva un poco de vinagre (un ácido) en su interior para disolverla.

Haga la prueba

Agite unas pocas virutas de jabón en pastilla o unas hojuelas de Ivory Snow (que es jabón verdadero) con agua destilada en una jarra. Obtendrá una gruesa y hermosa capa de espuma de jabón, cosa que indica que el jabón está haciendo su trabajo. (El agua destilada es pura, carece de minerales y puede encontrarse en muchas tiendas y supermercados.)

Acto seguido, y si usted reside en una zona de agua dura, agregue un poco de agua del grifo y agite nuevamente la jarra. Si el agua de la zona es blanda, podrá simular las características del agua dura a resultas de añadir un poco de leche. El calcio del agua dura (o de la leche) eliminará las jabonaduras. Es posible que se aprecie algo de espuma en la forma de pequeños fragmentos blancos flotantes.

Quemar una vela por uno de sus extremos

Cuando se enciende una vela, ¿adónde va la cera?

A excepción de la que se derrama encima del mantel, la cera va a parar al mismo lugar al que van la gasolina y el aceite al quemarse, esto es, al aire. Pero con una forma alterada químicamente.

Por lo general, las velas están hechas de parafina, que es una mezcla de hidrocarburos, sustancias que hallamos en el petróleo. Como su nombre indica, las moléculas de hidrocarburo contienen átomos de hidrógeno y de carbono. Cuando se queman, reaccionan con el oxígeno presente en el aire. El carbono y el oxígeno originan dióxido de carbono, mientras que el hidrógeno y el oxígeno producen agua, si bien esta transformación no se realiza por completo (véase pág. 27). Ambas sustancias son gases a la temperatura de la llama, y simplemente se disipan en el aire.

Quemamos otros muchos hidrocarburos: metano en el gas natural, propano en las parrillas y los sopletes de gas, butano en los encendedores de cigarrillos, queroseno en las lámparas y gasolina en los coches. Todos ellos se queman para formar dióxido de carbono y vapor de agua, y parecen desaparecer en el proceso. El papel, la madera y el carbón contienen minerales y materiales de origen vegetal que no se queman, de modo que además de producir dióxido de carbono y agua, dejan cenizas.

 El rincón del quisquilloso

Cuando el oxígeno disponible resulta insuficiente para producir *di*óxido de carbono, como ocurre en los motores de los automóviles, se genera también una cierta cantidad de *mon*óxido de carbono (véase pág. 121).

Si le cuesta creer que las llamas producen agua, pruebe lo siguiente:

 **Haga la prueba**

Ponga varios cubitos de hielo en una sartén de aluminio pequeña y delgada, aguarde a que se enfríe y sosténgala sobre el fuego, sobre una vela o un mechero de butano. Pasado un tiempo, examine la parte inferior de la sartén y descubrirá que el vapor de agua de la llama se ha condensado hasta originar agua en estado líquido.

❓ No lo ha preguntado, pero...

¿Por qué no arde una vela sin su mecha?

Debido a la atracción capilar, la mecha o pabilo dirige la cera derretida hasta donde pueda evaporarse y mezclarse con el oxígeno del aire. Un bloque de cera sólida, o incluso un charco de cera derretida, no se quemará porque las moléculas de la cera no pueden entrar en contacto con suficientes moléculas de oxígeno; sólo en forma de vapor pueden mezclarse satisfactoriamente, molécula a molécula, y reaccionar. La combustión (el hecho de quemarse) es una reacción que libera energía calorífica. Una vez que da inicio, la combustión liberará calor en cantidad más que suficiente para derretir y evaporar más cera, a fin de que el proceso siga su curso.

¡Fuego!

Las llamas de mi horno de gas son azules, pero las velas que se queman encima de la mesa del comedor tienen llamas amarillas. ¿Por qué hay llamas de distintos colores?

Eso depende de la cantidad de oxígeno que el combustible que ha de quemarse tiene a su alcance. Grandes cantidades de oxígeno originan llamas azules, mientras que una cantidad de oxígeno limitada las produce amarillas. Observemos en primera instancia las llamas amarillas.

En rigor, una vela es «una máquina» de producir llamas extremadamente compleja. Para empezar, parte de la cera debe derretirse. Acto seguido, la cera líquida tiene que ascender por la mecha para evaporarse y disiparse en forma de gas, y sólo entonces puede quemarse, es decir, reaccionar con el oxígeno del aire para formar dióxido de carbono y vapor de agua (véase pág. 25). Es un proceso que dista mucho de ser eficiente.

Si la combustión fuera eficiente al 100 %, toda la cera se transformaría en dióxido de carbono invisible y agua. Pero la llama no tiene acceso a todo el oxígeno que es necesario para que esto suceda, o al menos no puede hacerlo con el que está presente en el aire de su entorno inmediato. El aire, con su carga de oxígeno que alimenta la llama, no logra fluir con la velocidad necesaria para dar cuenta de toda la parafina derretida y vaporizada, que está lista para quemarse.

Así pues, bajo la influencia del calor, parte de la parafina incombustible se desintegrará en pequeñas partículas de carbono, entre otras cosas. Estas partículas serán calentadas por la llama convirtiéndose en luminosas, y producirán un destello de luz amarilla y brillante. Es por ello por lo que la llama de una vela es amarilla. Cuando las partículas de carbono que refulgen alcanzan la parte superior de la llama, la inmensa mayoría de ellas habrá encontrado suficiente oxígeno para quemarse.

Lo mismo ocurre en las lámparas de queroseno, al quemar papeles, en las hogueras, los incendios forestales y los fuegos domésticos: se producen llamas amarillas en todos los casos. El aire no discurre con la velocidad suficiente para que el combustible arda completamente y origine dióxido de carbono y agua.

Haga la prueba

Si le cuesta creer que en una vela hay partículas diminutas de carbono sin quemar, sitúe la hoja de un cuchillo de cocina en la llama y espere unos segundos. Las descubrirá antes de que se quemen. La hoja adquirirá un aspecto ennegrecido, de color negro aterciopelado y muy oscuro, parecido al carbón. Este negro carbón es una de las sustancias más negras que se conocen, y se emplea para hacer tintas.

Las parrillas y las cocinas de gas, por otra parte, se encienden con la ayuda de un combustible gaseoso, sin recurrir a la vaporización. Esto favorece la mezcla del combustible con grandes cantidades de aire, de modo que la reacción podrá llevarse a cabo completamente. Debido a que el combustible se quema casi del todo, la llama que obtenemos estará mucho más caliente. Y será una llama incolora y transparente gracias a la ausencia de partículas de carbono brillantes.

¿Lo quiere más caliente aún? ¿Por qué no mezclar entonces oxígeno puro con el gas combustible, en sustitución del aire? Después de todo, sólo el 20 % de aire es oxígeno. Quienes soplan el vidrio emplean sopletes que mezclan oxígeno con gas natural (metano), con los que se obtiene una llama cuya temperatura alcanza los 1.600 °C (3.000 °F). Los soldadores emplean sopletes de oxiacetileno (oxígeno y gas acetileno) capaces de alcanzar los 3.300 °C (6.000 °F). Todos ellos generan llamas azules, todos salvo aquellos que no están adecuadamente ajustados, cosa que impide que el gas obtenga el oxígeno suficiente para quemarse por completo. ¿El resultado? Una llama de color amarillo y cubierta de hollín.

❷ No lo ha preguntado, pero...

¿Por qué una llama de gas caliente, convenientemente ajustada, presentará un color azul y no otro?

Este fenómeno está relacionado con el hecho de que los átomos y las moléculas calentados por las llamas pueden absorber parte de la energía calorífica, de la que enseguida se desprenden en forma de energía luminosa (véase pág. 186).

Cada sustancia posee sus propias longitudes de onda típicas o colores de la luz que emite una vez que resulta estimulada por una fuente de calor. (En términos científicos: cada sustancia tiene su propio y único espectro de emisión.) El propano o el gas natural (el más común, por ejemplo, en los hornos de gas) y el acetileno del soplete de un soldador son muy similares. Ambos son hidrocarburos, es decir, compuestos que presentan carbono e hidrógeno. Sucede que las moléculas de hidrocarburos emiten muchas de sus longitudes de onda particulares en las zonas azul y verde del espectro visible. Los átomos y moléculas de otras clases, si fueran vaporizados y quemados, también aportarían sus propios colores a la llama. Éste es el principio en el que se basa la fabricación de los fuegos de artificio (véase pág. 186).

Un chorro no es un grito

Normalmente compro mi refresco con burbujas favorito en botellas de dos litros. Pero con una botella tan grande, mantenerlo vivo y burbujeante para acompañar la siguiente pizza es una cuestión que siempre plantea un problema. Además de cerrar el tapón, ¿qué otra cosa puedo hacer para que no pierda el gas? ¿Y ese chisme que se pone en la botella y bombea el aire? ¿En qué grado funciona?

Su objetivo consiste en mantener tanto dióxido de carbono gaseoso en la botella como le sea posible, puesto que de eso están hechas las burbujas que tanto le gustan. Ciertamente, mantener la botella herméticamente cerrada constituirá su primera línea defensiva. Aunque, para serle franco, no le va a ser de una gran ayuda.

Hay muchos obturadores en el mercado, incluido ese con el sistema de bombeo incorporado que ha mencionado. Se trata de una bomba para inflar ruedas de bicicleta en miniatura, que se atornilla a la botella para que pueda bombear un émbolo que comprime el gas presente en el interior del recipiente. Suena muy bien pero, por desgracia, es un fraude absoluto. Todo lo que este artilugio consigue es que usted piense que el refresco sigue vivo. Veamos cuál es el motivo.

El refresco burbujea cuando el dióxido de carbono gaseoso disuelto emerge en forma de burbujas. Con gran desesperación el gas deseará escaparse del líquido que lo aprisiona, porque los operarios de la planta embotelladora han introducido más dióxido de carbono que el que podría disolverse en el líquido bajo las condiciones atmosféricas normales. En cuanto abra la botella, la mayor parte de ese gas excedente se escapará dispersándose con rapidez en la estancia. Nada puede hacerse para evitarlo. Su único problema es conseguir que el gas restante permanezca en el líquido tanto tiempo como sea posible.

Tres son las cosas que determinan cuánto gas puede permanecer disuelto en un líquido: las reacciones químicas específicas de cada gas, la presión y la temperatura.

• *Las reacciones:* los gases que reaccionan químicamente en presencia del agua en general se disolverán con más facilidad que los gases inactivos, cuyas moléculas sólo pueden desplazarse sin rumbo fijo por el agua. El dióxido de carbono es uno de los gases que reaccionan. Forma el ácido carbónico, al que debemos ese sabor tan agradable y ligeramente picante de los refrescos, la cerveza y los vinos espumosos. El aire (nitrógeno y oxígeno) no reacciona con el agua. Como resultado, el dióxido de carbono a temperatura ambiente es cincuenta veces más soluble en agua que el nitrógeno, y más de veinticinco veces más soluble que el oxígeno.

• *La presión:* el efecto de la presión es el que uno, en buena lógica, podría esperar: cuanto mayor es la presión que ejerce el gas situado encima del líquido, mayor será la cantidad de gas que será introducido en el líquido. Esto es así porque a presiones más elevadas hay un número mayor de moléculas por centímetro cúbico que revolotean en el espacio por encima del líquido, y, en consecuencia, un mayor número de ellas logrará zambullirse en el líquido cada segundo.

• *La temperatura:* el efecto de la temperatura es probablemente opuesto al que uno podría esperar: a temperaturas más altas es menor la cantidad de gas que se disuelve. Dicho de otro modo, cuanto más frío está un líquido más gas puede admitir. Esto se debe a motivos relativamente complejos que no conviene tratar ahora, de manera que nos reservaremos esta cuestión para más adelante (véase la sección «No lo ha preguntado, pero...» en la pág. 32). Tan sólo citaré un ejemplo: a temperatura ambiente el agua sólo puede admitir la mitad de dióxido de carbono que puede aceptar en el interior del frigorífico.

Así las cosas, concluiremos que para mantener la mayor cantidad de dióxido de carbono posible disuelta en el refresco deberemos mantener la presión del gas elevada y la temperatura baja. La temperatura no supone ningún problema, pues simplemente nos tenemos que asegurar de que sea la adecuada al abrir la botella, que luego depositaremos lo antes posible en el interior de la nevera.

La presión es otro cantar. En la planta embotelladora las moléculas del dióxido de carbono fueron obligadas a disolverse en el refresco como si se tratara de introducir un grupo de personas claustrofóbicas en un ascensor. En el preciso instante en que abramos la botella se producirá un éxodo frenético, y virtualmente toda la presión del dióxido de carbono se escapará a propulsión a chorro. Una vez que esto haya ocurrido, el refresco perderá gas sin que podamos hacer nada para evitarlo. Es sólo cuestión de tiempo.

¿Es cierto que no podemos hacer nada al respecto? ¿Acaso no podemos restablecer la presión de alguna manera, para poder eructar a gusto cualquier otro día?

Recurramos a los vendedores de chismes. Que pasen. Atornillemos su artilugio a la botella, bombeemos el pistón unas cuantas veces y, según dicen, ya está. La próxima vez que abra la botella asistirá a la salida del chorro más grande y satisfactorio que haya oído nunca. Y se supone que debemos pensar que la bebida es fresca, como si acabara de salir en este momento de la embotelladora.

¿Sabe qué? No habrá una sola molécula más de dióxido de carbono ahí dentro que las que habría si se hubiera limitado a poner el tapón y apretarlo bien. ¡Obtendrá el mismo chorro que obtendría en caso de que la botella sólo contuviera agua y aire! Así pues, el chisme no es más que un obturador caro.

Lo que ha bombeado al interior de la botella es aire, en ningún caso dióxido de carbono. Claro que sí, el aire contiene una cierta cantidad de dióxido de carbono, aproximadamente una molécula de este gas por cada 3.000 moléculas de aire. La fuga de gas presente en un líquido puede minimizarse como resultado de agregar cantidades de ese gas en cuestión en el espacio localizado por encima del líquido. Por consiguiente, la cantidad de dióxido de carbono que permanecerá disuelta en el refresco únicamente depende del número de colisiones que tienen lugar entre las moléculas del dióxido de carbono y la superficie del líquido. Si se hubiera bombeado gas dióxido de carbono el resultado habría sido distinto, pero la presencia de nitrógeno y oxígeno es irrelevante.

Conclusión: mantenga la botella fría y cerrada. Es de vital importancia que la botella esté sellada siempre que la tengamos fuera de la nevera, porque es entonces cuando emerge el dióxido de carbono, dada la temperatura más elevada del exterior. Dicho esto, sírvase lo que guste, cierre la botella y devuélvala a su lugar en el frigorífico.

Pero no albergue grandes esperanzas. No es posible detener el éxodo del dióxido de carbono, aunque sí ralentizarlo.

Y, una última cosa: haga lo que haga, nunca agite la botella, puesto que sólo conseguirá acelerar la emergencia del gas (véase pág. 44).

❓ No lo ha preguntado, pero...

¿Por qué la cerveza caliente pierde gas?

Podrá disolverse una mayor cantidad de gas en un líquido frío que en uno caliente. O, como lo describiría un químico, la solubilidad de un gas en un líquido se incrementa cuando la temperatura decrece. (De esta forma es como hablan los químicos.)

En términos prácticos, ¿por qué motivo el dióxido de carbono optará por abandonar la cerveza al calentarse? La experiencia nos indica que, a medida que el líquido se calienta, debería ser capaz de disolver más cosas, y no menos. Puede disolverse más azúcar en un té caliente que en un té helado, ¿o no? ¿Por qué deberían los gases tener un comportamiento distinto?

La respuesta a esta cuestión reside en el papel que el calor desempeña en el proceso de la disolución, que puede ser harto complicado.

Cuando una sustancia se disuelve en agua, sus moléculas se separan y se dispersan en el líquido elemento. Otros cambios podrán ocurrir al mismo tiempo, dependiendo de la sustancia que se esté disolviendo. Por ejemplo, las moléculas podrían adherirse a pequeños grupos muy cohesionados de moléculas de agua, o sencillamente establecer una reacción química con el agua o también disgregarse y originar fragmentos con carga eléctrica, o realizar otras cosas demasiado horribles para siquiera contemplarlas en este párrafo.

Todos estos procesos consumen energía o bien la liberan en forma de calor. De este modo, el calor desempeña un papel íntimo y muy variable en la disolución de varias sustancias. El resultado neto es que algunas sustancias absorberán gustosamente el calor sobrante en el agua caliente y lo usarán para disolver una mayor cantidad, toda vez que otras sustancias reaccionarán negativamente al calor sobrante y se disolverán menos. En otras palabras, algunas sustancias serán más solubles en agua caliente que en agua fría, y otras serán menos solubles en agua caliente que en agua fría. No se pierda ni se confunda, puesto que aun los químicos no siempre son capaces de predecir el comportamiento de una sustancia dada.

En el caso de los gases, empero, podemos formular una generalización muy socorrida: cuando los gases se disuelven en agua, todos liberan energía en forma de calor. Usted podría decir (y yo lo diré) que a los gases que se disuelven no les sienta bien el calor, del que tratan de zafarse. De manera que se disuelven más fácilmente en ambientes fríos que absorben el calor, como el agua fría, y se desaniman en ambientes ricos en calor, como el agua caliente.

Haga la prueba

Vierta agua fría en un vaso y deje que repose durante varias horas. A medida que se calienta, podrá percibir formaciones de burbujas de aire en las paredes del recipiente. El aire se disolvió en el agua fría, pero con la temperatura más elevada el agua no puede ya retener tanto aire. «Pierde gas», como la cerveza.

El elástico iconoclasta

Todo el mundo sabe que las cosas se expanden cuando se calientan. Con todo, alguien quiso apostar conmigo a que existe una sustancia muy común en el entorno doméstico que se contrae al subir la temperatura. ¿Debería haber aceptado la apuesta?

No, estuvo acertado al no aceptar esa apuesta. Esa sustancia común es la goma. La goma elástica.

La mayoría de las cosas se expanden cuando se les suministra calor. La razón es muy simple: la temperatura más elevada provoca que los átomos o las moléculas se muevan más rápidamente (véase pág. 247). Es entonces cuando necesitan más espacio y un mayor margen de maniobra. Se dispersan y eso hace que la sustancia en cuestión ocupe más espacio.

Pero la goma puede comportarse de manera distinta debido a que sus moléculas presentan formas extrañas. Son como gusanos dentro de una lata: son delgadas y forman cadenas serpenteantes, enredándose unas con otras hasta originar una maraña desordenada. Así es hasta que se estira la goma. Al estirarla las cadenas se enderezarán, forzadas a alinearse siguiendo la dirección del estiramiento.

Pero se trata de un estado poco natural y muy forzado para ellas. Constatar este hecho resulta fácil porque estirarlas supone un cierto esfuerzo, al igual que sucedería al tratar de estirar un muelle. En cuanto las soltemos, las moléculas de la goma retrocederán y recuperarán sus formas arrugadas y compactas, y la goma como un todo adoptará nuevamente su forma original.

¿Qué tiene que ver todo esto con los efectos del calor? Bueno, si calentamos la goma en su forma extendida, la agitación de las moléculas inducida por el calor hará que se encojan en sus extremos, un hecho que tiende a menguar su longitud (una serpiente que se retuerce es una serpiente más corta). En estas condiciones, la goma tratará de revertir la tendencia para restaurar su forma original compacta, o sea, se contraerá.

Haga la prueba

Corte una goma ancha (de al menos 6 milímetros de anchura) para confeccionar una tira y no un bucle. Emplee una goma de color pardo o tostado en lugar de una de otro color; las coloreadas no suelen estar hechas de goma natural. Ate un peso a uno de los extremos de la tira y anude el opuesto al canto de un estante o repisa, de manera que el peso cuelgue libremente a modo de plomada. Esta pieza deberá ser lo suficientemente pesada para tensar con moderación la goma. Acto seguido, caliente la goma con la ayuda de un secador para el cabello. Observe con detenimiento y descubrirá que la goma se contrae, alzando ligeramente el peso.

Apuesta de bar

La goma puede contraerse cuando se calienta. Pero, recuerde, este enunciado sólo se cumple con la goma elástica. La goma que no lo es se expandirá al ser expuesta al calor, como cualquier otra cosa (véase pág. 50).

Combatir el calor

¿Cómo es posible que un mismo termo mantenga calientes los líquidos calientes y fríos los líquidos fríos, aparentemente a nuestro antojo?

Para resolver este problema todo lo que debe hacer es pensar en el calor como en un líquido que fluye únicamente en un sentido, esto es, desde las altas temperaturas hasta las bajas temperaturas. Los termos actúan como presas que impiden el flujo del calor. Un termo nunca permitirá que la temperatura del café caliente disminuya hasta igualarse con la baja temperatura reinante en el exterior. Análogamente, tampoco permitirá el flujo de calor entre el aire del exterior y el té helado que contiene, cuya temperatura es netamente inferior.

Otra manera de explicar este fenómeno consiste en decir que las paredes de un termo están fabricadas con un aislante calorífico, una sustancia o combinación de sustancias que retarda el flujo del calor. Por lo general, estamos más familiarizados con el uso de aislantes para impedir la pérdida del calor de nuestros cuerpos y hogares, a fin de evitar que el calor se fugue y se pierda en el frío de la intemperie. Las prendas para esquiar, los sacos de dormir y el aislamiento de los techos son ejemplos que acuden rápidamente a nuestra mente. Pero también los frigoríficos disponen de aislantes, en este caso para evitar que el calor penetre en su interior. Los aislantes funcionan en ambos sentidos.

Huelga decir que el calor no es líquido, aunque fluya de un lugar a otro. Se desplaza de tres maneras distintas: por conducción, por convección y por radiación. Veamos a continuación cada una de ellas más detenidamente y analicemos cómo todas se combinan y conjugan en un termo.

Ponga un objeto frío en contacto directo con otro más caliente, y pruebe a adivinar qué ocurrirá: el objeto caliente rendirá parte de su calor al objeto frío, de tal manera que el frío elevará su temperatura y el caliente se enfriará. Ello significa que se ha transferido, o conducido, parte del calor desde el objeto más caliente hasta el objeto frío.

¿Qué es, pues, el calor? Es la agitación (o el movimiento) de las moléculas que integran un cuerpo u objeto (véase pág. 247). Cuanto más vigoroso es ese desplazamiento molecular, más calor se produce. Así que cuando colocamos un objeto caliente (con moléculas que se mueven a gran velocidad) en contacto con uno frío (cuyas moléculas se desplazan con lentitud), algunas de las moléculas más veloces colisionarán con las más lentas, transfiriéndoles con el impacto parte de su energía, con lo que se acelerarán (se calentarán) ligeramente. Eso es la conducción: la transferencia directa de energía de una molécula a otra.

Cuando tocamos el mango de una sartén caliente, las moléculas de nuestra piel resultarán aceleradas por las colisiones establecidas con las moléculas de la sartén, que se desplazan a mayor velocidad. Cuando tocamos un cubito de hielo, las moléculas de nuestra piel perderán parte de su velocidad al colisionar con las moléculas del hielo.

Un termo entorpece la conducción del calor porque dispone de paredes dobles entre las cuales no hay nada, sólo vacío. Dado que el vacío no presenta moléculas para que se produzcan colisiones, la conducción de la energía calorífica no puede llevarse a cabo.

La convección es el proceso en virtud del cual el calor se transfiere de un lugar a otro gracias al movimiento del volumen de un líquido o gas que contiene calor. Es probable que haya oído referir que el calor se eleva. Con ello quiere decirse que el aire caliente se eleva, que sube, y con él el calor que contiene. Eso es la convección. Un horno de convección es simplemente un horno que incorpora un ventilador que favorece la circulación del aire caliente. En este caso, el proceso recibe el nombre de convección inducida o forzada.

Un termo impide la convección por el mero hecho de ser un recipiente cerrado. El aire templado no puede atravesar sus paredes. Cualquier recipiente cerrado impediría la convección.

Para finalizar, el calor puede radiarse desde un lugar hasta otro en forma de radiación infrarroja (véase pág. 232). Estas ondas de energía son emitidas por los objetos que albergan calor. Vuelan atravesando el espacio y pueden resultar absorbidas por los objetos más fríos, transfiriéndoles así su energía y, por ende, calentándolos.

Un termo obstaculiza la radiación del calor como resultado de reflejarla con un espejo. Las paredes dobles del recipiente presentan su superficie interna plateada (allí donde hay vacío), de tal manera que la radiación infrarroja que trata de introducirse desde cualquier dirección será reflejada hacia su punto de origen.

Si piensa que la radiación no constituye un serio contendiente para la transmisión del calor, considere entonces cómo se asa un filete de carne bajo la fuente de calor de un horno eléctrico. El calor viaja hacia arriba por convección, de acuerdo, pero una gran parte también se desplaza en sentido descendente (y en todas las direcciones restantes) por radiación.

Ningún termo es perfecto, sin duda. Siempre se conducirá o se irradiará una pequeña parte del calor del sistema desde el café caliente y hacia el té helado. Pero los termos ralentizan sustancialmente los procesos de transferencia del calor; de esta suerte, la comida y la bebida se mantendrán calientes o frías durante horas, en lugar de minutos.

Casualmente, el nombre de Thermos (voz griega que designa el calor) fue registrado como marca en 1904, pero alcanzó tal popularidad, y tan rápidamente, que ahora se emplea como término genérico para referirnos a cualquier recipiente al vacío. Con todo, un fabricante todavía emplea este nombre como denominación de marca.

 No lo ha preguntado, pero...

¿Cómo aísla la espuma de estireno?

Al contrario que el termo, que ya se ha convertido en un apelativo muy popular, la espuma de estireno todavía lucha por retener su identidad como marca, aunque nadie parece prestarle gran atención. La gente suele emplear el término «estireno» para referirse al conjunto de los productos que contienen espuma de poliestireno.

Este material es un buen aislante debido a que la espuma plástica contiene billones de burbujas de gas atrapadas. Los gases entorpecen la conducción porque sus moléculas están tan alejadas unas de otras que resulta muy difícil que otras moléculas lleguen a colisionar con ellas, es decir, que liberen o absorban energía. El plástico de poliestireno presente entre las burbujas es también un buen aislante porque sus moléculas son tan grandes que no pueden moverse en exceso.

En algunos restaurantes se ha extendido el uso de delgadas cajas de poliestireno en las que se guardan los alimentos para llevar; este material en teoría mantiene la comida caliente hasta que lleguemos a nuestra casa. Sin embargo, en lugar de mantener los alimentos muy calientes, es probable que simplemente los mantengan a la temperatura adecuada para que las bacterias florezcan. Entonces, al llegar a casa, usted pondrá la caja en la nevera y esperará hasta el día siguiente para comerse el contenido. Entretanto, puede que el aislamiento de espuma mantenga su temperatura de deterioro máxima alrededor de otra hora más. Dicho esto, podemos concluir que para evitar el cultivo bacteriano lo más indicado será trasladar la comida a un recipiente desprovisto de aislante antes de introducirla en la nevera.

¡Congelada! Destapada antes de tiempo

Cogí una lata de refresco de burbujas del frigorífico y al abrirla descubría que el líquido se había congelado. ¿Qué ha sucedido?

El refresco no se congeló mientras se encontraba dentro del frigorífico porque la temperatura en su interior era superior a su punto de congelación. Ahora bien, al destapar la lata usted hizo dos cosas: liberó la presión que había en su interior y con ello se perdió parte del gas. Por motivos diversos, cada uno de estos efectos contribuyó a que el líquido se congelara.

Cada líquido tiene una temperatura determinada en la cual se congelará: su punto de congelación. El punto de congelación del agua pura está situado a 0 ºC (32 ºF). El agua impura, es decir, el agua que contiene partículas disueltas en su seno, presenta un punto de congelación inferior al del agua pura (véase pág. 107). Cuantas más partículas haya disueltas en el agua, más bajo será su punto de congelación.

Ciertamente, un refresco gaseoso presenta muchas cosas en disolución: azúcares, sabores y, en especial, gas dióxido de carbono. Así las cosas, no se congelará hasta muy por debajo de los 0 °C (32 °F). En cuanto se abra la lata, el líquido perderá parte de su carga de dióxido de carbono disuelto, que se fugará del líquido y se disipará en el aire. Ahora que contiene menos partículas en disolución, su punto de congelación ascenderá por encima de la temperatura del frigorífico y, muy obedientemente, se congelará.

La apertura de la lata y la consiguiente pérdida de presión provocarán también otro efecto. El hielo ocupará un mayor volumen que el agua en estado líquido (véase pág. 217). De este modo, si se comprime el hielo tenderá a revertir su estado, o sea, se derretirá para adoptar el estado líquido con el que ocupa un volumen menor. Bajo la elevada presión del interior de la lata herméticamente cerrada, el hielo se encontraba reprimido y se mantenía, por tanto, en estado líquido. Pero tan pronto como se vio liberado de dicha presión, el agua líquida quedó libre para expandirse y adoptar su forma con mayor volumen: el hielo. Ni que decir tiene que esto no habría sucedido en caso de que la temperatura del refresco no hubiera sido inferior a su punto de congelación, dado que ya había perdido el gas.

Por si esto fuera poco, existe un tercer efecto. Al abrir la lata, el gas dióxido de carbono comprimido podrá expandirse. Y siempre que un gas se expande sufrirá un enfriamiento (véase pág. 151). Este enfriamiento adicional también contribuirá a la congelación.

En consecuencia, baje su frigorífico, esto es, incremente la temperatura de su interior, o bien absténgase de abrir las latas hasta que se hayan calentado un poco. Seguro que puede esperar.

Achicharrarse en la cama

¿Por qué las camas de agua necesitan un calentador? A los pocos días de haber llenado una, ¿acaso el agua no estará a la misma temperatura que el resto de los muebles de la habitación, incluida una cama de cualquier otra clase?

En honor a la verdad, el agua de una cama de agua alcanzará la misma temperatura que poseen los demás objetos de la habitación, incluida una cama convencional. Con todo, usted pasará más frío en la cama de agua. Esta circunstancia tiene que ver con el hecho de que el agua conduce el calor, alejándolo por ende de su cuerpo, de manera mucho más eficiente que otros numerosos materiales, mucho mejor sin duda que un colchón convencional.

El calor no es otra cosa que el movimiento de las moléculas de una sustancia (véase pág. 247). Diversos materiales son capaces de transmitir dicho movimiento y pueden, por tanto, conducir el calor con mayor o menor eficiencia. La mejor manera es por conducción (la transmisión directa de una molécula a la contigua, y así sucesivamente). Para ello, las moléculas adyacentes deberán hallarse muy próximas unas a otras, codo con codo.

En el agua, las moléculas se tocan, de suerte que las que se mueven con más velocidad («las más calientes») pueden fácilmente transmitir parte de su movimiento a las adyacentes «más frías». El calor (el de su propio cuerpo, en el caso que nos ocupa) se desplaza con gran eficacia a través del agua, y usted sentirá frío salvo que parte de ese calor sea restablecida mediante un calentador eléctrico.

Los colchones son conductores del calor muy inferiores al agua debido fundamentalmente a que contienen aire. En el aire, las moléculas se encuentran muy diseminadas, y hay mucho espacio vacío entre ellas (véase pág. 168). De este modo, sólo rara vez logran golpearse unas a otras, con lo que el calor apenas se propaga y la transmisión es muy lenta. En un colchón convencional la velocidad con que su cuerpo libera calor es superior a la empleada por el colchón para liberar energía, de modo que usted percibirá una sensación más acogedora y confortable.

¿Quiere pasar frío de verdad? Pruebe a dormir sobre una losa metálica. Los metales son excelentes conductores del calor porque sus átomos se mantienen muy cohesionados merced a un potente «pegamento» de electrones.

Haga la prueba

Intente descongelar dos cajas de fresas congeladas: deje una a temperatura ambiente, a unos 23 ºC, e introduzca la segunda en un tazón lleno de agua corriente a 18 ºC aproximadamente. Aun cuando el agua está más fría que el aire, las fresas se descongelarán más rápidamente en el agua porque el líquido elemento conduce el ca-

lor hacia la caja con mayor eficacia. En otras palabras, mengua el frío de la caja con mayor eficacia.

 **Apuesta de bar**

Las fresas congeladas pueden descongelarse antes a 8 °C que a 3 °C.

El color azul del humo del cigarrillo

He oído decir que en algunas épocas de la historia antigua, cuando la gente todavía fumaba cigarrillos, el humo que desprendía el tabaco era de color azul. Pero después de que el condenado inhalaba el humo y lo exhalaba, salía de su boca un humo de color blanco. Puedo imaginar el efecto que esto tendría en sus pulmones, pero ¿qué le sucedía al humo?

La nicotina y el alquitrán no son azules, olvídese de esta idea. El misterio reside en que el tamaño de las partículas del humo ha cambiado.

Las partículas presentes en el humo que se eleva de un cigarrillo que se consume silenciosamente son en extremo menudas, más pequeñas que las longitudes de onda que componen el espectro de la luz visible. Cuando una onda de luz se topa con una de estas partículas diminutas, su escaso tamaño impedirá que pueda repeler la onda como si se tratara de un muro, siendo sólo desviada ligeramente de su camino original, con lo que proseguirá su viaje a lo largo de una trayectoria con un ángulo determinado con respecto a la inicial. Resultará, por tanto, dispersada. Las ondas de luz más cortas, las localizadas en el extremo azul del espectro de la luz visible, sufrirán una desviación más acusada con respecto a sus trayectorias originales que en el caso de las más largas, debido principalmente a que su tamaño es más parecido al de las partículas del humo.

Cuando observamos el humo con la fuente de luz principal a nuestras espaldas o de costado, muchos de los rayos azules no describen una trayectoria recta y los «perdemos», se dispersan en la habitación, en mayor medida que los de cualquier otro color. Así pues, nuestros ojos perciben un exceso de luz azul rebotada y el humo nos parece azulado.

Cuando se da una calada al cigarrillo, las partículas del humo incrementan su tamaño debido a que no tienen la oportunidad de quemarse completamente. Al ser inhaladas, muchas quedan atrapadas en el pulmón, donde no pueden ser vistas hasta el momento de la biopsia.

Esas partículas que logran completar el viaje a los pulmones salen al exterior cubiertas de humedad, que incrementa más aún su tamaño. Las partículas son ahora más grandes que las longitudes de onda de todos los colores de la luz, y consecuentemente no la dispersan. Como cualquier objeto de gran tamaño, reflejan todos los colores por igual, en sentido opuesto al de incidencia, devolviéndolos finalmente a su punto de origen. De este modo, el humo no presentará ningún color en particular y a nuestros ojos parecerá blanco.

❓ No lo ha preguntado, pero...

Ningún texto científico estaría completo si dejara de responder a la siguiente pregunta: ¿Por qué es azul el cielo?

Es azul por la misma razón por la que el humo de un cigarrillo es azul: la dispersión preferente de la luz azul por parte de las partículas diminutas.

El aire puro es incoloro, por supuesto, queriendo decir con ello que todas las longitudes de onda visibles (los colores) de la luz lo atraviesan sin ser absorbidas. Pero contiene moléculas y, con relativa frecuencia, motas de polvo en suspensión que son más pequeñas que las longitudes de onda de la luz visible y que, por consiguiente, la dispersan. Tal como sucede con las partículas del humo del cigarrillo, la luz azul resulta dispersada en mayor medida que los colores restantes, que tienden a mantener una trayectoria recta al atravesar el aire sin alterar un ápice su dirección de incidencia.

Cuando miramos al cielo, estamos viendo todos los colores que integran la luz del sol y que llegan hasta nosotros desde el cielo, en su mayoría con un ligero sesgo derivado de la posición del astro rey. No obstante, percibimos una cantidad adicional de luz azul que resulta «dispersada del aire» y procedente de otras muchas direcciones. Así las cosas, recibimos un exceso de luz azul con respecto a la que nos llega directamente desde el sol, tanto así que el cielo parece más azul que la propia luz del día.

❓ No lo ha preguntado, pero...

¿Por qué los amaneceres y los atardeceres presentan tantos colores?

Cuando el sol está bajo en el cielo, al amanecer o al atardecer, lo vemos en línea recta a una gran distancia en la atmósfera (véase pág. 162). Al atravesar toda la atmósfera, buena parte de la luz azul que inició su camino en dirección a nosotros resulta dispersada en otras muchas direcciones, de modo que la luz que nos llega siguiendo una trayectoria recta queda empobrecida en su coloración azul. La luz del sol empobrecida en el azul adopta tonalidades rojas, anaranjadas o amarillas, en función del tamaño de las partículas de polvo suspendidas en el aire, y de aquellos otros colores que en consecuencia estén dispersando en el aire.

Si esta explicación resta romanticismo a estos fenómenos, prosiga como si yo no hubiera dicho nada.

🧪 Haga la prueba

Improvise su propio atardecer. Agregue unas pocas gotas de leche a un vaso incoloro lleno de agua y mire una bombilla a través del mismo. La bombilla parecerá roja, amarilla o anaranjada. La luz que llega hasta usted procedente de la bombilla resulta empobrecida en su coloración azul debido a la dispersión que propician las diminutas partículas de caseína y los glóbulos de nata suspendidos en la leche. El color exacto que usted ve dependerá del tamaño y la concentración de estas partículas presentes en el agua.

La física del champán

¿Por qué motivo si agitamos una botella de refresco con burbujas o de cerveza explotará al abrirla? ¿La apertura de una botella de champán

tiene que ser necesariamente tan escandalosa? Después de todo, al esparcirse la espuma parte de la magia inevitablemente se pierde.

Como ya sospechará, el truco consiste en enfriar bien las botellas y evitar agitarlas al menos durante las horas previas a su apertura. Conocer el motivo de esta circunstancia podría ser de gran ayuda.

La cerveza, los refrescos y el champán obtienen su textura burbujeante del gas dióxido de carbono que ha sido disuelto en el líquido durante el proceso de embotellado (después del embotellado, en el caso del champán verdadero). Deben esta peculiaridad a las burbujas de dióxido de carbono que se desprenden del líquido para integrarse en el aire. Al saborear estas bebidas en nuestra boca, percibimos una agradable y sutil sensación de hormigueo. Pero cuando este fenómeno ocurra con demasiada rapidez no quedará más remedio que ponerse a limpiar.

La cantidad de dióxido de carbono que puede permanecer pacíficamente disuelta en un líquido depende directamente de la cantidad de dióxido de carbono presente en el espacio localizado encima de la superficie del líquido. Ello se debe a que cuanto mayor es el número de moléculas de dióxido de carbono que se desplazan y rebotan en ese espacio, mayor será el número de las que logren colisionar con la superficie y disolverse en el líquido.

En una botella herméticamente cerrada, ese espacio estará lleno de dióxido de carbono y aire; es más, estos gases se hallarán perfectamente encajados en su interior, a una presión que puede alcanzar los 4,2 kilogramos por centímetro cuadrado. (La presión del aire de los neumáticos de su automóvil apenas alcanza la mitad de esa magnitud.) Así pues, es mucho el dióxido de carbono disuelto en el líquido cuando la botella sale de la planta embotelladora.

Cuando se abre la botella, con independencia de la suavidad con que se haga, el dióxido de carbono presurizado se escapará y sólo el aire normal a una presión normal existirá sobre la superficie. En el aire normal, sólo una de cada tres mil moléculas es dióxido de carbono. De manera que prácticamente la totalidad del dióxido de carbono disuelto tendrá que salir del líquido de una manera u otra. Ya sólo cabe preguntarse: ¿a qué velocidad? La experiencia indica que normalmente se trata de un proceso bastante lento.

Tras un estallido inicial, las moléculas del dióxido de carbono disuelto no abandonan el líquido súbitamente y a la vez. En caso de hacerlo así, la bebida perdería todo el gas al instante, provocando una explosión con independencia de la delicadeza empleada al manipular y abrir la botella.

Así como tampoco las moléculas del gas pueden abandonar el líquido una tras otra de manera ordenada. Necesitan algunos puntos de encuentro, algunos lugares donde congregarse y formar grupos (burbujas) lo suficientemente grandes para forzar su salida del líquido. Los científicos llaman núcleos a estos lugares de congregación.

Cualquier rotura de la homogeneidad del líquido (incluso una mota de polvo microscópica) hará las veces de núcleo para la formación de burbujas. Lo propio sucederá con las raspaduras y los arañazos que pueda presentar la superficie del cristal, que atraparán burbujas de aire microscópicas al servir la bebida, y estas burbujas de aire invitarán a otras moléculas de gas para que se unan a ellas. Las moléculas de dióxido de carbono se congregan en todos los núcleos y crecen hasta formar burbujas, que se elevarán tan pronto como sean los suficientemente grandes y vivaces para abrirse camino hacia arriba en el seno del líquido.

¿Y qué tiene que ver todo esto con el hecho de agitar la botella? Pues bien, cuando usted agita una botella, no hace sino atrapar parte del gas situado por encima del líquido, provocando así el afloramiento de burbujas diminutas. Y estas burbujas constituyen los mejores núcleos posibles para que crezcan otras burbujas. Las moléculas del dióxido de carbono presentes en el líquido se adhieren a las burbujas nuevas y originan burbujas de mayor tamaño. Antes de que pueda darse cuenta, se encontrará con una inundación espumosa que saldrá propulsada a través del cuello de la botella gracias a la presión derivada de la expansión del gas, como si se tratara de un perdigón disparado con un rifle de aire comprimido.

Se enfrentará a este mismo problema, si bien no tan acusado, al abrir botellas de refresco, cerveza o champán que no hayan sido enfriadas suficientemente. El dióxido de carbono es menos soluble en los líquidos tibios (véase pág. 30), de manera que saldrá una mayor cantidad de gas que en el caso de un líquido frío. Aunque, si se ha excedido al agitar la botella..., está bien, mejor será no contemplar esa posibilidad.

❓ No lo ha preguntado, pero...

¿Por qué se forman burbujas minúsculas y delicadas en una copa de champán y se elevan originando finos chorros ascendentes, mientras que las burbujas en una jarra de cerveza parecen surgir de todos lados?

Las razones son varias, y ninguna de ellas es de índole sociológica.

• Con toda probabilidad, el champán se habrá escanciado en una copa larga y estrecha cuya base carece de la superficie necesaria para originar burbujas. Además, estas copas estrechas y alargadas no suelen presentar tantos arañazos en sus paredes interiores por varias razones: a) los objetos toscos y los estropajos no pueden penetrar en su interior fácilmente, y b) porque es posible que se empleen con menor frecuencia que las jarras de cerveza. Menos arañazos significa menos núcleos, cosa que redunda en la formación de un número menor de burbujas, que serán además más pequeñas. Así pues, conseguirá verlas ascendiendo desde la ubicación de unos pocos núcleos.

🧪 Haga la prueba

Arañe el interior de un vaso de cerveza o de champán con la punta de un cuchillo y atisbará las burbujas nuevas que se forman en el núcleo recién creado.

• El champán es más claro y transparente que la cerveza. El champán verdadero (el etiquetado con la denominación *méthode champenoise*), al contrario que el vino espumoso barato, ha pasado por un proceso para aclarar el caldo integrado básicamente por tres etapas: el enfriamiento, la decantación y el expulsado *(dégorgement)*. En este proceso, las botellas encorchadas se depositan con un cierto ángulo de inclinación y se rotan periódicamente durante un período de tiempo prolongado. Se congela entonces el cuello de la botella y el tapón de sedimentos congelados se expulsa con el corcho. Una menor cantidad de materia suspendida en el líquido significará, nuevamente, menos núcleos de los que puedan nacer las burbujas.

• El dióxido de carbono en el champán verdadero se produce ahí mismo, en la botella encorchada, como resultado de añadir levadura y azúcar durante un proceso de añejamiento que puede prolongarse durante meses o incluso años. Durante ese extenso período las células de la levadura no sólo se mueren, como ocurre en la cerveza y en otros vinos, sino que sus proteínas se descomponen en fragmentos denominados péptidos. Cada molécula peptídica presenta en uno de sus extremos una base capaz de adherirse a una molécula de dióxido de carbono, que es un ácido, atrapándola, por tanto, en la solución.

De manera que el champán no únicamente puede retener más dióxido de carbono que las demás bebidas, sino que se muestra

más reticente a la hora de liberarlo una vez que se ha abierto la botella. Consecuentemente, esos riachuelos finos de aristocráticas burbujas ascenderán de manera ordenada y paulatina desde cualquier núcleo disponible.

Si tapa y refrigera bien la botella, al día siguiente todavía podrá degustar un champán burbujeante. E incluso dos días después, si es que usted se ha tomado la celebración muy en serio.

La cuchara es inmune

En el transcurso de una cena en casa de unos amigos, removí el café y la cuchara se calentó mucho, aparentemente más que el café. Eso nunca sucede en mi casa. ¿Qué pasa entonces?

Enhorabuena. Sus amigos probablemente le tienen en muy alta consideración para decidirse a usar su mejor juego de café, fabricado en plata de ley, cuando usted los visita. Así las cosas, su juego de café «de plata» será de acero inoxidable o (y de veras que lo siento) de otro metal cualquiera chapado o bañado en plata.

La plata de ley es casi plata pura, al 92,5 %, para ser exactos. La plata es el mejor conductor del calor entre todos los metales. El calor siempre se desplaza de un lugar de altas temperaturas a otro de bajas temperaturas, si es que encuentra un modo para llegar hasta allí (véase pág. 35). Y la plata constituye un cauce soberbio para el desplazamiento del calor. Así las cosas, la cuchara se limitó a conducir el calor del café desde la taza caliente hasta la habitación más fría o, al tocarla, hasta sus dedos.

Durante ese proceso de conducción del calor, la propia cuchara se calienta llegando a alcanzar aproximadamente la misma temperatura del café, aunque pueda parecerle más caliente. Justo será señalar ahora que no le recomiendo introducir su dedo en el café para confirmarlo.

El acero inoxidable conduce el calor a una velocidad cinco veces inferior a la de la plata. Con toda probabilidad, en su hogar nunca dejará la cuchara dentro de la taza de café el tiempo suficiente para que el extremo del mango llegue a calentarse mucho. Aun si lo hiciera, no conduciría el calor que ha adquirido hasta sus dedos con la velocidad necesaria para que a usted le resulte incómodo.

Todos pedimos a gritos un helado

Mi congelador emplea una nieve de hielo y sal para generar una temperatura extremadamente baja. ¿Cómo es posible que la sal produzca una temperatura inferior a la temperatura normal del agua helada?

La temperatura normal de la nieve de agua y hielo de la nevera es de 0 ºC (2 ºF). Pero no se halla lo suficientemente fría para congelar el helado. Tiene que estar a –13 ºC o incluso más fría. La sal realiza esta función. Otros muchos compuestos químicos surtirían el mismo efecto, aunque la sal resulta más barata.

Cuando se mezclan el hielo y la sal, se forma un poco de agua salada y el hielo se disuelve espontáneamente en ella, produciendo como resultado una cantidad mayor de agua salada. Eso es lo que sucede cuando se esparce sal por una acera o por un camino helados. La suma de hielo sólido y sal produce agua salada en estado líquido (véase pág. 111).

Dentro de un pedazo de hielo las moléculas de agua presentan una configuración geométrica rígida y definida (véase pág. 217). Esta disposición rígida se rompe ante el ataque de la sal, y las moléculas del agua pueden entonces moverse con entera libertad en su forma líquida.

Pero romper la estructura sólida de las moléculas del hielo requiere de mucha energía, del mismo modo que se precisa energía para derribar un edificio (pág. 139). Una porción de hielo que sólo está en contacto con agua y sal puede obtener esa energía del calor que contiene el agua salada. Llegados a este punto, a medida que el hielo se deshace y se disuelve, obtendrá el calor del agua, disminuyendo así su temperatura. La nieve recuperará el calor perdido a costa de la mezcla del helado, justo lo que usted perseguía.

Haga la prueba

Ponga cantidades iguales de hielo picado en dos vasos idénticos. Vierta en cada uno de ellos el agua suficiente para que el hielo empiece a flotar. Seguidamente, agregue una buena cantidad de sal en un vaso y procure mezclarla con el hielo. Al cabo de unos minutos compruebe las temperaturas con la ayuda de un termómetro de cocina (sólo Dios sabe por qué registran temperaturas por debajo del punto de congelación). Descubrirá entonces que el hielo salado se enfría mucho más que el hielo puro.

Podría incluso emplear la uña de un dedo para raspar algo de la escarcha presente en el exterior del vaso que contiene sal.

A algunos les gusta más caliente

¡Me pone realmente furioso! Siempre que me lavo las manos o, peor aún, cuando me ducho, procuro mezclar agua caliente y agua fría hasta conseguir la temperatura adecuada. Invariablemente, en cuanto empiezo a sentirme cómodo, el agua se enfría y tengo que mezclarla de nuevo. ¿Acaso existe alguna razón científica que lo justifique? ¿O se trata de una simple paranoia?

Sí la hay, y es muy sencilla. El calor hace que las cosas se expandan. En un grifo de compresión (el tipo más común), el agua fluye a través de un angosto hueco situado entre una arandela de goma de neopreno y un «asiento» metálico. En el grifo del agua caliente, el flujo inicial de agua caliente provoca la expansión de la arandela, hecho que cerrará el espacio existente entre la arandela y su asiento, restringiendo, por tanto, el paso del agua. Al disponer de una menor cantidad de agua caliente, la mezcla será ahora más fría.

Son varias las cosas que pueden hacerse para remediarlo:

1. Sustituya la arandela de neopreno que está ubicada en el grifo del agua caliente con una del tipo «sándwich»: fabricada con un compuesto de fibra en su parte exterior y con goma en el interior. La fibra no se expande ni se contrae tanto como en el caso de la goma.
2. No sea tan rácano con el agua caliente. Si abre la llave un poco más, ese pequeño constreñimiento causado por la expansión apenas tendrá efecto. Ni que decir tiene que para conseguir la temperatura deseada también deberá abrir el grifo del agua fría.
3. Precaliente las piezas del grifo del agua caliente como resultado de permitir que el agua corra durante unos segundos después de que empiece a salir caliente. A continuación, cuando ajuste la temperatura, la expansión diabólica ya se habrá producido.
4. Dúchese con agua fría.

O, para variar un poco, pida a alguna de las personas que viven con usted que vacíe la cisterna del inodoro mientras usted se está duchando. Obtendrá al instante tanta agua caliente como desee.

Lo que sube no bajará

El mercurio de un termómetro parece no tener problemas para subir, a menudo mucho más de lo que me gustaría, ni para mantenerse ahí arriba. Para bajarlo de nuevo tendré que agitar vigorosamente el termómetro. Si el mercurio subió con tanta facilidad, ¿por qué entonces no baja?

Si lo observa detenidamente, podrá distinguir un estrechamiento diminuto en el tubo capilar a través del cual el mercurio viaja hacia arriba y hacia abajo. En su camino ascendente, el mercurio goza de la fuerza necesaria para vencer la resistencia y superar dicho estrechamiento. Esto se debe a que la presión ejercida por un líquido en expansión puede alcanzar una magnitud considerable. Cuando el agua se congela y se expande, la presión resultante será capaz de resquebrajar tuberías de hierro y paredes de hormigón (véase pág. 217).

Cuando saque el termómetro de la boca y baje la temperatura del receptáculo, la columna de mercurio no recuperará su posición inicial, antes bien permanecerá en su nivel más alto. Ciertamente, el mercurio se estará contrayendo en el receptáculo, pero no podrá tirar de toda la columna de mercurio porque el filamento no es lo suficientemente fuerte. Las fuerzas de atracción que actúan entre los átomos del mercurio son demasiado débiles para resistir el tirón. (Si fueran mucho más fuertes, el mercurio sería sólido y no líquido.)

Así pues, en lugar de regresar al receptáculo, el filamento de mercurio se romperá en el estrechamiento como si se tratara de un hilo de algodón que se rompe en su punto de máxima delgadez. Entretanto, la balsa de mercurio sigue contrayéndose en la parte inferior del termómetro, dejando un espacio (un vacío, en realidad) entre sí y el mercurio que se ha estancado por encima del estrechamiento, como una fila de vagones de carga que han sido desenganchados del resto de un tren.

Cuando usted agita el termómetro, lo hace describiendo un arco circular. La fuerza centrífuga lanza el mercurio hacia fuera, hacia la zona exterior del círculo, que está en el receptáculo, venciendo de este modo la fricción que se produce en el estrechamiento.

¿Por qué se agotan las pilas?

Hoy en día casi todo funciona con pilas. ¿Qué hay en su interior? Debe tratarse de alguna forma de energía, pero ¿cómo permanece allí dentro hasta que queremos que un chisme empiece a funcionar, y que dure, y dure, y dure?

Las baterías o pilas no contienen energía propiamente dicha. Contienen electricidad en potencia, en forma de compuestos químicos. Estos compuestos están aislados los unos de los otros dentro de la pila y de este modo no reaccionarán hasta que la conectemos a un artefacto y pulsemos el interruptor. Entonces reaccionarán y producirán la tan anhelada electricidad.

La obtención de energía a partir de compuestos químicos no es nada nuevo. Obtenemos energía calorífica de la madera, el carbón y el petróleo (todos ellos productos químicos) al quemarlos, esto es, al permitir que reaccionen con el oxígeno presente en el aire. Estos procesos de combustión forman parte de las reacciones químicas que producen energía eléctrica, en lugar de calorífica.

Los químicos las denominan reacciones redox (reacciones de reducción-oxidación) y son muy comunes. Cada vez que usted emplea lejía para hacer la colada, por ejemplo, se produce una reacción redox en el interior de la lavadora (véase pág. 55). No puede verse la electricidad porque se produce en el interior de los productos químicos que participan en dicha reacción. Algunos átomos la absorben a tanta velocidad como otros átomos la generan. Así pues, una batería es un dispositivo capaz de controlar la reacción química de tal manera que podamos generar la energía eléctrica allí donde se necesita. Pero, antes de proseguir, veamos qué es la electricidad.

Una corriente eléctrica es un flujo de electrones que se desplazan de un lugar a otro. ¿De dónde vienen los electrones? Los electrones están en todos lados y se localizan en la región externa de todos los átomos. Si queremos que un electrón se traslade de un lugar a otro tendrá que abandonar su ubicación en el átomo A y saltar al átomo B, como las pulgas que brincan de un perro a otro. No obstante, y para que esto ocurra, el átomo A ha de estar dispuesto a desprenderse de uno de sus electrones y el B dispuesto a aceptarlo.

Los átomos de distintas clases presentan diferentes grados de afinidad entre sus electrones. De hecho, algunos átomos intentan deshacerse de uno o dos electrones siempre que pueden, siendo así que otros se aferran encarecidamente a sus electrones e incluso intentan captar los presentes en otros átomos. Cuando un átomo de los primeros (A) se encuentra con un átomo del segundo grupo (B), los dos podrán alcanzar un «acuerdo» beneficioso para ambas partes y tendrá lugar la transferencia de uno o dos electrones entre A y B. Eso es, en pocas palabras, lo que sucede en una reacción redox.

Esta transferencia de electrones entre los átomos constituye un flujo de electricidad a escala microscópica, establecido en un solo átomo. El problema principal, desde nuestra escala humana, estriba en que si intentamos obtener grandes cantidades de electricidad para nuestro uso partiendo de la mezcla de miles de millones de átomos del tipo A con miles de millones de átomos del tipo B, la transferencia de electrones entre átomos se llevará a cabo en todas direcciones, de forma atropellada y caótica, allí donde un átomo del tipo A se tope con uno del tipo B. Esta situación no tiene ningún uso práctico para nosotros.

Necesitamos que los electrones pasen desde un nutrido grupo de átomos del tipo A localizados en un punto concreto hasta un grupo independiente integrado solamente por átomos del tipo B y situado en otro punto determinado, que lo hagan como si circularan por una calle de sentido único, o por un circuito trazado por nosotros. Entonces, en su afán por trasladarse del grupo A al B, los electrones tendrán que abrirse camino por nuestro circuito, desempeñando de paso algún trabajo para nosotros, lo que sea, desde encender el foco de una linterna hasta hacer que un conejito rosa deambule sin rumbo fijo al tiempo que hace sonar un tambor.

Por lo tanto, para elaborar una pila deberemos construir un recipiente pequeño y compacto que contenga una gran cantidad de átomos del tipo A y una gran cantidad de átomos del tipo B. No obstante, tendremos que mantenerlos separados, cosa que normalmente se consigue mediante una barrera de papel mojado. No podrán ejecutar la transferencia de electrones hasta que se haya completado el circuito, es decir, hasta que se haya conectado la batería y accionado el interruptor que permite el paso de los electrones desde los átomos del tipo A, a través del artilugio interpuesto, hasta los átomos del tipo B.

Las pilas están compuestas por distintas clases de átomos A y B. Los más comunes son el manganeso, el cinc, el plomo, el litio, el mercurio, el níquel y el cadmio. En las pilas del tipo AAA, que nos resultan tan familiares y cuya denominación no tiene nada que ver con nuestros átomos del tipo «A», en las AA, las C y las D (solía existir una pila del tipo B, que está en desuso), el cinc realiza la función de los átomos A y el manganeso la de los átomos B. Los átomos de cinc transfieren los electrones y los de manganeso son sus receptores.

El voltaje de la pila, 1,5 voltios en este caso, mide la fuerza con que los átomos de cinc transfieren sus electrones a los de manganeso. Con diferentes combinaciones de átomos emisores y receptores pueden hacerse pilas de voltajes distintos, dado que poseen diferentes grados de entusiasmo a la hora de transferir y aceptar electrones.

Cuando todos los átomos emisores han transferido su cuota de electrones a los receptores, la pila se ha agotado y, ¡ay!, el conejo se para.

Las baterías del tipo NICAD (níquel-cadmio), así como la batería de plomo-ácido de su automóvil, son recargables. Ello implica que podemos revertir el proceso de transferencia de electrones a resultas de bombear electrones en sentido contrario, desde los receptores hasta los emisores, de manera que el juego de transferencias pueda comenzar de nuevo. Lamentablemente, cada vez que se recarga una batería, sus tripas sufren algún daño mecánico, por lo que no hay pila recargable que pueda durar eternamente.

❷ No lo ha preguntado, pero...

Una vez que la pila ha enviado sus electrones a un dispositivo eléctrico, los electrones fluirán a través del mismo y regresarán a la pila, ¿o no?

No exactamente. Es cierto que en el interior de la pila se transfieren electrones de un átomo a otro como si fueran pulgas saltarinas. Pero no es así como la energía fluye a través de un cable o en un circuito eléctrico complicado. Los electrones no se limitan a entrar por el extremo de un cable, saltar de un átomo a otro y salir tan campantes por el extremo contrario.

Digamos que el voltaje de una pila impulsa los electrones a través de un cable, de izquierda a derecha. Lo que sucede en realidad es que cada electrón repele a su vecino de la derecha, porque ambos poseen carga negativa y las cargas iguales se repelen irremediablemente. Así pues, impulsa al vecino, empujándolo contra el de su derecha, que a su vez impulsa a otro vecino, y así sucesivamente.

Cuando esa oleada de impulsos y empujones alcance el extremo contrario del cable (un proceso mucho más veloz que el desplazamiento de un solo electrón a través de toda la maraña de átomos), el efecto producido será exactamente el mismo que se daría en caso de que los electrones situados al final del cable fueran los mismos que hallamos en su inicio. En cualquier caso, ¿quién puede distinguir un electrón de otro? Ni siquiera otro electrón.

¡Maldita mancha, fuera de mi vista!

¿Cómo distingue la lejía el blanco de los colores? Aparentemente, es capaz de blanquear todas las manchas que el ser humano no tolera, con independencia de su composición química. ¿Cómo sabe la lejía qué es lo que queremos que haga?

La lejía no sabe nada del color blanco. Lo que sí sabe es de colores, porque el color es mucho más fundamental, en términos físicos y químicos, que nuestras preferencias a la hora de hacer la colada diaria. La lejía ataca a los compuestos químicos coloreados, la mayoría de los cuales en verdad tienen cosas en común, dejando como resultado una ausencia de color que nosotros calificamos como «blanco».

Antes de que alguien me crucifique por llamar blanco a la ausencia de color (cuando en la escuela nos enseñaron que el blanco es el resultado de la presencia de todos los colores), permita que me explique.

Es cierto que la luz solar contiene todos los colores del arco iris, todos los que el ojo humano puede ver y algunos más. Cuando se combinan todos los colores de la luz, como ocurre a plena luz del día, nuestra visión particular percibe la luz como si no presentara ningún color en particular. La llamamos luz blanca.

Pero eso es la luz misma. ¿Qué vemos cuando miramos a un objeto iluminado por la luz? Si el objeto refleja hasta sus ojos y por igual todos los colores que cayeron sobre él en forma de luz del día, entonces la luz reflejada sigue sin presentar un color definido y aparente a nuestros ojos, continúa siendo blanca. Decimos que el objeto mismo es blanco porque sólo podemos juzgarlo por la luz que envía hasta nuestros ojos.

No obstante, si el objeto siente un apetito especial por algún color concreto, la luz azul, por ejemplo, y lo absorbe o bien retiene algunas partes azules de la luz del día antes de reflejar las restantes, entonces la luz que distinguimos presentará deficiencias en la región azul del espectro. Así, nuestros ojos la percibirán con tonalidades amarillas, y diremos que el objeto en cuestión es amarillo.

Si sucede que el «objeto» que nos ocupa es una mancha localizada en nuestra camiseta blanca (incolora), entonces la mancha nos parecerá amarilla, y recurriremos a nuestra vieja y socorrida lejía para eliminarla de nuestra otrora inmaculada prenda. Lo mismo haremos cuando una mancha absorba alguna otra tonalidad de la luz, circunstancia ésta que se nos revelará en la forma de un color distinto al blanco.

Entonces, ¿sobre qué actúa realmente la lejía cuando elimina el color de una mancha? Actúa sobre aquellas moléculas que tienen predilección por la absorción de algún color específico o colores específicos de los que integran la luz, cualquier color. En consecuencia, la cuestión que dirimir será: ¿cómo es que la lejía sólo incide sobre las moléculas capaces de absorber la luz?

Cuando una sustancia absorbe energía luminosa, son los electrones presentes en las moléculas los que realizan dicha absorción. Al absorber la energía, los electrones se excitan hasta que alcanzan un nivel superior de energía en el seno de las moléculas. Las moléculas de muchas sustancias presentan colores porque contienen electrones que, para empezar, tienen una energía particularmente baja, y que son, por tanto, susceptibles de absorber energía. Las moléculas de lejía se tragan estos electrones de baja energía, de manera que ya no están disponibles para absorber energía. Así pues, las moléculas pierden su capacidad de coloración. (En términos científicos: los que tragan electrones se llaman agentes oxidantes; así pues, la lejía oxida la sustancia coloreada.)

El agente oxidante que suele emplearse para lavar la ropa es el hipoclorito de sodio. Las lejías líquidas no son otra cosa que una solución al 5,25 % de dicha sustancia química en agua. Las lejías en polvo suelen contener perborato de sodio, un agente oxidante más suave que no ataca la mayoría de los tintes. Ni que decir tiene que los tintes no son sino manchas deliberadas y tenaces, capaces de absorber la luz.

Otro agente oxidante muy común, el peróxido de hidrógeno o agua oxigenada, se emplea para decolorar la melanina, la sustancia que oscurece el cabello y la piel del ser humano. Su uso está muy extendido en la manufactura de rubias.

Capítulo 2
EN LA COCINA

No existe otro lugar donde sucedan tantos y tan fabulosos misterios como en la cocina. Ahí es donde mezclamos, calentamos, enfriamos, congelamos, descongelamos y ocasionalmente quemamos un increíble surtido de materiales de origen animal, vegetal y mineral, con la ayuda de equipos y artefactos que habrían hecho vibrar las retortas y helarse los calderos del alquimista más devoto.

No es, pues, una casualidad el que Shakespeare escogiera *fire burn and caldron bubble* (quemar en la hoguera y arder en el caldero) como la manipulación más fundamental y mística de las brujas en su obra *Macbeth*. Bajo estas actividades tan sencillas y familiares ocurren algunas transformaciones realmente extraordinarias, transformaciones con las que los alquimistas sólo habrían fantaseado, pero que ahora somos capaces de explicar en términos muy sencillos, ahora que sabemos de la existencia de las moléculas.

¿Cree usted saber lo que ocurre cuando se hierve agua en una olla (o un caldero)? Piénselo bien. Empezaremos por observar detenidamente esa olla para averiguar qué es lo que la hace moverse... o burbujear.

¿Qué es el punto de ebullición?

A veces caliento una olla con agua y subo el fuego al máximo porque tengo prisa. Cuando el agua empieza a hervir, tengo que bajar el fuego para evitar que se desborde. Con todo, necesito que el agua se caliente tanto como sea posible, para así poder comer ensegui-

da. ¿Hay alguna manera de calentar el agua sin que deba limpiar luego los fogones?

Lo siento, pero una vez que el agua ha empezado a hervir ya no podrá calentarse más, aunque se empeñe en usar un lanzallamas. Por mucho que esto le enfurezca, la temperatura del agua no superará su punto de ebullición: 100 ºC (212 ºF), más o menos (véase la pág. 224 si desea ampliar la información sobre ese «más o menos»).

Analicemos lo que está pasando en el seno del agua cuando su temperatura se aproxima al punto de ebullición. Cuando usted empieza a calentar el agua, su temperatura aumenta. Es decir, las moléculas del agua adquieren energía calorífica y comienzan a desplazarse con más y más rapidez. Finalmente, algunas de esas moléculas acumularán tanta energía que serán capaces de separarse de sus compañeras, a las que estaban unidas en virtud de fuerzas de atracción muy poderosas. Las moléculas energéticas pueden llegar a disociar a sus congéneres originando así espacios de gas en el líquido (burbujas, que ascienden y hacen erupción en la superficie como borbotones de vapor de agua). No podremos ver esta agua gaseosa hasta que se separe de la superficie, se enfríe un poco y se condense, formando así una nube de gotas minúsculas que llamamos vapor.

Nos referiremos a este proceso con el nombre de «ebullición». Concluiremos que el agua está absorbiendo el calor que suministramos al sistema y lo emplea para cambiar de estado, de líquido a gas.

La transformación de agua líquida en agua gaseosa consume energía calorífica, debido fundamentalmente a que para separar las moléculas se requiere una cierta cantidad de energía. Si las moléculas no estuvieran juntas, adheridas unas a otras, el agua no sería líquida, sino que siempre presentaría la disposición de un gas, o sea, un conjunto de moléculas sueltas que vuelan disociadas e independientemente. Cada líquido presenta una cohesión molecular distinta y, por ende, la energía requerida para romper los vínculos entre sus moléculas también será distinta, teniendo asimismo puntos de ebullición diferentes. Se precisa una temperatura de 100 ºC (212 ºF) para romper los vínculos de las moléculas del agua.

Subamos ahora el fuego. Cuanta más energía calorífica suministremos por segundo, mayor será el número de moléculas de agua que adquirirán la energía suficiente para separarse y desprenderse en forma de gas. El agua hervirá con más vigor y se transformará en gas más rápidamente.

Pero no todo el calor sobrante se invierte en elevar la temperatura del agua, porque la energía sobrante que una molécula puede adquirir, más allá de la que es necesaria para liberarse, simplemente sale volando con la molécula. En cuanto la molécula adquiera energía en una cantidad superior a la necesaria para liberarse, partirá a una velocidad más elevada que la usual. La energía extra, y la temperatura más alta que este excedente conlleva (véase pág. 247), se irá con el vapor y no permanecerá en el líquido que resta en la olla. Su temperatura se mantendrá inalterada (en el punto de ebullición del agua), hasta que toda el agua haya hervido.

Moraleja: subir el fuego no hervirá los espaguetis más rápidamente. Ahorre, pues, energía.

Haga la prueba

Podrá confirmarlo si sostiene un termómetro (con unas pinzas) y lo introduce en el vapor que se escapa de la olla del agua hirviendo y en el agua misma, tanto cuando hierve ligeramente como cuando lo hace vigorosamente. La temperatura del agua permanecerá igual, siendo así que el vapor estará un poco más caliente cuando la ebullición sea más vigorosa.

Apuesta de bar

La temperatura del agua no ascenderá, independientemente de la intensidad del fuego con que calentemos la olla.

Cobertura total para el agua

He notado que una olla tapada con agua en su interior hervirá antes que otra destapada. Me figuro que la tapa de la olla mantiene parte del calor que de otra manera se perdería, pero ¿qué clase de calor? No podrá perderse vapor hasta que el agua esté hirviendo, ¿o sí?

Vapor, no, pero sí vapor de agua. Mucho antes de que pueda ver algo de vapor, que está compuesto por diminutas gotas de agua líquida, se produce un vapor muy caliente e invisible (moléculas de agua libres que revolotean en forma de gas). Un vapor y un gas son la misma cosa; la gente suele llamar vapor a un gas si saben que recientemente estaba en forma líquida.

Siempre habrá algo de vapor en el aire situado por encima del agua, esté donde esté (vaho, humedad, como suele decirse). Ello se debe a que siempre hay moléculas de agua en la superficie que se mueven con la fuerza suficiente para romper los vínculos que las unen a sus congéneres y salir volando. Cuanto mayor sea la temperatura del agua, mayor será la cantidad de vapor producida, porque más y más moléculas se desplazarán con el suficiente vigor (calor) para escaparse. En este contexto, podemos afirmar que a medida que el fuego calienta el agua el número de moléculas de vapor de agua caliente localizadas en el aire que está sobre ella se incrementa.

Dado que las moléculas de vapor adquieren más y más energía de manera progresiva al aumentar la temperatura del agua, resultará más importante no perderlas. La tapa de la olla cierra el paso, por decirlo de alguna forma, y evita que la mayoría de las moléculas del vapor se escapen, enviándolas, con su energía calorífica todavía intacta, de regreso a la olla. En consecuencia, el agua alcanzará su punto de ebullición antes.

Salvo que vigile la olla, desde luego.

Demasiados iones en el fuego

He oído que cuando se agrega sal al agua hirviendo, ésta incrementa su temperatura. Me parece imposible pero, si en efecto eso ocurre, ¿de dónde procede el calor extra?

Es extraño, pero cierto. En cuanto la sal se disuelva, el agua hirviendo empezará a hervir a una temperatura más alta.

Por cada 29 gramos de sal que usted agregue a 1 litro de agua, su temperatura de ebullición aumentará unos 0,5 ºC (0,9 ºF). No es gran cosa, pero en todo caso supone un incremento. Dado que ese aumento es tan minúsculo, añadir sal al agua con la que se hierven los espaguetis no redundará en un tiempo de cocción notoriamente menor. La sal se añade por cuestiones de sabor, aunque algunas personas afirman que proporciona a la pasta una textura más firme.

Haga la prueba

Con un termómetro apropiado, verifique el punto de ebullición de 1 litro de agua en una cacerola. Agregue ahora media taza de sal al agua y remuévala hasta disolverla. Una vez disuelta y cuando el agua vuelva a hervir, podrá comprobar que el punto de ebullición será 4 o 5 grados más elevado que antes.

Es obvio que ese «calor extra» que causa el incremento en la temperatura no puede proceder de la temperatura de la sal añadida. Pero el quemador aporta mucho más calor del que el agua necesita para empezar a hervir (que enseguida podrá sentirse en las inmediaciones, ¿o no?). Así pues, el calor disponible para que el agua incremente su punto de ebullición si lo desea será más que suficiente. La verdadera pregunta es: ¿por qué decide hacerlo?

Un líquido bullirá cuando sus moléculas obtengan la energía suficiente para disociarse y disiparse en el aire. Cuando la sal (cloruro sódico) se disuelve en el agua, se disocia en partículas de sodio y cloro con carga eléctrica. (En términos científicos, iones de sodio y cloro.) Estas partículas cargadas hacen dos cosas:

En primer lugar, aglutinan las moléculas del agua, menoscabando así su capacidad para abrirse camino, salir del líquido y volar. Es como si las moléculas del agua fueran personas tratando de salir de un autobús, abriéndose paso a través de una multitud que acaba de formarse. Necesitan un pequeño empujón, una pequeña cantidad de energía que las impulse, para escapar. Por lo tanto, el proceso de la ebullición requerirá una temperatura más alta.

En segundo lugar, las partículas de sodio y cloro cargadas aglutinan en torno a sí grupos de moléculas de agua que portan consigo dondequiera que van, a modo de pequeños e incómodos trajes de submarinista. Las partículas cargadas pueden atraer a las moléculas del aire porque las moléculas del agua están también cargadas: ligeramente positivas en un extremo y ligeramente negativas en el opuesto (véase pág. 80). (En términos científicos, las moléculas del agua son polares.) Sus polos positivos resultan atraídos por las partículas negativas de cloro, mientras que sus extremos negativos sienten la atracción que ejercen las partículas positivas de sodio.

Como resultado de este agrupamiento, las partículas de cloro y sodio retirarán de la circulación un gran número de moléculas de agua. Para que las moléculas agrupadas de agua hiervan tendrán que romper sus vínculos con el sodio y el cloro (salir de los trajes de submarinista), cosa harto más difícil que separarse de las moléculas del agua en ausencia de sal. Consecuentemente, se requerirá un punto de ebullición más elevado.

Sin embargo, la sal no tiene nada de particular. Al disolver algo en agua (azúcar, vino, caldo de pollo, lo que usted prefiera), se producirá el mismo efecto entorpecedor, cuando no un efecto de agrupamiento. Así las cosas, no se le ocurra decir que el caldo de pollo hierve a 100 ºC (212 ºF), únicamente porque en la escuela le dijeron que el agua pura inicia su ebullición a esa temperatura. Su punto de ebullición será ligeramente más elevado debido primordialmente a todas las sustancias que aparecen disueltas en la sopa.

En cualquier caso, el agua pura hierve a 100 ºC (212 ºF), sólo cuando el tiempo acompaña (véase pág. 224). Y, en caso de que hubiera azúcar disuelto en el agua, podrían suceder cosas mucho más extrañas (véase pág. 67).

Una olla vigilada sólo hierve a fuego lento

¿Por qué todas las recetas para preparar estofados y ragúes indican que deben guisarse a fuego lento, sin llegar nunca a hervir? ¿Cuál es entonces la diferencia? ¿Acaso hervir a fuego lento no implica hervir realmente el guiso?

No exactamente. La diferencia entre hervir a fuego lento y bullir va más allá de la mera intensidad de las burbujas. Hervir a fuego lento tiene como objetivo la producción de una temperatura ligeramente inferior a la de la ebullición verdadera, puesto que una diferencia de unos pocos grados en la temperatura de cocción puede tener importantes consecuencias en el sabor de los platos.

En la cocción en presencia de grandes cantidades de agua, al contrario que en los asados, el abanico de temperaturas posibles es más reducido, por lo que lograr la temperatura exacta para una cocción adecuada no es en absoluto tarea fácil.

Después de todo, cocinar no es sino provocar una serie de reacciones químicas complejas, en las que la temperatura incide de dos maneras principales: en primer lugar, determina qué reacciones específicas se llevarán a cabo, así como cuál será la velocidad de ejecución. Todo el mundo conoce el efecto general que tiene la temperatura sobre la velocidad de cocción: cuanto más elevada sea la temperatura, más rápida resultará la cocción. Pero también es cierto que diferentes cosas les ocurren a los alimentos cuando se cocinan a temperaturas distintas, debido fundamentalmente a las diferentes reacciones químicas que tendrán lugar según el caso.

La cuestión de la temperatura es de particular importancia para la cocción de las carnes en presencia de agua. Las carnes se reblandecen, se endurecen y sufren reacciones de secado (aun cuando estén sumergidas en salsas) a diversas temperaturas. La temperatura de una ebullición completa, por ejemplo, propicia un proceso de endurecimiento, si bien la temperatura ligeramente inferior, propia de la cocción a fuego lento, promueve el reblandecimiento. La experiencia nos ha enseñado cuáles son los modos de cocción más adecuados para cada plato en particular, de tal suerte que lo más sabio será no jugar con los métodos de cocción recomendados en las recetas.

La ebullición completa en sentido estricto (en presencia de grandes burbujas como cuando se hierve pasta) constituye un indicador infalible de una temperatura específica: el punto de ebullición del agua. Esta circunstancia establecerá un límite superior para la temperatura a la que se pueden cocinar los alimentos en presencia de agua, porque este líquido nunca puede superar su temperatura de ebullición, con independencia de la intensidad de la ebullición (véase pág. 59). Las burbujas que estallan en la superficie indican con toda claridad que la comida se está cocinando a 100 °C (212 °F), un hecho que depende levemente de otras condiciones (véanse las pág. 62, 222 y 224).

Pero muchas de las reacciones deseables tienen lugar a temperaturas menores. ¿Cuánto menores? Eso depende de los alimentos que vayan a cocinarse. A efectos culinarios, el único límite inferior de importancia es la temperatura necesaria para acabar con la mayoría de los gérmenes: alrededor de 82 °C (180 °F). El problema será, pues, cómo conseguir una de estas temperaturas inferiores cuando la necesitemos. No existe ninguna señal visible (como las burbujas) que podamos detectar, así como tampoco sería muy práctico realizar un seguimiento exhaustivo de la temperatura de las ollas que empleamos para cocinar.

Cuando los autores de recetarios y libros de cocina quieren transmitir a sus lectores que un plato debe cocinarse a una temperatura determinada, por debajo del punto de ebullición, emplean términos como hervir a fuego lento, a fuego suave, escalfar y pasar por agua. Suelen hacer aspavientos y mover sus brazos en círculo para describir el significado exacto de dichos términos. Y sus esfuerzos son completamente estériles. Busque la expresión «hervir a fuego lento» en libros de cocina para profesionales o de técnicas culinarias y descubrirá que alude a cualquier temperatura situada en el arco entre los 57 ºC y los 99 ºC (entre los 135 ºC y los 210 ºF). Estamos de suerte, porque las bacterias que causan la peligrosa salmonelosis no mueren hasta los 60 ºC -65 ºC.

Con todo, definir una temperatura «de cocción a fuego lento» carecerá de sentido porque la temperatura en el interior de una olla que se está calentando al fuego puede sufrir notables variaciones de un punto a otro y de un momento a otro. Algunos de los factores que afectan a la temperatura de los alimentos son la forma, el tamaño y el grosor del recipiente, el material con el que ha sido fabricado, si está o no tapado y, en caso de estarlo, de qué forma, la estabilidad de la fuente de calor, el contacto entre el fogón y la olla, la cantidad de líquido y alimento sólido presentes en su interior, así como las características específicas de los mismos.

Existe una única manera para conseguir la cocción más adecuada: olvidarse de la temperatura y concentrarse en lo que se está produciendo en el guiso. Ajuste la olla cuidadosamente, la tapa y el quemador de modo que las burbujas puedan alcanzar la superficie sólo de manera esporádica. Ello significará que la temperatura promedio en el interior de la olla es ligeramente inferior a la de ebullición, justo la que buscamos. Los puntos con una temperatura más elevada originan algunas burbujas que afloran en la superficie, lo mínimo indispensable para indicar que la temperatura del guiso no es demasiado fría.

Recuerde que la ebullición real se produce cuando casi todas las burbujas consiguen llegar a la superficie. Si la temperatura es ligeramente inferior al punto de ebullición normal, podrán formarse burbujas en el fondo, pero serán reabsorbidas antes de que logren culminar su ascenso hasta la superficie. Eso es precisamente lo que sucede durante una cocción a fuego lento típica.

¿Y qué pasa con el escalfado y el pasado por agua? Escalfar es sinónimo de cocer a fuego lento, un término generalmente aplicable al pescado y los huevos. Pasar por agua consiste en colocar los alimentos, normalmente un huevo, en agua a su temperatura de ebullición y proceder seguidamente a apagar el fuego. A medida que el agua se enfría la temperatura decrece, de tal manera que la temperatura promedio resulta ser la más amable y suave de todas. Como resultado de este proceso, obtendremos un huevo mimado, malcriado y autocomplaciente.

Las golosinas son sabrosas, pero el calor es más dulce

¿Por qué el almíbar se calentará más cuanto mayor sea el tiempo de cocción, cosa que no ocurre con el agua corriente? ¿O sí?

Seguramente usted habrá preparado golosinas alguna vez, ¿o no? Las recetas para preparar golosinas indican que se debe hervir el almíbar hasta que alcance diversas temperaturas que habrá que medir con un termómetro apropiado: se obtiene una masa blanda a unos 114 °C (237 °F), se endurece a 152 °C (305 °F), y así sucesivamente. Es posible que en algunos textos se establezcan temperaturas ligeramente distintas para cada uno de los estados. Cuanto más tiempo permanezca en ebullición, mayor será el grosor que alcanzará el almíbar, y la temperatura será asimismo más elevada. Sin embargo, puede usted hervir el agua tanto y con tanta fuerza como desee, que su temperatura no ascenderá un solo grado (véase pág. 59).

Obviamente, al hervir el jarabe compuesto por agua y azúcar se dan circunstancias muy distintas a las que observamos al hervir agua.

Cuando se disuelve una sustancia en agua (casi cualquier cosa), el punto de ebullición indefectiblemente aumenta. Y el azúcar no es una excepción. Motivo éste por el que una solución de agua y azúcar hervirá a una temperatura superior al punto de ebullición del agua pura. Cuanto mayor sea la concentración de la solución o, expresado de otro modo, cuanto mayor sea la cantidad de sustancias disueltas en el agua, más elevado será el punto de ebullición de la mezcla (véase pág. 62).

Por ejemplo, una solución de dos tazas de azúcar en una taza de agua (sí, es posible, véase pág. 90) no empezará a hervir hasta los 103 °C en lugar de los 100 °C habituales (217 °F en lugar de 212 °F). Pero si seguimos calentándola, muchas moléculas del agua se disiparán en forma de vapor, y la concentración de la solución de azúcar aumentará ostensiblemente. Ello quiere decir que la proporción de azúcar presente en el agua será mayor. Cuanto mayor sea la concentración, más elevado será el punto de ebullición de la solución, de manera que cuanto más tiempo hierva más se calentará la mezcla. Es por ello por lo que las recetas para preparar caramelos y golosinas emplean la temperatura como indicador de la concentración del almíbar y, por lo tanto, del grado de viscosidad y dureza que alcanzará cuando se enfríe.

Si el almíbar hierve suficientemente, casi se evaporará toda el agua y no quedará más que azúcar derretido en la olla, algo que sucederá a unos 185 ºC (365 ºF). Aproximadamente al mismo tiempo, empezará a caramelizarse, un término muy correcto que suele emplearse para describir la destrucción de las moléculas del azúcar, un proceso que origina un amplio surtido de compuestos químicos que presentan sabores intrigantes muy a pesar de sus respectivas composiciones químicas, por lo general tan aterradoras. La transición del color amarillo al tostado responde a la formación de más partículas de carbono, y de mayor tamaño, que es el producto final de la descomposición del azúcar. Calentemos el azúcar un poco más y obtendremos un estropicio calcinado y negro de carbón todavía dulce y completamente incomestible.

Los huevos estan hechos, aunque no es éste un asunto sencillo

Cuanto más tiempo pasa un huevo al fuego más se endurece. Ahora bien, si en vez de usar un huevo hiciera lo propio con una patata, se reblandecería. ¿Qué tendrá el calor para producir efectos tan distintos en los alimentos?

La respuesta más breve y directa a este enigma dice así: al cocinar, las proteínas se endurecen y los carbohidratos se reblandecen. Salvo en las carnes, dado que la dureza o ternura de un corte de carne depende, en términos harto complejos, de la estructura muscular del animal (véase pág. 70), de la porción del animal del que procede la pieza en cuestión, así como de la manera de cocinarlo. Durante la cocción, por ejemplo, la carne puede reblandecerse en un principio y posteriormente endurecerse. Pero en el caso de los huevos y las patatas, esta circunstancia puede muy bien explicarse como una consecuencia de los efectos que tiene el calor en las proteínas y los carbohidratos.

Para empezar, analicemos con detenimiento el huevo. Los huevos presentan una composición muy poco usual, que se corresponde con su función única en la vida. Si desechamos la cáscara de un huevo de gallina y eliminamos el agua presente en su interior, los restos secos se componen principalmente de proteínas y grasas casi a partes iguales, siendo los carbohidratos virtualmente inexistentes. Las yemas secas están compuestas de un 70 % de grasa mientras que las claras secas contienen un 85 % de proteínas. Como usted sabe, el calor no tiene efectos sobre la consistencia de la grasa, de modo que procederemos a analizar escrupulosamente lo que sucede con las proteínas y la clara del huevo. Así como también sabrá que no daremos por terminado nuestro análisis sin antes examinar el comportamiento de las moléculas, ¿no es así?

El albumen o clara de huevo contiene una proteína denominada albúmina compuesta por moléculas largas y fibrosas enrolladas en forma de grumos semejantes a madejas sueltas de hilo. Al ser calentadas, estas madejas se desenrollan parcialmente y acto seguido se adhieren entre sí por algunos lugares, originando así una maraña infernal parecida a una lata repleta de gusanos soldados por algunos puntos. (En términos científicos: las moléculas adoptan una configuración reticular.)

Ahora, cuando las moléculas de una sustancia varían su disposición y dejan de ser madejas sueltas para convertirse en una maraña soldada y terrible, es obvio que perderán su fluidez. Se tornarán asimismo opacas, tanto así que la luz no podrá siquiera atravesar la maraña.

El albumen líquido del huevo, al ser calentado por encima de los 65° centígrados aproximadamente (unos 150° Fahrenheit), se coagulará y formará un gel blanco, opaco y de notable firmeza. Cuanto mayor sea el calor y el tiempo de calentamiento, más serán las moléculas que logren desenredarse y soldarse a sus congéneres. Así pues, cuanto más tiempo pase un huevo al fuego, más firme será la consistencia de la clara, que podrá presentar la textura de una plasta a medio hervir, la dureza de una goma o incluso la de una piel, como si se tratara de un plato bien pasado.

El secado que tiene lugar a temperaturas superiores también contribuirá a su endurecimiento.

La proteína de la yema del huevo se coagulará de manera muy similar, pero no hasta que alcance una temperatura ligeramente superior. Asimismo, la abundante grasa presente en la yema actuará como lubricante, situándose entre los grumos de proteína, de modo que ya no podrán soldarse y la yema no se endurecerá tanto como la clara, ni cuando se hierva intensamente.

Refirámonos ahora a las patatas y otros alimentos ricos en hidratos de carbono. El almidón y los azúcares se cocinan con facilidad. Incluso se disuelven en agua caliente para acelerar el proceso. Cuando una patata se cuece al horno, algunos almidones se disuelven en el vapor.

De todos modos, existe un carbohidrato muy duro e insoluble que está presente en todas las frutas y las verduras: la celulosa. Las paredes de las células de las plantas contienen fibras celulósicas que se mantienen unidas gracias a un aglutinante de pectina y otros carbohidratos solubles en agua. Es precisamente esta estructura la que aporta firmeza a ciertos vegetales como las coles, los repollos, las zanahorias, el apio y las patatas, así como su textura crujiente. Sin embargo, caliente estas verduras y se debilitarán hasta convertirse en una masa blandengue. El aglutinante de pectina se disuelve en los líquidos liberados por el calor, quedando la otrora rígida estructura de la celulosa seriamente debilitada. Esta circunstancia explica que las verduras cocidas sean más blandas que las crudas.

El pescado: la verdadera carne blanca

¿Por qué la carne de pescado suele ser blanca, mientras que las carnes restantes son rojas? Los peces también tienen sangre, ¿o no? ¿Por qué el tiempo de cocción del pescado es inferior al de otras carnes?

Bien, esto no se debe a que el pescado haya sido marinado durante toda su vida. La carne del pescado es sustancialmente distinta a la carne de la mayoría de las criaturas que caminan, reptan o vuelan. Esto es así por varios motivos.

En primer lugar, la navegación por el agua no puede calificarse exactamente como culturismo, al menos si la comparamos con galopar por las llanuras o revolotear en el aire. Así, la musculatura de los peces no está tan desarrollada como la de otros animales. Los elefantes, por ejemplo, tienen que esforzarse tanto para vencer la gravedad que algunos de sus músculos están ampliamente desarrollados y son muy resistentes y, como sin duda usted ya sabrá, no quedará más remedio que cocerlos a fuego lento para que su carne se reblandezca.

No obstante, mucho más importante es el hecho de que el tejido que poseen los músculos de los peces es de naturaleza muy distinta al de otros animales. Los peces, para escabullirse de sus enemigos, necesitan realizar desplazamientos rápidos, bruscos y muy potentes, a diferencia de lo que ocurre con la mayoría de los animales terrestres, acostumbrados a recorrer grandes distancias, y para los que la resistencia es fundamental. Por consiguiente, los músculos de los peces presentarán básicamente fibras de contracción rápida (por lo general, los músculos están compuestos por manojos de fibras). Son mucho más cortos y delgados que las grandes fibras de contracción lenta que integran la musculatura de la mayoría de los animales terrestres, razón por la cual pueden deshebrarse más fácilmente (al masticarlos, por ejemplo), así como descomponerse químicamente al ser tratados mediante el calor de la cocina. El pescado es tan tierno que puede incluso comerse crudo, como es el caso del *sashimi*, mientras que para que un *steak tartare* resulte comestible deberá ser molido hasta que la carne sea vulnerable a la acción de los molares de las criaturas omnívoras.

Otra razón de importancia que justifica que la carne del pescado sea más tierna que la de otros animales es que los peces desarrollan su vida en un ambiente de ingravidez (véase pág. 203). Por consiguiente, su necesidad de tejido conectivo (cartílagos, tendones, ligamentos y tejidos similares con los que otras criaturas insertan y sujetan los miembros de su cuerpo a su esqueleto) es muy escasa. Se viene a decir con ello que los peces están hechos básicamente de puro músculo, exentos de esos tejidos y sustancias tan resistentes que deben ser cocidos para conseguir que un animal sea comestible.

Por éstas y otras razones la carne del pescado es tan blanda que el problema principal radica en evitar cocinarla en exceso. En rigor, debería cocinarse sólo hasta que la proteína se coagule y se torne opaca, prácticamente lo mismo que le ocurre a la proteína de la clara de huevo (véase pág. 68). En ambos casos, la materia se secará y se endurecerá si se cocinan excesivamente.

Y ¿por qué es blanca la carne del pescado? Los peces no tienen demasiada sangre, eso seguro, y la pequeña cantidad que contienen está concentrada en sus agallas. Con todo, cuando la carne de cualquier animal llega a la mesa, casi toda su sangre ha desaparecido. Una vez más, la respuesta a este interrogante nos dirige a la actividad muscular de los peces. Dado que el tejido muscular opera mediante arrebatos y gestos muy cortos y rápidas contracciones, los peces no necesitan almacenar oxígeno para realizar esfuerzos prolongados que requieran una alta resistencia física. Los músculos de otros animales, de contracción más lenta, tienen que almacenar oxígeno para llevar a cabo esfuerzos más sostenidos, cosa que realizan por medio de la mioglobina, un compuesto de color rojo que se tiñe de marrón cuando está expuesto al calor o al aire. Es la mioglobina, y no la sangre, lo que tiñe de rojo las carnes rojas (véase pág. 143).

Cómo evitar el ahumado

¿Qué ocurre cuando desnatamos o aclaramos la mantequilla? ¿Por qué debería importarme?

Se trata de deshacerse de todo a excepción de la grasa saturada pura (ñam, ñam).

Algunas personas conciben la mantequilla como una gran masa de grasa envuelta en un halo de culpabilidad. Pero, con culpa o sin ella, la mantequilla no sólo contiene grasa. Antes bien, es una emulsión solidificada hecha a partir de tres componentes, una mezcla estable que contiene componentes acuosos y aceitosos, así como algunos sólidos. Al aclarar la mantequilla se separa la grasa de todo lo demás, que puede desecharse. El fin último del desnatado consiste en tener la posibilidad de freír a una temperatura superior a la normal sin llegar a calcinar ni ahumar los alimentos, debido principalmente a que los componentes acuosos contienen la temperatura toda vez que las materias sólidas propician la calcinación y el ahumado.

Al calentarla en una sartén, la mantequilla entera empezará a humear a unos 121 ºC (250 ºF), y las proteínas sólidas que contiene empezarán a carbonizarse adquiriendo un color tostado. Una manera eficaz para minimizar estos efectos indeseables consiste en «proteger» la mantequilla depositada en la sartén con una pizca de aceite para cocinar, puesto que no humea sino a temperaturas más elevadas. O, mejor todavía, recurrir al uso de mantequilla aclarada. El aceite de la mantequilla no humeará hasta que alcance los 177 ºC (350 ºF); además, carece de materia sólida que chamuscar. El único problema que plantea esta opción es que buena parte del sabor característico de la mantequilla procede de la caseína y otras proteínas sólidas que se han eliminado.

Haga la prueba

Para aclarar o desnatar la mantequilla todo lo que debe hacer es derretirla muy lentamente al fuego más lento posible. Recuerde que se chamusca con facilidad. El aceite, el agua y los sólidos se separarán formando tres capas: una capa de espuma de caseína en la superficie, aceite en la región central y un sedimento acuoso de sólidos lácteos (suero) en la zona inferior. Limítese a separar la espuma y decante el aceite vertiéndolo en un recipiente. Si le molesta deshacerse de la sabrosa espuma de caseína, guárdela y úsela para matizar el sabor de las verduras.

Otra razón de peso para aclarar la mantequilla es que ciertas bacterias pueden vivir en el suero y la caseína, pero no en el aceite puro, de manera que la mantequilla desnatada se conservará más y mejor que la entera. En la India conservan el *ghee*, que no es otra cosa que mantequilla completamente desnatada, durante períodos de tiempo prolongados y sin refrigeración. En última instancia se torna rancio porque el aire oxida las grasas no saturadas que contiene. Pero dicha ranciedad sólo redunda en un sabor ligeramente agrio, y nunca se debe a la contaminación bacteriana. Es por ello por lo que los tibetanos prefieren que su mantequilla aclarada tenga un sabor ligeramente rancio.

❷ No lo ha preguntado, pero...

¿En qué consiste la «mantequilla derretida» que suele servirse con la langosta y otros mariscos en los restaurantes?

Como su nombre indica, se trata de mantequilla derretida, pura y simple. Puede o no haber sido desnatada tras derretirla lentamente y decantar el aceite, o tratarse de mantequilla entera. Podría incluso ser margarina. En algunas ocasiones podría haber sido espesada y sazonada.

Me paso la vida cocinando burbujas

En mi despensa hay dos productos químicos en polvo y de color blanco: levadura y bicarbonato de sodio. Sé que tienen usos distintos, pero ¿qué son exactamente y qué hacen?

Para ser breves, diremos que el bicarbonato de sodio es un compuesto químico simple y puro, mientras que la levadura en polvo es una mezcla de bicarbonato de sodio y otros dos compuestos.

Así pues, la levadura en polvo contiene bicarbonato de sodio y uno o dos ácidos: ácido tartárico o tartrato ácido de potasio o fosfato monocálcico y, si su acción es doble, sulfato alumínico sódico anhidro.

Son demasiados productos químicos, en particular si se trata de agregarlos a la comida, ¿o no? Bien, si pudiera ver las fórmulas químicas de todas las proteínas, hidratos de carbono, grasas, vitaminas y minerales que hay en los alimentos, posiblemente optaría por dejar de comerlos. Los compuestos químicos son como los vaqueros: los hay con sombreros blancos y negros, de tal manera que su labor consistirá en escoger a sus aliados y a sus enemigos con inteligencia.

Hasta ahora nadie ha podido encontrar, ni siquiera los más acérrimos defensores de la comida natural, argumentos de peso para quejarse y prohibir la presencia de los compuestos químicos que contiene la levadura en polvo. Entre los compuestos mencionados arriba puede que usted reconozca el sodio, el potasio, el calcio, el fósforo, el azufre y el aluminio, todos ellos elementos inocuos y (salvo quizá el aluminio) esenciales para la vida. Además, todos los átomos de carbono, oxígeno e hidrógeno que aparecen en sus composiciones se transformarán en dióxido de carbono, completamente inofensivo, y agua tan pronto como sean expuestos al calor del horno.

La clave de este misterio reside en el término carbonato que aparece en el bicarbonato de sodio. En presencia de un ácido, un carbonato se transformará en gas dióxido de carbono, o también cuando se le suministre calor. Y ésa es la razón por la cual se usan los carbonatos en la cocina: porque aligeran (de la voz latina *levere*) la comida horneada y la suben con el gas dióxido de carbono (anhídrido carbónico).

Así pues, el bicarbonato de sodio consigue que los alimentos se eleven como resultado de la producción de millones de burbujas diminutas de dióxido de carbono en el interior de la masa o la pasta para rebozar, generando pues una espuma que la levanta. A medida que la espuma adquiere firmeza bajo la influencia del calor del horno, las burbujas quedan atrapadas. El resultado de este proceso es una galleta o pastel esponjosos y ligeros en contraposición a la pasta de harina dura y seca que se obtendría sin su inestimable colaboración.

El bicarbonato de sodio puro produce gas dióxido de carbono tras reaccionar con cualquier ingrediente ácido que pueda estar a su alcance como, por ejemplo, el vinagre, el yogur o el suero de leche. No liberará el dióxido de carbono hasta que se caliente y alcance una temperatura de 270 ºC (518 ºF). Por otra parte, la reacción con el ácido comienza tan pronto como se mezclan los ingredientes. Así las cosas, podrá distinguir las burbujas que se forman en la masa de suero de leche aun antes de ponerla en la plancha.

Haga la prueba

Añada vinagre a un vaso con bicarbonato sódico y observe cómo crece una espuma integrada por grandes y copiosas burbujas de dióxido de carbono. El vinagre es una solución de ácido acético en agua.

La levadura en polvo está compuesta por bicarbonato de sodio y un ácido seco, de modo que la receta no necesita la adición de ningún otro ácido. Cuando la levadura se moja, ambos compuestos se disuelven y reaccionan para producir dióxido de carbono.

Compuestos químicos diversos pueden emplearse como agente ácido en la levadura: el fosfato monocálcico (como suele aparecer en las etiquetas), el ácido tartárico y el tartrato ácido de potasio (crema de tártaro) son los más comunes. Para evitar que estos ingredientes se «pierdan» prematuramente en la lata, se diluyen con una ingente cantidad de harina de maíz, que los mantiene separados hasta que se disuelven en el recipiente. Asimismo, y para protegerlos de la humedad presente en la atmósfera, será necesario mantenerlos herméticamente cerrados en el interior de un recipiente.

Haga la prueba

Agregue una pizca de levadura a un vaso con agua y examine la espuma y las burbujas de dióxido de carbono que se forman. Si no sucede así, deberá deducirse que la levadura ha perdido parte de sus propiedades a causa de la humedad, que provocó que se iniciara la reacción en el interior del frasco. Deshágase de ella y compre levadura fresca.

En la mayoría de los casos no querremos que la levadura libere todas las burbujas de gas en cuanto mezclemos la pasta o la masa, antes de que se haya endurecido lo suficiente para atrapar las burbujas. Así pues, procuraremos que la levadura «actúe doblemente», es decir, que libere tan sólo una porción del gas cuando se lleve a cabo la mezcla, para ulteriormente liberar el resto, cuando se alcance una cierta temperatura dentro del horno. Las levaduras de acción doble (y en estos días casi todas lo son) normalmente contienen sulfato alumínico sódico anhidro, que puede considerarse como un ácido de alta temperatura.

Hornear es una tarea muy complicada. Al margen del aligeramiento, otras muchas reacciones químicas tienen lugar en la comida. A lo largo de los años se han descubierto distintos agentes capaces de realizar este aligeramiento, unos más adecuados que otros para las distintas recetas que tradicionalmente demandan el concurso de la levadura, desde las clásicas tortas hasta las galletas, pasando por pasteles y panes de toda índole. Los tiempos de cocción y las temperaturas exactas a las que la liberación de burbujas resulta más ventajosa han sido determinados tras muchos ensayos y pruebas. Así las cosas, que nuestro albedrío no modifique las recetas, por favor. No deja de ser irónico, pero lo cierto es que nadie disfruta comiéndose una torta con el aspecto plano y austero de una torta.

Fundir en la cocina

¿Por qué puedo fundir el azúcar pero no la sal?

Quien diga que la sal no puede fundirse miente. Cualquier sólido se derretirá si la temperatura es lo suficientemente elevada. La lava es roca derretida, ¿o no? Si usted desea fundir sal, todo lo que tiene que hacer es ajustar la temperatura del horno a 801 ºC (1474 ºF), circunstancia ésta que teñirá su cocina de un hermoso y llamativo color rojo. Los hornos no se derriten hasta que alcanzan una temperatura de 1480 ºC (2700 ºF) aproximadamente.

Dicho esto, huelga recordar que el azúcar se derrite mucho más fácilmente que la sal, esto es, a una temperatura muy inferior. El azúcar se derretirá a sólo 185 ºC (365 ºF). Obviamente, la cuestión principal consiste en averiguar el motivo. ¿En qué difieren estas sustancias granulosas, blancas y tan comunes en la cocina? Ambas son compuestos químicos puros que se parecen mucho, si bien pertenecen a reinos químicos distintos.

Existen más de once millones de compuestos químicos conocidos, cada uno con sus propiedades particulares. En lo que constituye un titánico esfuerzo para dar sentido a este laberinto, sin perder la razón en el proceso de clasificación de los compuestos (ha funcionado con la mayoría de ellos), los químicos empiezan por dividirlos en dos categorías muy amplias: orgánicos e inorgánicos.

Los compuestos orgánicos son aquellos que contienen el elemento carbono. Pueden encontrarse fundamentalmente en los organismos vivos o en sustancias como el carbón y el petróleo.

Compuestos inorgánicos son todos los restantes. La inmensa mayoría de los alimentos, las drogas y los compuestos químicos de los organismos vivos, incluidos los azúcares, son orgánicos, mientras que las rocas y los minerales, la sal incluida, son compuestos inorgánicos.

Si puede hacerse una sola generalización sin temor a equivocarse sobre las propiedades físicas de las sustancias orgánicas e inorgánicas (aunque, por supuesto, hay algunas excepciones), es la siguiente: las sustancias orgánicas tienden a ser blandas mientras que las inorgánicas suelen ser duras. Ello se debe a que las moléculas de las sustancias orgánicas presentan agrupaciones de átomos con carga eléctrica neutra, mientras que las moléculas de los compuestos inorgánicos presentan por lo general iones, es decir, agrupamientos de átomos con carga eléctrica. La atracción que sufren las cargas opuestas es una fuerza más poderosa que la atracción que se da entre las moléculas neutras. Es de dos a veinte veces más poderosa. Así pues, las sustancias inorgánicas son más resistentes, y separar sus partículas resulta mucho más difícil que en el caso de las orgánicas. Tal vez haya notado que cuesta mucho más tallar una roca que el tronco de un árbol.

¿Qué sucede, pues, cuando algo se derrite? En honor a la verdad, es como si tratáramos de separar las partículas de la sustancia en cuestión. Las moléculas empiezan a moverse como resultado del calor que reciben; tanto es así que llegan a separarse y comienzan a fluir por todas partes, y la materia se transforma en líquido. Obviamente, las moléculas orgánicas, con enlaces menos resistentes, deberían empezar a fluir a una temperatura inferior puesto que no precisan de una agitación tan vigorosa para desprenderse unas de otras. Es por ello por lo que las sustancias orgánicas generalmente se derriten a temperaturas más bajas que las inorgánicas.

El azúcar (la sacarosa) es un compuesto orgánico típico que contiene moléculas neutras. La sal (el cloruro sódico) es un compuesto inorgánico típico integrado por iones de cloro y sodio. Por consiguiente, no deberá sorprendernos que el azúcar se funda con mayor celeridad que la sal.

Como en todo lo demás, el secreto está en las moléculas.

❷ No lo ha preguntado, pero...

Si cada sustancia química pura se derrite a una temperatura específica y cambia del estado sólido al líquido, ¿tendrá también una temperatura concreta a la que se solidifique, esto es, cuando abandone el estado líquido y se transforme en un sólido?

Sí. De hecho, ambas temperaturas son la misma.

El proceso de solidificación descrito también se llama congelación. Cuando decimos que el agua se congela a 0 ºC (32 ºF), podríamos asimismo decir que ése es el punto de fusión del hielo. Son idénticos porque las moléculas resbaladizas de un líquido deben decelerarse hasta conseguir una energía determinada que permita que se asienten en su lugar y originen un cristal sólido. Por otra parte, es necesario calentarlas hasta que consigan la cantidad de energía adecuada para liberarse de sus posiciones rígidas y puedan empezar a fluir como un líquido.

Así, una cantidad de calor definida y concreta participará siempre en la transición entre las formas sólida y líquida de cualquier sustancia. Para el agua pura, la cantidad de calor requerida es de 80 calorías por gramo (véase el recuadro). Si queremos derretir 1 gramo de hielo, deberemos aportar 80 calorías al sistema. Para congelar 1 gramo de agua líquida habrá que sustraer 80 calorías del sistema.

Únicamente para llevar la contraria, los químicos no llaman a esas cantidades de calor «calor para derretir» o «calor de congelación», sino que emplean el término «calor de fusión». Y, para empeorar más las cosas si cabe, siempre que una sustancia es líquida a temperatura ambiente y es necesario enfriarla para que se solidifique, la gente se referirá a la temperatura de transición con el nombre de punto de congelación, mientras que si la sustancia es sólida a temperatura ambiente y debemos calentarla para que se transforme en un líquido, la gente la designará con el nombre de punto de fusión. Para cualquier queja, acuda al ayuntamiento.

Una caloría no es una caloría

Una caloría designa una cierta cantidad de energía. Si bien la energía puede existir y adoptar una extensa variedad de formas intercambiables, el calor es entre todas la que nos resulta más familiar. De tal suerte que generalmente se dice que una caloría es una cantidad de calor determinada.

¿Cuánto calor exactamente? De un químico obtendrá una respuesta, mientras que de un dietista o de un experto en nutrición obtendrá otra muy distinta. Así, una «caloría» será mil veces mayor que otra. Es como si lo que para una persona es un kilómetro para otra fuera un metro, motivo por el cual deberemos saber quién escribe las señales para interpretarlas correctamente.

Nada parece indicar que químicos y dietistas vayan a ponerse de acuerdo en breve; ambos están muy obcecados en sus apreciaciones, una circunstancia que enriquece al mundo con una aportación reseñable: tenemos calorías de dos tamaños.

La caloría de los químicos, que llamaremos caloría gramo, es la cantidad de calor que se necesita para elevar la temperatura de un gramo de agua (unas veinte gotas) un grado centígrado. Pero se trata de una cantidad de energía irrisoria, razón por la cual los dietistas prefieren emplear la caloría alimenticia, que hace referencia a la cantidad de calor necesaria para elevar la temperatura de mil gramos de agua un grado centígrado. En consecuencia, una caloría alimenticia equivale a mil calorías gramo.[1]

Para evitar confusiones a lo largo de este libro, a partir de ahora emplearé la palabra *caloría* con c minúscula para la caloría gramo y *Caloría* con C mayúscula para la caloría alimenticia. De modo que cuando la vea escrita de ambas maneras no deberá interpretarlo como un error tipográfico, ni mucho menos. En cualquier caso, no me cabe la menor duda de que podrá deducir cuál es cuál en función del contexto.

Frotar una molécula de la manera equivocada

Me encantaría saber qué hace el microondas cuando lo pongo en funcionamiento. ¿Es cierto que cocina los alimentos desde el interior hacia afuera? Además, en no pocos libros de cocina se afirma que los hornos de microondas provocan que las moléculas de la comida se froten unas con otras, siendo esa fricción la que calienta los alimentos. Aunque no estoy muy seguro de que puedan hallarse explicaciones científicas en un libro de cocina.

No le faltan razones para sospechar, dado que ambas nociones son erróneas.

¿Qué es la fricción? Cuando frotamos dos objetos, el uno contra el otro, sus superficies opondrán cierta resistencia al deslizamiento, de manera que parte de la energía muscular incorporada al sistema para vencer dicha oposición se manifestará en forma de calor. Y ¿qué es el calor? Sencillamente, es el movi-

---

1. Nuestra kilocaloría. *(N. del T.)*

miento molecular. Así pues, los hornos de microondas propician el movimiento de algunas moléculas que, una vez en movimiento, se calientan y punto. Por lo tanto, no existe frotamiento molecular que valga. ¿Con qué se supone que debería frotarse una molécula? ¿Con un átomo colocado en el extremo de un palo?

Y ¿qué decir de cocinar desde el interior hacia fuera? Claro. Tomemos 135 kilogramos de carne molida, modelemos esta masa hasta darle la forma de un rollo e introduzcamos el horno en su interior, dejando el cable colgando. Acto seguido, conectémoslo a la red y pulsemos el botón de encendido con el palo de una escoba. Ésa es la única forma en que un horno de microondas podría cocinar los alimentos desde su interior hacia fuera.

Es cierto que el calor de un horno convencional tiene que abrirse camino desde el exterior hacia el interior de los alimentos, cocinándolos en su camino. Es por ello por lo que el centro de un asado siempre está menos hecho. El calor ha de penetrar por conducción (las moléculas calientes se mueven con rapidez y se golpean contra las que se desplazan más lentamente), y eso puede convertirse en un proceso muy lento, dado que la carne y las patatas son pésimos conductores del calor.

Los hornos de microondas también actúan desde el exterior de los alimentos, pero penetran instantáneamente. Las microondas son radiaciones electromagnéticas, como las distintas longitudes de onda de la luz y las ondas de radio (véase pág. 232). De hecho, no son otra cosa que ondas de radio de muy alta frecuencia, que oscilan a una frecuencia de cerca de 2.000 millones de ciclos por segundo (2.000 megahercios), una oscilación casi veinte veces mayor que la frecuencia de la banda de la radio de FM.

Las microondas atravesarán la mayoría de los materiales sin ser absorbidas, hasta que se encuentren con moléculas capaces de absorber la energía a esa frecuencia en particular. Normalmente, esto significa que lograrán penetrar 4 o 5 centímetros en cualquier pedazo de un alimento típico, calentándolo y cocinándolo en su avance. Cuanto más elevado sea el número de moléculas capaces de absorber energía, más se calentará la comida.

¿Qué moléculas son éstas, capaces de absorber las microondas? El agua es, con mucho, la más común y, dado que todos los alimentos contienen agua, todos absorberán las microondas en mayor o menor medida. Análogamente, las grasas absorben las microondas con bastante facilidad; no así las proteínas y los hidratos de carbono, que lo hacen en menor medida. Así pues, las porciones de carne más húmedas y con más grasa se calentarán más. Seguidamente, la conducción realizará de manera puntual su trabajo y distribuirá el calor por todo el plato. Por esta razón a veces es aconsejable dejar que la comida repose durante algunos minutos antes de destaparlo. Con ello conseguiremos que el vapor y la grasa caliente dispersen el calor por todo el plato.

Hay algo especial en el agua y las grasas que propicia que absorban con facilidad la energía de las microondas. Sus moléculas son, como dicen los químicos, polares, esto es, no son eléctricamente uniformes. Los electrones de las moléculas pasan más tiempo en un extremo de la molécula que en el opuesto, y esta circunstancia les proporciona una carga ligeramente negativa en un extremo y otra levemente positiva (por causa de una deficiencia en su carga negativa) en el opuesto.

Esto provoca que se comporten como pequeños imanes eléctricos provistos de dos polos. Cuando las microondas oscilan, invirtiendo sus campos magnéticos unos dos mil millones de veces por segundo, estas moléculas polares son primeramente obligadas a alinearse con el campo magnético, y posteriormente en sentido opuesto, también unos dos mil millones de veces por segundo. Son, pues, unas moléculas extremadamente vivaces o, dicho de otro modo, muy calientes y activas. Al tiempo que invierten su rumbo, empujarán a las moléculas vecinas, polares o no, insuflándoles energía calorífica.

Las moléculas del aire (oxígeno y nitrógeno), así como las del papel, el vidrio, la cerámica y las que componen todos los plásticos que resisten la acción de las microondas, son eléctricamente uniformes. No son polares, por lo que no revierten su posición ni absorben la energía de las microondas.

Los metales son harina de otro costal. Reflejan las microondas como si fueran espejos (las ondas del radar son microondas, que los aviones y los automóviles reflejan), y hacen que reboten de un lado a otro en el interior del horno hasta que la energía se acumula de un modo alarmante, llegando a veces a producir una chispa. Salvo si se trata de pequeñas láminas, muy delgadas, de papel de aluminio, los objetos de metal jamás deberán introducirse en el microondas.

Sí, pero ¿el zumbido y el traqueteo? Ah, no es más que un ventilador cuyas aspas metálicas dispersan las microondas de manera uniforme en el interior de la caja.

El cloruro de sodio, tan sectario

¿Por qué en algunas recetas se especifica el uso de sal kasher? ¿En qué se diferencia de la sal gentil?

Es totalmente innecesario recalcar que la sal es un ingrediente aconfesional. Mientras que la sal *kasher* (la sal judía o de tradición hebraica) procede del mar y recibe un certificado oficial en virtud del cual su elaboración ha satisfecho todas las exigencias estipuladas por la estricta ley judía en materia de dietas, la bendición del rabino no tendrá más efecto en su sabor que el que tiene la consagración del sacerdote en una hostia de pan ázimo para la comunión de los fieles.

La sal *kasher* es exactamente idéntica, al menos en su vertiente química, a cualquier otra sal: es cloruro sódico puro. Como cualquier otra sal apta para el consumo, su pureza debe superar el 97,5 %, según la legislación vigente. A efectos prácticos, la única diferencia entre la judía y la seglar es el tamaño y la forma de sus granos, siendo los de la *kasher* más gruesos y generalmente más laminados. Su uso más extendido y principal consiste en cubrir las carnes rojas o las aves de corral con el objeto de purificarlas.

Asimismo se emplea para ciertos propósitos no rituales, debido a su grano grueso, siendo ésa la única razón por la que a veces se prefiere a la sal de mesa. Aquellos «expertos» en alimentación que aseguran que la sal *kasher* posee un sabor distinto al de la sal común deberían ser cortésmente invitados a pulverizarla y a pulverizarse de paso con ella.

Haga la prueba

Observe detenidamente unos pocos granos de sal de mesa con la ayuda de una lente de aumento. Salvo que haya realizado un buen curso de introducción a la química, le asombrará descubrir la perfección de sus formas. En honor a la verdad, ¡son cubos minúsculos! Notará también que en su mayoría presentan las esquinas desgastadas a causa del rozamiento con sus congéneres, habiéndose desportillado y deteriorado tanto que algunos se habrán transformado prácticamente en esferas. No obstante, podríamos afirmar sin dudarlo que, originalmente, todos ellos quisieron convertirse en cubos perfectos.

La forma cúbica resulta de la configuración geométrica de los átomos de cloro y sodio, ambos constituyentes de las partículas de la sal. Por razones complejas, en cuya explicación un profesor de química invertiría más de seis meses (si se molestara en explicarlas), y con las que no le aburriré a estas alturas, cuando los átomos de sodio y cloro se combinan para formar cloruro sódico adoptan una configuración perfectamente cuadrada. En este fenómeno están implicadas sus cargas eléctricas y sus dimensiones relativas.

Cuando miles de millones de átomos de sodio y cloro se unen y originan un cristal de sal tridimensional lo suficientemente grande para que pueda verse, la forma de ese cristal entero reflejará la disposición geométrica cuadrada de sus átomos individuales. Al fin y al cabo, un cubo no es otra cosa que un cuadrado en tres dimensiones, ¿o no?

Mientras que los granos cúbicos y compactos de la sal de mesa común se adaptan perfectamente al tamaño de los orificios de los saleros convencionales, la sal *kasher* deberá tener más «gancho» para recubrir la carne y llevar a cabo el proceso de purificación para el que ha sido contratada. Aun cuando sus átomos también presentan una disposición cúbica, la forma externa de los granos es bastante más irregular. Así pues, cuando el agua marina se evapora lentamente, originan una especie de costra sobre la superficie. El método *kasher* está considerado como un procedimiento más natural que la preparación convencional de la sal de mesa común, que consiste en extraer sal de una mina y disolverla en agua, para posteriormente evaporar el agua salada con carbón o mediante calor gaseoso.

Haga la prueba

Si observa una pizca de sal *kasher* con la ayuda de una lupa, mucho me temo que no distinguirá cubos. Sus cristales serán laminados e irregulares.

Los chefs de cocina prefieren usar la sal *kasher* porque es más sencillo pellizcarla con los dedos y esparcirla en la olla, pudiendo de este modo hacerse una idea bastante exacta de la cantidad que están empleando. Tan pronto como se disuelve en la comida, el tamaño y la forma anteriores de sus granos se tornarán inmateriales.

La sal del emperador

Según lo que he podido leer en las revistas de alimentación, el empleo de la sal marina es preferible al de la sal de mesa porque a) contiene minerales muy nutritivos, b) no está refinada siendo, por tanto, más natural y c) porque tiene un sabor más fresco y definido. ¿Cómo debo interpretar estas afirmaciones?

    a) Bobadas.   *b*) Bobadas.   *c*) Bobadas.

La sal marina que se vende en los supermercados y en las tiendas de alimentos biológicos no es más rica en minerales, no está menos refinada y su sabor no es distinto al de la sal de mesa. No obstante, en cualquier establecimiento pagará por ella una cantidad entre cuatro y veinte veces superior al precio de la sal común. Y tal vez no proceda exactamente del mar, puesto que los fabricantes no están obligados a especificar su procedencia y, según aseguran personas bien informadas e infiltradas en la industria, el alimentario es un sector en el que se dicen muchas mentiras. En el caso de la sal kasher, siempre habrá un rabino que garantice su denominación de origen.

La sal marina ha sido durante mucho tiempo la niña de los ojos de quienes defienden la moda de los alimentos naturales, que no parecen necesitar prueba alguna para profesarle una ferviente veneración. Pero en años recientes, libros de cocina y revistas de alimentación que de otro modo gozarían de una reputación excelente se han salpimentado, por decirlo de alguna forma, y llenado la boca con himnos y cantos de alabanza a favor de la sal de mar. Cuando algunos escritores profesionales empiezan a subirse a un carro poco sólido e inconsistente, tal vez ha llegado la hora de abandonar el desfile. Se trata de un caso clásico y típico, que presenta muchos paralelismos con el cuento del traje nuevo para el emperador. Dicho esto, admita que resulta imposible distinguir la sal marina de la sal común y con ello estará confesando no sólo que su paladar es totalmente insensible, sino también políticamente incorrecto.

La sal terrestre, o sal gema, se extrae de enormes yacimientos que se hallan bajo tierra y se formaron hace millones de años cuando los cambios climáticos desecaron grandes cantidades de agua salada. Por consiguiente, toda nuestra sal procede del mar, de uno antiguo o contemporáneo. Ahora bien, ¿acaso la sal de los océanos actuales contiene más minerales que la sal de las minas? En efecto, así sucede siempre que al decir «sal de mar» nos estemos refiriendo a los sólidos grises y pegajosos que resultan de evaporar toda el agua de mar que cabe en un cubo. Este material en crudo recibe el nombre de sólidos marinos.

Únicamente el 78 % de los sólidos marinos es cloruro sódico o sal común; el 99 % del resto presenta compuestos de calcio y magnesio. Además, hay por lo menos 75 elementos químicos distintos en cantidades muy pequeñas. A modo de ejemplo, para obtener la cantidad de hierro que contiene una uva tendremos que comer unos 110 gramos de sólidos marinos, y casi un kilogramo para obtener la cantidad de fósforo que presenta esa misma uva. Tomando en consideración que una persona suele ingerir media onza (unos catorce gramos) de sal diariamente, concluiremos que el valor nutritivo de los sólidos marinos no es superior al de la arena.

Aun suponiendo que viniera del mar, el producto que compra en su tienda de comida naturista ni siquiera contiene sólidos marinos crudos. Ha sido tan refinado como la sal de tierra, puesto que la legislación vigente exige que toda la sal que vaya a venderse como sal de mesa deberá contener cloruro sódico en un porcentaje no inferior al 97,5 %. En la práctica, suele acercarse al 99 %. Siempre hay excepciones, como algunas marcas de sal marina que, en todo caso, presentan minerales en porcentajes inferiores al de los sólidos marinos crudos.

En una planta para la extracción de sal marina se permite que el sol evapore la mayor parte del agua. Los sólidos que cristalizan, la denominada sal solar, son separados del líquido restante. Ahora bien, siempre que un compuesto químico cristaliza a partir de un líquido deja atrás todas sus impurezas. Es por ello por lo que los químicos emplean la cristalización como un proceso de purificación deliberado. Los residuos retienen virtualmente todo el calcio, el magnesio y otros «nutrientes minerales preciosos», tal como suele indicar el etiquetado de las sales marinas. En Japón, los residuos suelen llegar a la mesa en la forma de un condimento único y de sabor amargo llamado *nigari*, pero en muchos países occidentales son desechados o vendidos a la industria química, que extrae sus minerales para usos diversos.

Pero eso no es todo. Acto seguido, se lava la sal de mar, un proceso que elimina más calcio y magnesio si cabe debido a que sus cloruros son más solubles en agua que el cloruro de sodio. Finalmente, en lo que constituye un insulto a la pureza, la sal puede ya desecarse mediante el uso del calor producido por la combustión de carbón o petróleo. Sirva todo lo expuesto hasta ahora para avalar la inocencia de la sal marina en su relación con el medio ambiente.

En consecuencia, el producto que llega a los comercios sólo contiene una décima parte de los minerales inicialmente presentes en los sólidos marinos. Así, para obtener el fósforo contenido en una uva deberá ingerir no menos de 10 kilogramos de esa cosa.

Por si fuera poco, con frecuencia nos toparemos con una falsa creencia muy extendida y que dice así: la sal es muy rica en yodo, «el aroma del mar». Bobadas y más bobadas. Es muy cierto que algunas algas marinas son muy ricas en yodo, pero sólo porque lo concentran fuera del agua, de manera parecida a los moluscos, que extraen calcio para construir la concha. La leyenda de las algas se ha extendido tanto y de manera tan convincente que muchas personas creen que el océano no es sino una enorme tetera de yodo. Pero gramo a gramo, incluso una fuente de yodo tan improbable como la mantequilla contiene yodo en una cantidad cerca de veinticuatro veces superior a los sólidos marinos crudos. La sal de mesa yodada, proceda del mar o de la tierra, contiene unas setenta y cinco veces esta cantidad, deliberadamente añadida en la planta empaquetadora.

¿El sabor? Otro mito. Al escuchar las opiniones de los distintos gurúes de la comida deducimos que la sal marina es más salada, que tiene un sabor más definido, más delicado, más amargo y menos químico (signifique eso lo que signifique) que la sal de mesa común. De entre todas ellas, las únicas afirmaciones basadas en alguna verdad demostrable son las que se refieren a su sabor amargo y más salado. El resto es pura palabrería.

Los cloruros de calcio y magnesio presentes en los sólidos marinos crudos son, en rigor, más amargos. Algunas personas han sido engañadas e imaginan que la sal marina que puede comprarse en los comercios también tiene un sabor más intenso y amargo. No es así. Los compuestos de calcio y magnesio nunca llegan a los comercios, aunque siempre hay algunas excepciones.

En algunas ocasiones, merece la pena discutir la salinidad de las distintas sales, pese a que todas ellas son fundamentalmente cloruro de sodio. Ello se debe a que diferentes productos pueden presentar granos de sal de variados tamaños y formas, una circunstancia que depende de cómo cristalizaron a partir del agua salada durante el proceso de refinación. Pueden adoptar formas muy distintas, desde cubos y pirámides hasta láminas irregulares.

La sal de mesa común que se extrae de una mina presenta granos de forma cúbica, mientras que en muchos productos de sal marina, aunque no en todos, los granos tienden a ser laminados (véase pág. 83). Debido a que estas láminas u hojuelas se disuelven con más celeridad que los cubos, quizá le proporcionen una sensación salada más inmediata cuando se ponga una pizca sobre la lengua. Al catar la sal marina laminada y compararla con la sal de tierra granulada bien podría uno equivocarse y atribuir el efecto salado a su origen marino antes que a la forma de sus partículas.

De todos modos, catar sal es algo que carece de sentido, con independencia del esmero y el interés que pongamos en esta actividad, porque nadie come sal pura y sin guarnición. Añadimos sal a los alimentos, ya sea durante su elaboración o al sentarnos a la mesa. En cualquier caso, en el preciso instante en que la sal entre en contacto con la comida húmeda, sus granos se disolverán y desaparecerá cualquier efecto derivado de las peculiaridades de sus formas. Es más, cuando agreguemos una cucharada de sal a un guiso que se está cocinando en una olla, las supuestas diferencias en el sabor quedarán tan diluidas que resultarán por completo imperceptibles.

Así las cosas, cuando sazonemos con sal nuestros platos durante su elaboración o ya en la mesa, no tendrá mayor importancia emplear sal de un tipo o de otro. Consecuentemente, la próxima vez que oiga que un experto pontifica sobre las virtudes de la sal marina, sazónelo con un buen puñado de lo que usted ya sabe. De ser posible, que sea lo que usted ya sabe en grano, pues le resultará mucho más barato.

¡Pimienta sí, sal no!

He oído decir que la calidad de la comida que se sirve en los restaurantes es inversamente proporcional al tamaño de su molinillo de la pimienta. Puede que así sea, pero ¿qué decir de los molinillos de sal? En algún lugar he visto que anuncian (y venden) molinillos de sal para obtener «sal recién molida». ¿Serán buenos?

Sí, son muy buenos para quienes se dedican a fabricar molinillos de sal y luego los venden a yuppies obsesionados con poseer el último accesorio esencial para todo buen gourmet. Pero ¿y para nosotros? Es una estratagema. La pimienta debe molerse al momento de servirla, cosa que no ocurre con la sal. Molerla sólo es un buen ejercicio.

La pimienta recién molida, sea blanca o negra (granos procedentes de plantas idénticas, aunque procesados de diferente manera), es infinitamente superior al polvo deshidratado y gris que puede comprarse en frasco. Ello se debe a que los principales agentes químicos que proporcionan a la pimienta su peculiar sabor son muy volátiles; se evaporan paulatinamente cuando se rompen los granos secos. Los molinillos para pimienta son, por consiguiente, absolutamente necesarios tanto en la cocina como en la mesa. Liberan todo el sabor y el aroma de la especia a demanda.

El caso de la sal es, empero, muy diferente. Lo es a pesar de que comúnmente solemos asociarla a la pimienta dada su inseparable relación en la mayoría de las recetas de cocina. Y es en esta circunstancia donde se apoyan quienes abogan por la necesidad de los molinillos de sal. El hecho es que no existe diferencia alguna entre el empleo de la sal recién molida o la que almacenamos en la alacena. Después de todo, antes de que cayera en nuestras manos, había languidecido durante millones de años en la mina de sal sin deteriorarse un ápice ni tornarse rancia.

La sal (o el cloruro sódico) es un mineral, sin duda, y no un producto vegetal. Es la única roca comestible. Sólo contiene átomos de sodio y cloro, nada más. Un pedazo de sal es, en muchos aspectos, como un pedazo de vidrio: rómpalo y no obtendrá más que pedazos, idénticos en todos los aspectos a la pieza original salvo en sus dimensiones y forma. Nada distinto puede encontrarse en su interior, no libera nada, ni podemos alterarla como resultado de molerla, a excepción, claro está, de su tamaño. Se comercializa sal en diversos formatos, en texturas más gruesas o más finas para que usted no tenga que molerla. Además, su precio es entre diez y veinte veces más asequible que el de los bloques de sal que se venden para su uso en los molinos de sal.

❓ No lo ha preguntado, pero...

¿De dónde viene el nombre de salero?

No es una degeneración de la palabra salsero, pese al hecho de que sirve para animar las comidas y darles más «jugo». Procede de la voz francesa salière, que significa «dispensador de sal».

¡La caja mágica existe!

Según la receta clásica, ¡debo disolver dos tazas de azúcar en una de agua! No cabrán, ¿o sí?

¿Por qué no lo intenta?

🧪 Haga la prueba

Agregue una taza de agua a dos tazas de azúcar (o viceversa) previamente depositadas en un cazo y remueva el contenido mientras lo calienta con suavidad. Aguarde un poco y todo el azúcar se disolverá.

La idea de disolver 5 kilogramos en una bolsa con una capacidad para 2,5 kilogramos es una cuestión con la que se han entretenido muchas generaciones de niños. Pero disolver azúcar en una taza de agua es algo muy distinto a embutirlo en un saquito, por una razón muy simple: las moléculas del azúcar pueden estrujar-

se e introducirse en los intersticios que hallan entre las moléculas del agua, por lo que realmente no puede decirse que estén
ocupando más espacio.

En un nivel submicroscópico, las partículas moleculares del
agua no presentan una densidad tan elevada como en principio
podríamos pensar, o como la que tiene un cubo repleto con granos de arena. Conforman una especie de enrejado o celosía abierta compuesta por moléculas unidas entre sí por sus extremos y
mediante fibras que se enmarañan, algo muy distinto a un agrupamiento azaroso y sin orientación definida. Los agujeros de la
celosía abierta pueden albergar un gran número de partículas en
disolución, no sólo moléculas de azúcar, sino de otras muchas
clases. Ésa es precisamente una de las razones por las que el agua
es tan buen solvente, una sustancia excelente en la que pueden
disolverse muchas sustancias.

Sin embargo, tal vez resulte más convincente el hecho de que
dos tazas contienen mucho menos azúcar de lo que parece. Las
moléculas del azúcar son mucho más pesadas y aparatosas que
las del agua, de modo que una taza o medio kilogramo no contendrá un número tan elevado de ellas. Asimismo, el azúcar presenta una forma granulada y no líquida, y sus granos no se asentarán en la taza adoptando una configuración tan abigarrada y
prieta. El resultado es sorprendente: una taza de azúcar solamente contiene una vigésimo quinta parte del número de moléculas presentes en una taza de agua. Ello significa que en la solución compuesta por dos tazas de azúcar y una de agua, sólo hay
una molécula de azúcar por cada doce moléculas de agua. Al fin
y al cabo, no es tanto.

 **Apuesta de bar**

Pueden disolverse dos tazas de azúcar en una taza de agua. No emplee azúcar de
confitero, dado que contiene harina de maíz que suele engomar las cosas.

El sonido de una sartén que se pega

*¿Por qué no se adhiere nada al menaje de cocina antiadherente?
¿Acaso no es extraño que un material sienta una completa aver-
sión por todo lo demás, pase lo que pase? Piense en ello, ¿qué propicia que una cosa se pegue (o no se pegue) a otra?*

Es muy obvio que la adherencia no puede producirse a menos que entren en contacto dos materiales distintos. En todos los casos, deberá haber una sustancia pegajosa y otra a la que ésta se adhiera. Las propiedades de ambas tienen mucho que ver en esta circunstancia. ¿Es posible que exista una sustancia que, por sus características intrínsecas, no pueda adherirse a ninguna otra, con independencia de las propiedades del material receptor?

Ésta es una cuestión que se puso sobre la mesa en 1938, cuando un químico de la empresa Du Pont llamado Roy Plunkett descubrió el politetrafluoroetileno, material que rápida y clementemente fue registrado y patentado con el nombre de Teflón. El PTFE (como lo llamaremos de ahora en adelante) es un compuesto químico manifiestamente antipático que parece rechazar la formación de relaciones íntimas duraderas con todos los materiales habidos y por haber.

Tras hacer acto de presencia en una extensa variedad de productos industriales, un terreno de por sí tan resbaladizo que no necesita aceite, el Teflón entró en nuestras cocinas en la década de 1960. En primera instancia adoptó la forma de un revestimiento para las sartenes que podía limpiarse en un santiamén porque, para empezar, no se ensuciaba. Los alimentos nunca se quemaban y, en esta sociedad actual, tan temerosa de la grasa, la virtud máxima de las sartenes antiadherentes parece ser que en ellas se pueden cocinar y saltear los alimentos con muy poco aceite.

Las variantes modernas de este compuesto tienen nombres muy diversos, pero todas ellas son de PTFE con distintas disposiciones que mejoran su adherencia a la sartén que, como puede imaginarse, no es tarea fácil (véase abajo).

¿Qué ocurre realmente cuando un objeto se adhiere a otro? Está muy claro que debe producirse una suerte de atracción entre los dos objetos. El grado de adherencia dependerá de la fuerza de esa atracción y de la duración del contacto. Las colas son sustancias que se crearon deliberadamente para provocar atracciones fuertes y permanentes con tantas sustancias como sea posible. Pero la adherencia ordinaria, como la que se da entre una niña y un pirulí o entre una sartén y un huevo, normalmente responde a una atracción mucho más débil que por lo general puede vencerse con un poco de aliento físico.

Sin embargo, si usted no consigue despegar algo con un poco de fuerza, tal vez preferirá entonces recurrir a la química. Con un

disolvente para pintura (elaborado a partir de esencias minerales) generalmente logrará despegar la goma de mascar de la sue-
la de su zapato, eso siempre que no pueda conseguirlo rascando.
Así pues, llegamos a la conclusión de que las cosas pueden adherirse unas a otras (y despegarse) por razones de naturaleza física
y química.

 ¿Por qué un huevo tiende a pegarse en una sartén de aluminio
o de acero inoxidable? En primer lugar, y salvo que esté pulida
como un espejo, la superficie de cualquier metal contendrá inevitablemente fisuras y protuberancias microscópicas, además de
las raspaduras derivadas del uso, a las que la clara de un huevo
podrá aferrarse con facilidad al coagularse. Se trata, pues, de una
adherencia física. Para minimizar esta clase de adherencia suele
emplearse el aceite, que rellena las fisuras y permite que el huevo
flote sobre las irregularidades por medio de una delgada película
de líquido que hace las veces de colchón deslizante. Cualquier líquido serviría, desde luego, pero el agua no duraría mucho tiempo en la sartén caliente a menos que se usara en gran cantidad, en
cuyo caso obtendríamos un huevo escalfado antes que frito.

 Por otra parte, a escala microscópica las superficies de los revestimientos que presentan las sartenes antiadherentes son extremadamente lisas. Dado que apenas presentan grietas, los alimentos no tienen donde pegarse. Huelga decir que muchos
plásticos comparten esta virtud, pero el PTFE resiste bien las altas temperaturas.

 Hasta aquí llega lo que hace referencia a la adherencia física o
mecánica. Pero las causas químicas de dicha adherencia pueden
ser más importantes. Después de todo, las moléculas presentan
una tendencia manifiesta a establecer atracciones entre ellas (de
eso precisamente trata la química). Los átomos o las moléculas de
la superficie de una sartén pueden formar ciertos tipos de enlaces
con algunas de las moléculas de los alimentos. La pregunta es entonces la siguiente: ¿qué tienen las moléculas de revestimientos
como el Teflón, el SilverStone y algunos otros para que sean esencialmente no reactivos, o inertes, en presencia de cualquier otra
molécula? Debemos buscar la respuesta a esta cuestión en la sin-
gularidad del PTFE como compuesto químico.

 El PTFE es un polímero, es decir, una sustancia compuesta
por un gran número de moléculas idénticas, todas entramadas
conformando supermoléculas de enorme magnitud. Las molé-

culas de PTFE presentan átomos únicamente de dos clases: de carbono y de flúor, en una combinación de cuatro átomos de flúor por cada dos átomos de carbono. Miles de estas moléculas de seis átomos están unidos y originan moléculas de dimensiones gigantescas que tienen el aspecto de largas cadenas de átomos de carbono provistas de átomos de flúor que sobresalen como las espinas de una oruga gigante y lanuda.

Ahora bien, de entre todas las clases de átomos, el flúor es el más remiso a reaccionar con cualquier otro una vez que ha logrado establecer un enlace cómodo con un átomo de carbono. Así las cosas, las púas del flúor del PTFE constituyen una suerte de armadura muy eficaz que protege a los átomos de carbono y evitan que caigan en la tentación de establecer enlaces con cualquier cosa que se ponga a tiro. Y ello incluye las moléculas de un huevo, las de una costilla de cerdo, las de un panecillo o las de una magdalena.

Es más, el PTFE evitará que la inmensa mayoría de los líquidos se adhiera a su superficie con la fuerza suficiente para mojarla (vierta un poco de agua o de aceite en una sartén antiadherente y lo comprobará). Cuando un líquido no puede mojar una superficie, todas las sustancias químicas que pueda contener en disolución, sean más o menos potentes, no podrán aferrarse a la superficie durante el tiempo necesario para reaccionar con ella. En definitiva y a efectos prácticos, ningún compuesto químico reacciona con el PTFE.

¿Ha detectado ya el problema? Exacto. ¿Cómo se consigue, en primer lugar, que el PTFE se adhiera a la sartén? Pues bien, se emplea una amplia variedad de técnicas físicas, y no químicas, para lograr que la superficie de la sartén sea lo suficientemente áspera a fin de que el revestimiento de PTFE se enganche y pueda permanecer adherido a ella. Es en estas técnicas para conseguir superficies irregulares donde estriban las diferencias más importantes entre las marcas que fabrican menaje de cocina antiadherente.

❷ No lo ha preguntado, pero...

¿Qué resultados pueden esperarse de los sprays antiadherentes empleados para cocer alimentos y freír sin grasas?

No son más que aceite disuelto en alcohol, introducido en un aerosol y presentado en un recipiente muy práctico. Así, en lugar de verter una cantidad de aceite al azar en la sartén sólo tendrá que pulverizar su superficie con el aerosol. El alcohol se evaporará y el aceite cubrirá la sartén. De este modo podrá cocinar sobre una película de aceite antiadherente, muy delgada y baja en calorías.

Una cucharada sopera de mantequilla o margarina contiene cerca de once gramos de grasa y un centenar de calorías. Por otro lado, las etiquetas de estos aerosoles se jactan de que contienen sólo «dos calorías por ración». Y se entiende por ración la tercera parte de un rociado de un segundo, una cantidad que los fabricantes consideran suficiente para cubrir la tercera parte de una sartén de 25 centímetros de diámetro. Pero, aun cuando su puntería no se asemeje a la de Billy el Niño, o si por descuido cubriera toda la sartén, todavía podría arreglárselas para cocinar con poca grasa.

A propósito, si es usted de los que usan cinturón y tirantes, pruebe a esparcir un poco de este producto en una sartén antiadherente y comprobará cómo la comida se tuesta mejor que en ausencia de grasa.

Camarero, la mermelada tiene sal

¿Cómo es posible que el azúcar preserve las frutas y otros alimentos, como en el caso de las mermeladas y las conservas? Supongo que el azúcar debe acabar con los gérmenes de una u otra forma, pero nunca he pensado que fuera un germicida. Y si el azúcar es letal para las bacterias, ¿por qué no es nocivo para nosotros?

El empleo del azúcar para conservar los alimentos no tiene nada de peculiar. Sea como fuere, podríamos confeccionar mermelada de fresa con sal y no con azúcar, y duraría lo mismo. A decir verdad, duraría mucho más, dado que nadie se acercaría a ella después del primer bocado. La sal se ha utilizado durante años para preservar las carnes y los pescados. Ese salmón, tan curado y maravilloso, que llamamos *gravlax* está compuesto generalmente por una mezcla de sal y azúcar.

Aunque tanto la sal como el azúcar son muy eficaces a la hora de exterminar o desactivar ciertos microorganismos, evitando así que los alimentos se estropeen, sólo funcionan cuando su concentración es elevada. Es totalmente imposible esterilizar los alimentos como resultado de rociarlos con estos productos de cocina tan comunes. No obstante, si se emplea azúcar o sal en cantidad suficiente, de manera que al disolverse en el jugo de los alimentos origine una solución con una concentración de al menos el 20 % o el 25 %, la mayoría de las bacterias, las levaduras y el moho que puedan contener sencillamente no sobrevivirán. Y ello no se debe a la hipertensión ni a la diabetes.

Lo que ocurre es que la solución de azúcar o sal absorberá gran parte del agua que tienen estas criaturitas, deshidratándolas, hasta que se secan y mueren o se vuelven inactivas. Es prácticamente imposible que un organismo viva de manera indefinida sin agua, no siendo estos organismos unicelulares microscópicos una excepción.

¿Cómo puede una solución de azúcar o de sal llegar a extraer el agua de un objeto? Lo hace por ósmosis, un concepto que aparentemente sirve para describir muchas situaciones y propósitos, y al que la gente recurre para explicar misteriosas filtraciones. Todo, hasta la sabiduría, puede lograrse por ósmosis.

En rigor, la ósmosis es una clase de filtración muy particular. Es la filtración que ocurre cuando el agua pasa a través de una membrana muy fina; se da cuando dos soluciones de concentraciones (fuerzas) distintas se encuentran a ambos lados de una membrana semipermeable. Esta membrana únicamente debe permitir el paso de las moléculas del agua, y nunca las de otra sustancia. Muchas de las membranas delgadas que separan unos órganos de otros en animales y plantas son semipermeables. En nuestros cuerpos las podemos hallar en las paredes de los glóbulos rojos y en los vasos capilares.

En la ósmosis se produce una transferencia neta de moléculas del agua a través de la membrana, que circulan de una solución a otra, pero nunca en sentido opuesto. En cierto modo, la membrana funciona como una vía de sentido único para el desplazamiento de las moléculas del agua. Así, el sentido de la circulación dependerá de las concentraciones relativas o fuerzas de las dos soluciones que participan en el proceso. El agua fluirá desde la solución con menor concentración hacia la más concentrada. Veamos seguidamente qué sucede en el caso de las viles bacterias presentes en las fresas.

En esencia, una bacteria es un cúmulo diminuto de protoplasma gelatinoso encerrado en la pared celular, que hace las veces de membrana semipermeable. El protoplasma de la bacteria está compuesto por agua y distintas sustancias en disolución, proteínas y muchos otros compuestos químicos de capital importancia para la bacteria, pero que a nosotros nos preocupan muy poco.

Inundemos ahora este cúmulo encerrado en la membrana con una gran cantidad de agua salada o azucarada. Súbitamente, la concentración de la materia disuelta en el exterior de la célula ascenderá y superará a la concentración de su interior. Esto significa que la solución externa presentará menos moléculas de agua con libertad para moverse puesto que las sustancias disueltas entorpecerán sus movimientos.

Consecuentemente, nos encontraremos con una situación desequilibrada y caracterizada por la presencia de dos concentraciones distintas de moléculas de agua libres y situadas a ambos lados de una membrana delgada y semipermeable. Como es sabido, la madre naturaleza detesta los desequilibrios y siempre que puede procura restablecer el orden. En este caso, se restaurará el equilibrio cuando algunas de las moléculas del agua libres localizadas en el interior migren a través de la membrana hacia el exterior. Y eso es precisamente lo que sucede.

La ósmosis actúa como si existiera alguna presión capaz de forzar el paso del agua a través de la membrana desde el lado de menor concentración hacia el de concentración más elevada. A decir verdad, los científicos se expresan en términos de presión osmótica, y recibe prácticamente el mismo trato que las presiones que se dan en los gases.

Para nuestra desventurada bacteria el resultado será nefasto: toda el agua de su interior será absorbida, tras lo cual no tardará mucho en morder el polvo. En el mejor de los casos, quedará tan debilitada que no podrá reproducirse («esta noche no, querido, que estoy deshidratada»). Y en cualquier caso el peligro para nuestra salud habrá sido erradicado.

Por idéntica razón, unos náufragos varados en un bote salvavidas o en una balsa en medio del mar no podrán beber ni siquiera una gota del agua que los rodea. Si lo hicieran, el agua salada tendría un efecto perverso para el organismo, puesto que los deshidrataría fatalmente.

El mismo destino correrá un pez de agua dulce en caso de sumergirlo en agua salada. La ósmosis extraerá el agua contenida en el interior de las células del pez, desplazándola hacia el mar, más salado, pudiendo entonces morir por deshidratación, una irónica forma de morir tratándose de un pez.

La venganza del más débil

Si tuviera un imán lo suficientemente potente, ¿podría levantar una espinaca?

No, salvo que la espinaca esté dentro de una lata de acero, que perversamente llamamos de hojalata, aun cuando nos estemos refiriendo al aluminio. El tan deseado hierro de las espinacas sencillamente no adopta una forma que a un imán pueda resultarle atractiva.

El hierro es un elemento magnético (que puede ser atraído por los imanes) cuando está en su forma metálica (véase pág. 243), pero no cuando aparece en combinación química con otros elementos. El hierro metálico de la puerta de acero de su frigorífico puede atraer a un buen número de chucherías imantadas, a cual más boba, mientras que el hierro en forma de óxido, por ejemplo, carece de propiedades magnéticas. Lo mismo sucede en el caso de las espinacas: por fortuna, el hierro de las espinacas no adopta la forma de pequeños pedacitos de metal, sino la de compuestos químicos complejos que no son magnéticos.

Pero ¿por qué se piensa siempre en las espinacas cuando hablamos de alimentos ricos en hierro? Es probable que la respuesta se llame Popeye, ese dibujo animado inefable que durante más de sesenta años ha demostrado al mundo entero que una combinación de virtudes, espinacas y estupidez siempre triunfará sobre todas las adversidades.

En honor a la verdad, el hierro presente en las espinacas no tiene nada de particular. Muchas verduras y otros alimentos de colores diversos asimismo contienen importantes cantidades de hierro. Paradójicamente, una hamburguesa contiene una cantidad de hierro muy parecida a la que puede obtenerse de un peso idéntico de espinacas. Entonces, ¿por qué obtiene Popeye su poder de las espinacas, toda vez que las hamburguesas lo debilitan?

Sencillamente, porque Popeye se dedicaba a colaborar con todas las madres de América en su afán por convencer a sus hijos de las bondades de las verduras, en especial de las espinacas, que no gustan a la mayoría de los niños debido al ácido oxálico que contienen y que les proporciona su sabor agrio característico. Trate de convencer a un niño para que coma un poco de ruibarbo, una planta que contiene tal carga de ácido oxálico que sin duda provocará impactantes muecas de asco. Si resulta que papá no es precisamente tan grande ni tan fuerte como Popeye, mamá siempre podrá recurrir a este superhéroe y emplearlo para sus fines oscuros calificándolo de personaje modélico e incomparable.

Hasta aquí nuestra charla sobre la nutrición mineral. ¿Qué ocurre, pues, con la fuerza legendaria de Popeye? ¿Por qué no se zampaba latas de refresco con burbujas o nabos en lugar de espinacas? ¿Por qué el dibujante Elzie C. Segar, su legendario creador, decidió que las espinacas se convertirían en la clave de la fuerza de este famoso marino?

Una vez más se trata del hierro mítico. Las personas que no tienen suficiente hierro en la sangre suelen tener un aspecto pálido y débil. Actualmente, el significado del adjetivo anémico ha degenerado tanto que se ha convertido en un sinónimo de aletargado y débil. Huelga decir que no por comer más hierro ganaremos fuerza en caso de no estar anémicos. Aunque, ¿desde cuándo las aventuras de un personaje animado han dependido en modo alguno de la lógica?

El óxido está acabando con su coche ante sus propios ojos. No arranca, las ruedas están pinchadas y acaba de patinar en una carretera helada, golpeándose contra la rama de un árbol que ha resquebrajado el parabrisas teóricamente irrompible. ¿No sería reconfortante entender toda la ciencia que encierran estos avatares? Bueno, tal vez sí, pero cuando se haya calmado un poco.

En este capítulo abordaremos algunos de los fenómenos fascinantes que surgen de nuestro idilio con esa máquina infernal que llamamos motor de combustión.

Un dilema impactante

Con las bajas temperaturas la batería de mi coche funciona como si estuviera medio descargada. Ahora bien, cuando el frío sea realmente intenso, ni siquiera podré arrancar el coche. Con todo, he oído decir que es conveniente introducir las pilas de mi linterna en el congelador para mantenerlas con vida. ¿Por qué el frío es bueno para las pilas de una linterna y tan perjudicial para la batería de un automóvil?

Nadie ha dicho que haya que emplear las pilas de una linterna cuando están frías, dado que se mostrarían tan lentas y perezosas como la batería del coche. El frío inhibe el comportamiento de ambas. Para que se comporten con cierta normalidad deberán emplearse a temperatura ambiente.

Las baterías producen electricidad (un vigoroso torrente de electrones) por medio de una reacción química (véase pág. 52), y todas las reacciones químicas se ralentizan con el descenso de la temperatura (véase pág. 173). Enfríe una batería por debajo de la temperatura ambiental y el número de electrones que podrá producir por segundo (en términos científicos, la corriente que suministrará) se verá muy limitado, se trate de la batería de un automóvil o la pila de una linterna. Si las pilas están frías, un *allegro vivace* reproducido en su walkman portátil sonará como un *lento*. Por cierto, no las coloque en su alojamiento hasta que se hayan calentado un poco, o de lo contrario la condensación de la humedad aguará su música, y no me refiero precisamente a la del bueno de Händel.[1]

Las bajas temperaturas inhiben la capacidad de las baterías para producir corriente eléctrica, esto es, coartan la producción a demanda del flujo de electrones. El frío apenas tiene efecto alguno sobre la fuerza con que la energía envía los electrones (en términos científicos, el voltaje).

Una cosa más: cuando no están conectadas, las baterías producen una pequeña cantidad de electricidad, sin que estas fugas puedan remediarse. Esto consume parte de su provisión limitada de compuestos químicos. Si las mantiene frías, también estará ralentizando esta pérdida ínfima de corriente y preservando así su potencia para cuando realmente la necesite. En todo caso, las pilas alcalinas que se fabrican en la actualidad son tan duraderas que mantenerlas refrigeradas no tendrá consecuencias reseñables.

En las baterías para automóviles, que contienen ácido sulfúrico líquido, deberemos tener en consideración otro factor también relacionado con el frío. Cuando la batería está suministrando corriente, ciertos átomos (en realidad, iones) deben migrar o nadar en el ácido y desplazarse desde el polo positivo interno hasta el polo negativo, y viceversa. Cuando la temperatura es muy baja, este desplazamiento será más lento, de tal manera que la producción de corriente en la batería también resultará afectada.

Los mecánicos de la vieja escuela jurarán y perjurarán que si usted coloca una batería de automóvil en un suelo de hormigón durante un período de tiempo prolongado, en vez de colocarla sobre un estante, el hormigón «absorberá toda su electricidad». Huelga decir que lo que ocurre en esta situación es que, al estar el suelo muy frío, absorberá el calor de la batería.

---

1. Alusión a la *Música acuática*, obra para orquesta con la que Händel recobró el favor del rey Jorge de Inglaterra. *(N. del. T.)*

Sinceramente, le aconsejo que se aleje de ciertos mecánicos que tratarán de absorber el dinero de su cartera con todos los medios a su alcance.

Una experiencia terrible

Por razones obvias, los parabrisas de automóvil están construidos de tal manera que, al recibir un fuerte golpe, no se hacen añicos ni saltan en pedazos por los aires. ¿Por qué se rompen en fragmentos tan pequeños y no en pedazos más grandes? ¿Cómo consiguen que el vidrio se rompa de esa forma?

Prevenir la dispersión de los fragmentos es una tarea relativamente sencilla. El parabrisas de un automóvil es como un emparedado: está compuesto por dos rebanadas de «pan» de vidrio y una loncha de «jamón» de plástico elástico que puede mellarse sin llegar a romperse. Cuando una bola golpea el parabrisas, los pedazos de vidrio, en su mayoría, permanecerán unidos al plástico en lugar de desprenderse y salir volando por los aires. ¿Por qué se romperá en mil pedazos en lugar de quebrarse en unos pocos, como sucede con las lunas de vidrio convencionales? Ésa es otra cuestión y tiene que ver con el templado del vidrio (el tratamiento que recibe), que lo hace más resistente.

Sin duda alguna, los parabrisas deben ser más fuertes y resistentes que las lunas de vidrio convencionales. A menudo, para robustecer un material, los ingenieros optan por someterlo a determinadas cargas o tensiones. Ése es precisamente el tratamiento que recibe el vidrio de un parabrisas.

Tras haberle dado forma, y mientras está a una temperatura elevada, las superficies (y sólo las superficies) son enfriadas instantáneamente. Con esta acción se consigue fijar y encerrar la estructura molecular del vidrio a altas temperaturas, cuya disposición está más dilatada que a temperatura ambiente. A continuación, se enfría lentamente toda la luna de vidrio, que retiene la estructura dilatada característica de una elevada temperatura congelada en su interior, toda vez que el interior se encoge hasta que alcanza la estructura más prieta propia de la temperatura ambiente. Así pues, esta combinación de tensiones y compresiones opuestas ha quedado atrapada en el interior del vidrio (en una suerte de tira y afloja), un método que fortalecerá toda la estructura del parabrisas.

Esta energía reprimida se liberará en el preciso instante en que el vidrio se agriete o presente cualquier defecto. Empleando esta energía, la fractura se esparcirá rápidamente sobre la superficie dañada como si se produjera una reacción en cadena. Debido a que la superficie está dañada en su totalidad, las roturas y las grietas estallarán y se abrirán de igual forma por toda la superficie, originando esa textura tan característica, de aspecto parecido al de la gravilla, que todos conocemos.

❷ No lo ha preguntado, pero...

¿Cómo se pretensa el hormigón?

Se toca rock duro mientras se cuela. Lo siento por usted.

La fuerza del hormigón pretensado no es el resultado de un proceso de templado como el que se aplica al vidrio de un parabrisas. El hormigón pretensado es un hormigón que contiene cables de acero que han sido sometidos a ciertas cargas o tensiones. Esto significa que los cables han sufrido tensiones, puesto que se ha tirado de ellos longitudinalmente antes de llevar a cabo el endurecimiento del hormigón. Es entonces cuando los cables quieren contraerse como si fueran gomas extremadamente rígidas pero, dado que no pueden, mantendrán el hormigón endurecido bajo una compresión constante. En un sentido, parte de la energía resultante de la tensión original habrá quedado encerrada dentro de la estructura en forma de compresión. Esta circunstancia lo fortalece, porque el hormigón es un material muy resistente a la compresión, si bien no puede decirse lo mismo de su comportamiento bajo tensión.

Cómo acabar con la costra de óxido

Todas mis pertenencias se están oxidando. Bueno, quizá no tanto, pero tengo la sensación de estar batallando todo el día con el óxido: engrasando, rascando y pintando todas mis cosas, desde las herramientas hasta el cortacésped y la verja del porche. Y no hablemos del coche. Tal vez si supiera algo más sobre las causas de la oxidación podría adelantarme y prevenirla. ¿Algún consejo?

Hierro + oxígeno + agua = óxido. Eso es todo. Cuando estos tres elementos están presentes se originará inevitablemente el óxido. Ahora bien, en caso de que falte alguno de los componentes de este triunvirato sagrado no se producirá el óxido.

Por fortuna para todas las criaturas vivas y para mayor desgracia de los utensilios de jardinería y los automóviles, el oxígeno y el vapor de agua están presentes en la atmósfera. Para bien o para mal, el centro de nuestro planeta, un núcleo que mide casi 6.500 kilómetros de diámetro, está compuesto por hierro en un 90%. Incluso el Sol y las estrellas contienen hierro.

Aquí, en la superficie terrestre, desde donde extraemos los minerales, el hierro es el más abundante de los 88 elementos metálicos conocidos. Es, por consiguiente, el más barato entre todos los metales y el más utilizado, ya sea en forma de hierro forjado, acero (hierro y carbono) o en más de una docena de otras aleaciones.

Como verá, no hay forma de huir del agua, del oxígeno y del hierro. De veras tiene un problema. Pero usted no está solo. El óxido derivado del hierro ha amenazado a la humanidad entera desde tiempos inmemoriales.

En todo caso, el villano supremo no es el hierro, sino el oxígeno. Así, en un proceso llamado oxidación el oxígeno reacciona con la mayoría de los metales y produce los óxidos, siendo lo que solemos llamar óxido una forma particular del óxido de hierro. En rigor, la jerga química reserva para este compuesto la denominación óxido férrico hidratado. Bajo las condiciones adecuadas, el oxígeno también reaccionará con el aluminio, el cromo, el cobre, el plomo, el magnesio, el mercurio, el níquel, el platino, la plata, el estaño, el uranio y el cinc, entre otros muchos metales. De hecho, entre los metales que nos son más familiares, sólo el oro es completamente inmune al ataque del oxígeno. Eso, unido al hecho de que el oro es un metal escaso y de coloración única, lo convierte en un metal tan cotizado.

Casualmente, aquellos productos para la limpieza de joyas que se precian de eliminar las manchas del oro son un completo fraude. El oro no se mancha ni se deslustra. Así, con agua y jabón podrá limpiar cualquier mancha.

La oxidación no corroe, pintarrajea ni destruye otros metales del mismo modo que hace con el hierro. Ello se debe a que, en su gran mayoría, los demás metales gozan de alguna gracia especial que evita que el oxígeno los engulla. Por ejemplo, el oxígeno reacciona con el aluminio con inusitada facilidad, pero sucede que la primera capa delgada de óxido presente en la superficie es tan dura y hermética que acaba por sellar el resto del metal, protegiéndolo así de posibles ataques. Otros metales, como por ejemplo el cobre, reaccionan con tanta lentitud que sólo se oscurecen ligeramente (véase pág. 166). Seguidamente, la película de óxido protegerá al metal evitando que desarrolle una corrosión severa.

No obstante, cuando el oxígeno y el agua atacan al hierro, el óxido pardo o rojizo no llegará a adherirse. Como posiblemente sabrá por propia experiencia, tenderá a desprenderse y se vendrá abajo, descubriendo así zonas intactas del metal que el aire y la humedad podrán devorar a su antojo. La disposición molecular del óxido de hierro lo convierte en un material débil que se desmigaja con suma facilidad, sin que podamos hacer nada para evitarlo. De todos modos, en el mercado existen productos capaces de convertir la estructura del óxido en una película firme y adherente. Para mayor información, pregunte en su ferretería.

La única defensa o medida casera que podemos oponer al óxido consiste en evitar a toda costa el contacto prolongado entre el hierro y la humedad o el oxígeno. En consecuencia, absténgase de guardar las herramientas si todavía están mojadas. Sea también consciente de que cualquier utensilio guardado en una bolsa de plástico con cierre hermético se oxidará más o menos en función de las cantidades de oxígeno y vapor de agua que haya en su interior. Lo siento, pero eso es todo lo que puede hacerse, aparte de pintar.

Haga la prueba

Aun sumergido en agua, el hierro no se oxidará sin la presencia de oxígeno. Hierva un poco de agua vigorosamente durante varios minutos para así eliminar la mayor parte del aire disuelto en ella. Viértala a continuación en una jarra y deje que repose durante toda una noche. Llene otra jarra similar con agua del grifo. Introduzca un clavo de hierro en cada una de las jarras y espere un par de días. El clavo sumergido en la jarra de agua hervida se oxidará mucho menos que el de la jarra llena con agua del grifo. Cabe señalar que la ebullición nunca podrá erradicar todo el oxígeno presente.

❓ No lo ha preguntado, pero...

¿A qué es debido qué la sal acelere la oxidación de los componentes de un automóvil, tanto la sal que está en suspensión en el aire de las zonas costeras como la que se emplea en las autopistas para combatir la formación del hielo durante el invierno?

El óxido tiene su origen en la yuxtaposición de hierro y oxígeno, una situación muy similar a la que se da en una batería eléctrica en miniatura, aunque a escala atómica. Así las cosas, las moléculas de oxígeno arrancan los electrones de los átomos de hierro, y eso es exactamente lo que ocurre en el interior de una batería: una sustancia arranca los electrones de otra (véase pág. 52). Cualquier cosa que sirva de ayuda a los electrones en su desplazamiento desde los átomos de hierro hacia las moléculas del agua contribuirá a la realización plena del proceso.

La sal colabora cuando se encuentra disuelta en agua, una solución muy eficaz a la hora de conducir los electrones. Consecuentemente, la sal ayudará al hierro en el proceso de formación del óxido, principalmente porque favorecerá la entrega de los electrones de los átomos de hierro a las voraces moléculas de agua.

 El rincón del quisquilloso

En el muy complejo mecanismo de la oxidación átomo por átomo, la sal también colabora en la conducción de los átomos de hierro cargados (iones) hasta donde necesitan desplazarse. Es más, el cloro de la sal (que es cloruro sódico, no lo olvidemos) producirá un efecto distinto en el hierro. Pero se trata de un fenómeno que escapa de las pretensiones del presente libro. Así pues, confíe en mí y observe mi consejo: no meta su coche en agua salada.

¡Socorro! ¡Mi anticongelante se ha congelado!

A sabiendas de que se avecinaba un invierno inusitadamente frío, vacié el sistema de refrigeración de mi coche y decidí poner anticongelante en lugar de la habitual mezcla con agua al 50 %. Ahora, el mecánico me dice que el anticongelante puro se congela a una temperatura más elevada que la solución al 50 %. ¿Cómo es posible?

Por extraño que le parezca, su mecánico tiene razón. Una mezcla de etilenglicol y agua al 50 % no se congelará hasta que alcance una temperatura de -37 °C aproximadamente, mientras que el anticongelante puro se congelará a -12 °C. Veamos, pues, qué sucede aquí.

Sucede que la mezcla de cualquier sustancia en agua provocará indefectiblemente un descenso en su punto de congelación, quedando por debajo del punto al que se congela normalmente, es decir, debajo de 0 ºC (32 ºF). En rigor, se podría agregar sal, azúcar, jarabe de arce o ácido de la batería al refrigerante del motor, obteniendo en todos los casos el mismo efecto, en mayor o menor medida, aunque por razones obvias no se lo recomiendo.

En los albores de la historia del automóvil solían emplearse la miel y el azúcar como sustancias anticongelantes. Más tarde, se popularizó el uso del alcohol para este efecto, si bien se evapora con demasiada rapidez. En la actualidad recurrimos a un compuesto químico líquido e incoloro llamado etilenglicol, que no se evapora. El anticongelante comercial también contiene inhibidores antioxidantes y un tinte muy activo que facilita la localización de fugas en el sistema de refrigeración y, no por casualidad precisamente, que le proporciona una apariencia más tecnológica y sofisticada.

El poder anticongelante de las sustancias disueltas en el agua responde fundamentalmente a las diferencias que se aprecian entre la disposición molecular de los líquidos (como el agua) y los sólidos (como el hielo).

En el agua, como en todos los líquidos, las moléculas se deslizan con toda libertad, como un amasijo de cuerpos untados con aceite en una orgía. Sienten atracción unas por otras, aunque no se trata de una atracción muy poderosa; y al contrario que en los sólidos, no están conectadas en posiciones fijas. Por este motivo podemos derramar un líquido pero no podemos derramar un sólido.

Para que el agua líquida llegue a congelarse, las moléculas deberán ralentizar sus movimientos y asentarse adoptando las posiciones rígidas y adecuadas características de un cristal de hielo. Si disponen del tiempo necesario para encontrar estas posiciones, es decir, si las moléculas pierden velocidad paulatinamente como resultado de un enfriamiento también progresivo, el agua logrará solidificarse y originará grandes pedazos de hielo. Y eso es precisamente lo que tememos, porque al congelarse el agua se expande y ocupa más espacio (véase pág. 217). La presión derivada de este proceso podría resquebrajar los conductos de refrigeración del bloque del motor.

Las moléculas extrañas que pueda contener el agua, como por ejemplo el etilenglicol, pondrán trabas al proceso de congelación de dos maneras distintas. En primer lugar, por el mero hecho de atestar el espacio, interferirán con la capacidad que tienen las moléculas del agua para ubicarse en las posiciones adecuadas necesarias para formar un cristal de hielo sólido. Es como si una brigada de soldados, durante la instrucción, intentara colocarse en formación al tiempo que una turba de civiles corretea por la zona. Por el simple hecho de interponerse en la maniobra, las moléculas extrañas evitarán que los cristales de hielo crezcan y lleguen a convertirse en pedazos grandes y uniformes, que es lo que pretenden. Aun cuando el agua llegue a congelarse, el resultado será una nieve compuesta por diminutos cristales de hielo, y no un enorme y duro iceberg capaz de agrietar el motor.

Con todo, el principal efecto derivado de la presencia de esas moléculas extrañas sobre el agua congelada consistirá en evitar que se congele a la temperatura habitual, debiendo bajar unos cuantos grados antes de que se produzca el cambio de estado. Ocurre que las moléculas del etilenglicol «diluyen» el agua, reduciendo de este modo el número de moléculas capaces de congregarse en un punto para formar un cristal de hielo. Es por ello por lo que deberemos ralentizar todavía más el movimiento de las moléculas del agua, como resultado de seguir bajando la temperatura, para que un número suficiente de ellas consiga situarse de la manera adecuada y llegue a formar un cristal de hielo.

¿Por qué entonces el etilenglicol puro se congelará a una temperatura superior a la de la mezcla al 50 % con agua? Se congelará más rápidamente porque las moléculas del agua entorpecen el movimiento de las moléculas del etilenglicol, del mismo modo que éstas interfieren con las primeras. Funciona en ambos sentidos. Así, el agua contribuye al descenso del punto de congelación del etilenglicol, y lo mismo sucede en sentido inverso, por lo que el agua también se congela a una temperatura más baja. De este modo, la mezcla de etilenglicol con agua no se congelará con tanta facilidad como lo haría el etilenglicol puro.

Sí, puede decirse entonces que el agua evita que el anticongelante se congele.

❓ No lo ha preguntado, pero...

La etiqueta del frasco de anticongelante indica que no sólo evita que el líquido refrigerante se congele, sino también que hierva. ¿Cómo están relacionadas la ebullición y la congelación?

Debido a la interferencia con las moléculas del agua, las sustancias disueltas no sólo disminuyen el punto de congelación, sino que también incrementan el punto de ebullición al dificultar la evaporación de las moléculas del agua (véase pág. 62). Con etilenglicol disuelto en ella, el agua del líquido refrigerante necesitará alcanzar una temperatura más elevada que la habitual para llegar a hervir. Una mezcla al 50 % de etilenglicol y agua no hervirá hasta los 108 ºC (226 ºF). Sin embargo, esto no resulta ya tan ventajoso como solía, dado que los sistemas de refrigeración actuales están presurizados, y a presiones elevadas los puntos de ebullición tanto del etilenglicol como del agua son de por sí más altos que a la presión atmosférica normal (véase pág. 222).

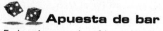 **Apuesta de bar**

En los sistemas de refrigeración de los coches, el anticongelante puro se congelará antes que una mezcla de anticongelante y agua. El agua evita la congelación del anticongelante.

Esquí automovilístico: un deporte para una sola vez

Vivo en una región de clima frío, y mi casa tiene un camino de acceso muy empinado. Cuando este camino se hiela, esparzo un poco de arena para mejorar la tracción de los neumáticos. Pero la última vez que hice el intento (y será la última), la arena no surtió ningún efecto. La arena funcionó como si hubiera esparcido un puñado de canicas, provocando consecuencias muy desagradables. ¿Por qué no mejoró la tracción del coche? (Tan mal resultó la idea que casi acabo escayolado.)

Hacía mucho frío, ¿me equivoco? ¿Por debajo de -17 ºC tal vez? Ése fue el problema. La arena no funciona cuando el frío es tan intenso.

Para mejorar la tracción, los granos de arena deberán quedar parcialmente alojados en el hielo, de suerte que originen pequeñas protuberancias allí donde toda la superficie era lisa. En cierto modo, la superficie del hielo adoptará una textura semejante a la del papel de lija. La presión que ejerce el coche sobre la arena provoca este fenómeno: cuando el neumático descargue su peso sobre un grano de arena, parte del hielo se derretirá y el grano terminará por hundirse en la superficie. A continuación, el agua volverá a congelarse alrededor del grano, encapsulándolo.

El hielo se funde bajo esta presión dado que no es otra cosa que una forma de agua con mayor volumen. La presión revierte el proceso y el hielo recupera su forma líquida, de menor volumen (véase pág. 225). Sin este efecto de presión-fusión, la arena nunca podría anidarse en el hielo.

El problema es que cuanto más frío esté el hielo mayor será la presión requerida para derretirlo, porque las moléculas del agua presentan una configuración más rígida en el cristal de hielo y no pueden moverse con libertad, como ocurre con las moléculas de cualquier líquido. Aun cuando el coche ejerza una gran presión sobre un grano de arena, podría no ser suficiente para fundir el hielo a temperaturas inferiores a 0 ºC.

Mejor será hacerlo con el pie. Lo cierto es que la goma de un neumático no transmite tanta presión como podría pensarse debido a su condición elástica. Es muy probable que las suelas de sus zapatos sean más duras, e incluso suponiendo que el peso de una persona sea menor que la cuarta parte del peso de un coche (el peso de una rueda, por ejemplo), la presión que usted ejerza sobre la arena podrá ser superior (medida en kilogramos por centímetro cuadrado) a la del coche, quedando la arena incrustada por el mecanismo ya expuesto.

¡Ya viene el hombre de la sal!

Cuando el camino de acceso está helado, echo un poco de sal y el hielo se derrite. Pero ¿cómo es posible fundir el hielo sin emplear calor? Dicen que se debe a que la sal provoca el descenso del punto de congelación del agua, pero ¿qué tiene que ver esto con el hielo, que ya está helado?

Contrariamente a lo que se piensa, el hielo del camino no se derrite, al menos no más que el azúcar en una taza de té o café. Con mucha frecuencia la gente confunde el hecho de derretirse con el de disolverse («No necesito un paraguas, puesto que no voy a derretirme bajo la lluvia»). Como habrá notado ya, para que algo se derrita será necesario aplicar calor. Ciertamente, podremos fundir el azúcar o el hielo (véase pág. 77) como resultado de calentar estas sustancias, pero no es eso lo que la sal hace con el hielo. Muy al contrario, la sal lo disuelve.

A menudo utilizamos la palabra *derretir* para describir este fenómeno dado que podemos apreciar cómo el hielo se deshace y desaparece transformándose en un líquido (agua salada). Además, muchas generaciones han empleado la palabra *derretir* para nombrar el hecho de la «desaparición del hielo y la llegada del agua». De todos modos, ésta es una trampa lingüística en la que no suelen caer los libros de texto ni los profesores de las materias de ciencias.

Si revisa sus años escolares, posiblemente recordará el siguiente enunciado: «La sal disminuye el punto de congelación del agua», una idea que no puede tomarse en sentido literal. No es posible provocar un descenso en el punto de congelación del agua como resultado de arrojar sal en el camino de acceso a su garaje. Esa temperatura (la misma para la congelación y la fusión, véase pág. 77) es de 0 ºC o 32 ºF. Siempre ha sido y siempre será la misma. Con toda probabilidad, el enunciado anterior deberá interpretarse como que el agua salada se congela a una temperatura inferior al punto de congelación del agua pura (véase pág. 107), que es algo muy distinto.

Dadas las circunstancias, en el camino de acceso a su garaje la sal transformará el hielo primeramente en agua salada, un líquido que no se congela porque su punto de congelación (que no el del agua pura) es inferior a la temperatura del aire. Una puntualización muy sutil, quizá, pero de capital importancia para entender lo que verdaderamente sucede.

En primer lugar, ¿cómo es posible que la sal transforme el hielo en agua salada? Ocurre que los átomos de cloro y de sodio (en realidad iones de cloro y de sodio, aunque no vamos a discutir por tonterías) que componen el cloruro sódico o sal presentan una gran afinidad con las moléculas del agua. A menudo, los fabricantes de sal se ven obligados a incorporar un agente antiaglutinante para evitar que la sal se apelmace en el salero como consecuencia de la humedad que absorbe del aire. Cuando un cristal de sal aterriza sobre la superficie del hielo, los átomos de cloro y de sodio tiran de algunas de las moléculas del agua hasta conseguir que se desprendan de la superficie. Seguidamente proceden a disolverse en el agua y forman un pequeño charco de agua salada alrededor del cristal. El charco de agua salada no llega a congelarse porque su punto de congelación es inferior a la temperatura del aire.

Los átomos de cloro y de sodio que están ahora disueltos en el agua salada mordisquean la superficie del hielo como si se tratara de pirañas que nadan tras una albóndiga dentro de una ponchera. A medida que el proceso avance, se disolverá más hielo en el agua salada, produciéndose de este modo una mayor cantidad de agua salada. Finalmente, todo el hielo desaparecerá o bien el charco de agua salada se diluirá tanto que su punto de congelación dejará de ser inferior a la temperatura del aire, congelándose al poco tiempo. Pero el agua salada, al congelarse, origina una especie de nieve y no un bloque de hielo duro. En cualquier caso, la misión destructora del hielo se habrá cumplido.

 **Apuesta de bar**

La sal no derrite el hielo.

La treta del lomo de pato

¿Por qué el agua y el aceite no pueden mezclarse?

En condiciones normales, el agua es el mejor solvente del mundo, y no sólo me refiero a su mezcla con el whisky escocés. Con ello quiero decir que se mezcla o se asocia íntimamente (en su seno) y se disuelve con más sustancias que cualquier otro líquido. Es por ello por lo que a menudo se define al agua como el solvente universal.

Con todo, existe una familia de sustancias que el agua aborrece y rehúye invariablemente: los aceites. El agua ni tan siquiera se arrima lo suficiente a una gota de aceite como para mojarla, y mucho menos para disolverla. El agua se desliza sobre el lomo de un pato porque sus plumas presentan una textura oleaginosa, tanto es así que ni siquiera se mojan cuando el pato nada en el agua. Pero usted ya lo sabía.

Como si se trataran de invitados a una reunión social, las moléculas deberán tener características comunes para llegar a mezclarse con éxito. En sentido literal, las moléculas del agua y del aceite prácticamente carecen de características comunes. De todos es sabido que la molécula del agua está compuesta por tres átomos: dos de hidrógeno y uno de oxígeno. Los aceites, empero, están formados por grandes moléculas integradas por muchos átomos de carbono e hidrógeno, y carecen totalmente de átomos de oxígeno. Con independencia de la intimidad de su reunión, será altamente improbable que este par se encuentre y firme alianza alguna.

¿Qué tendrán los aceites para ser marginados en ese inmenso, amplio y maravilloso medio que llamamos agua, el líquido más abundante y pródigo de nuestro planeta? Cuando comprendamos por qué el agua es un solvente tan poderoso y eficaz para tantas sustancias, veremos que los aceites sencillamente carecen de lo necesario para poder disolverse en este líquido.

En el agua pura, como en cualquier otro líquido, las moléculas se mantienen unidas en virtud de una suerte de atracción mutua irreprimible. De no existir esta atracción, levantarían el vuelo y se disiparían en el aire, y el líquido dejaría de ser líquido, para transformarse en un gas. Ahora bien, dichas atracciones entre las moléculas del agua son muy especiales. Derivan de la polaridad que caracteriza a las moléculas. Como se ha dicho, son como pequeñas barras imanadas que, en lugar de presentar dos polos magnéticos, norte y sur, localizados en sus extremos, poseen dos polos eléctricos, uno positivo y otro negativo; en otras palabras, presentan cargas eléctricas positivas y negativas (véase pág. 80).

Llegados a este punto, si pensamos en un vaso de agua como en un recipiente lleno de pequeños imanes pegados entre sí, enseguida nos daremos cuenta de que su interés por asociarse con cualquier otra sustancia cuyas moléculas no sean también imanes será muy escaso. Los imanes sólo resultan atraídos por otros imanes. Sí, es cierto que un imán se siente atraído por una pieza de hierro común, pero dicha atracción sencillamente responde al hecho de que el hierro contiene en su interior miles de millones de imanes minúsculos (véase pág. 243).

Sólo cuando una sustancia contenga átomos o moléculas con polos eléctricos podrá llamar la atención del agua, que la mojará en un principio, la engullirá después y, finalmente, acabará por disolverla. Muchas sustancias cumplen con este requisito y, en consecuencia, se mezclarán con el agua, pero no es éste el caso de los aceites dado que no son en absoluto sustancias polares. Las moléculas grandes y largas del aceite no presentan polos eléctricos, no poseen ningún atractivo capaz de tentar a una molécula de agua.

Una disolución es la mezcla más íntima de entre todas las posibles. Las moléculas de una sustancia se mezclan, una por una, con cada una de las moléculas de la otra. En lo concerniente a la disolución, podemos concluir que solamente las aves con plumas formarán bandadas tan nutridas. Metáforas aparte, los químicos prefieren explicar que «los semejantes se disuelven entre sí», queriendo decir con ello que sólo las sustancias con moléculas similares a las del agua podrán disolverse en el líquido elemento.

En términos generales, podemos esperar que una sustancia dada, si puede disolverse en algo, se disolverá en aceite o en agua, pero nunca en ambas sustancias. Se trata de una hipótesis que podrá corroborar en la mayoría de los casos. La sal y el azúcar (véase abajo) se disuelven en el agua, mientras que la gasolina, las grasas y las ceras se disuelven en los aceites. Pero nunca sucede lo contrario.

 ## El rincón del quisquilloso

Al margen de la atracción mutua que se da entre las moléculas polares, o «imanes eléctricos», existe otra clase de atracción muy importante que establecen entre sí las moléculas del agua. Son los llamados puentes o enlaces de hidrógeno. Sin entrar en detalles, digamos que pueden darse cuando las moléculas tienen un átomo de oxígeno y un átomo de hidrógeno (un grupo hidroxilo u OH) en uno de sus extremos. Las moléculas del agua cumplen perfectamente con este requisito, y mantienen su unión mediante un puente de hidrógeno así como por atracción polar.

En la teoría de «los semejantes se disuelven entre sí», las sustancias que presentan una disposición favorable para el establecimiento de puentes de hidrógeno deberían ser asimismo propensas a disolverse en agua. Y de hecho lo son. El azúcar (la sacarosa) es el ejemplo más familiar y cercano. Se disuelve en agua, pero no porque sus moléculas sean «imanes eléctricos», sino porque contienen el grupo hidroxilo y pueden, por tanto, establecer un enlace de hidrógeno con las moléculas del agua. A decir verdad, la molécula de la sacarosa presenta ocho grupos hidroxilos.

Si las moléculas del aceite no son polares, y si no forman puentes de hidrógeno, entonces ¿qué las mantiene unidas? Se mantienen unidas en virtud de una atracción entre moléculas totalmente distinta y que recibe el nombre de *atracción de Van der Waals*, a la que no dedicaremos un solo minuto de nuestro precioso tiempo (véase, en todo caso, la pág. 116). Baste decir que estas atracciones son tan ajenas a las moléculas del agua como la polaridad eléctrica a las de aceite. Así pues, el agua y el aceite sienten una repulsión mutua.

Terreno deslizante

¿Por qué el aceite es tan buen lubricante?

Obviamente, porque es muy deslizante. Pero ¿qué hace que una sustancia sea deslizante?

Todos los líquidos son hasta cierto punto resbaladizos y deslizantes. Un suelo mojado o una autopista mojada (mojados con agua, se entiende) constituyen situaciones peligrosas muy bien organizadas que pagan los trajes caros que visten los abogados. Sin embargo, el agua no es un buen lubricante para los motores y otras máquinas debido fundamentalmente a que no es tan deslizante, además de que se evapora con mucha facilidad.

El aceite es mucho más resbaladizo que el agua porque sus moléculas (ya sabía usted que las moléculas tendrían algo que ver en todo esto, ¿no es verdad?) se deslizan mejor y más fácilmente que las del agua. Dado que un líquido no es otra cosa que un buen montón de moléculas, cuando éstas se deslizan uno también se desliza. Imagino que no se sorprendería en caso de resbalarse al pisar un buen montón de balines, ¿o sí?

Las moléculas del agua no se deslizan con tanta facilidad como lo hacen las moléculas del aceite porque poseen un importante grado de viscosidad, esto es, porque presentan atracciones que las mantienen unidas (véase pág. 113). Las atracciones moleculares del agua surgen mayormente en aquellas moléculas que contienen átomos de hidrógeno, una particularidad que ciertamente se da en el líquido elemento: el oxígeno es la O que aparece en el H_2O.

Pero las moléculas del aceite, es decir, las moléculas de los hidrocarburos que conforman ese compuesto químico pegajoso y negro llamado petróleo, están compuestas únicamente por átomos de carbono e hidrógeno. No presentan un solo átomo de oxígeno. Así las cosas, no se pegan unas a otras demasiado bien, pudiendo de este modo deslizarse con cierta libertad. Son, por lo tanto, buenos lubricantes.

 El rincón del quisquilloso

Las moléculas del aceite tienen que procurarse alguna otra forma para mantenerse unidas porque, en el caso de no poder adherirse, se disiparían en el aire en forma de vapor y toda la maquinaria que ha inventado nuestra civilización se detendría repentinamente, provocando un chirrido insoportable y grandes cantidades de humo.

Como ya se dijo en páginas anteriores, las moléculas de las sustancias oleaginosas se adhieren entre sí en virtud de las llamadas atracciones de van der Waals. Estas fuerzas de atracción baten sus brazos vigorosamente y generan un murmullo alrededor de las nubes de electrones. Con ello se quiere expresar que cuando varios átomos se agrupan para originar una molécula, vierten sus electrones y dan forma a una nube grande y blanda de electrones que se extiende hasta rodear toda la molécula como si se tratara de una horda de mosquitos que planea abalanzarse sobre un racimo de uvas. Así, cuando dos moléculas se junten, lo primero que verán la una de la otra será dicha nube de electrones. Los mosquitos se avistan mutuamente.

Hasta aquí todo va bien. Nadie cuestiona las bondades de esta situación, que muchos químicos han empleado con el fin de explicar la interacción molecular. He aquí lo más raro del caso. A pesar de que todos los electrones que integran las nubes poseen idéntica carga eléctrica (negativa), por lo que deberían repelerse, algo hay que motiva la existencia de una fuerza de atracción que las mantiene unidas. Eso es precisamente lo que enunció el profesor van der Waals, un postulado por el que se le concedió el Premio Nobel en 1910. Las quejas deben dirigirlas a su nombre.

En cualquier caso, estas atracciones de van der Waals logran mantener la unidad de las moléculas, especialmente en las de mayor tamaño, que presentan grandes nubes de electrones, con la fuerza necesaria para que no se evaporen. Ahora bien, dado que se mantienen unidas por medio de esa blandura característica de las nubes de electrones, las moléculas todavía podrán deslizarse con relativa facilidad.

Bombeando ironías

¿Por qué razón se pueden inflar las ruedas de una bicicleta hasta alcanzar los 4 bares (sesenta libras) en muy poco tiempo, mientras que inflar 0,13 bares (un par de libras escasas) los neumáticos del coche con una bomba para bicicletas supondrá un esfuerzo titánico, cuando solamente admiten una presión total de 2 bares (treinta libras)?

No sólo hay que luchar contra la presión, sino que también deberemos tener en cuenta el volumen. Para insuflar 0,06 bares (una libra) de aire habrá de accionarse la bomba muchas veces seguidas, muchas más si se trata de la rueda de un coche que para inflar la de una bicicleta.

Al decir «una libra de aire» o 0,06 bares no nos referimos exactamente a una cantidad de aire determinada, como al decir una libra o 460 gramos de mantequilla. Nos referimos a una presión concreta, a un número determinado de kilogramos por centímetro cuadrado o libras por pulgada cuadrada. Esa fuerza resulta del efecto acumulado de miles de millones de moléculas alojadas en el neumático, que bombardean constantemente cada centímetro cuadrado de las paredes interiores del mismo. Cuanto mayor sea el número de moléculas bombeadas en un neumático, mayor será la intensidad del bombardeo y más alta será la presión. Es por ello por lo que como resultado de agregar aire se elevará la presión.

Como ya habrá conjeturado, será más difícil introducir aire en un neumático de 4 bares (60 psi) que en uno de 2 bares (30 psi). Ello se debe a que las moléculas de aire presentes en el interior de una rueda asimismo bombardean el orificio de la válvula, un hecho que dificulta la introducción de más moléculas. De suerte que cada bombeo exigirá un esfuerzo mayor para vencer los 4 bares (60 psi) de presión de la bicicleta que para vencer los 2 bares (30 psi) del automóvil. Tendrá que ejercer una fuerza doble sobre el mango de la bomba para introducir aire en el neumático de la bicicleta.

Entonces, ¿por qué supone un mayor trabajo inflar los neumáticos de un coche?

Un neumático típico de automóvil tiene un volumen entre seis y ocho veces superior al de la rueda de una bicicleta típica. Para obtener la misma presión en ambos neumáticos, esto es, el mismo bombardeo molecular por centímetro cuadrado, será necesario contar con un número de moléculas de aire en el neumático del coche entre seis y ocho veces mayor. Por consiguiente, para incrementar en una libra por pulgada cuadrada la presión de un neumático de automóvil, habrá que bombear una cantidad de aire seis u ocho veces mayor (requiriendo igualmente un número de bombeos entre seis y ocho veces mayor) que para obtener ese mismo incremento en la rueda de una bicicleta. Aun cuando cada bombeo suponga la mitad de trabajo, el trabajo total se triplicará.

¿Por qué el inflado implica la producción de calor?

Cuando inflo la rueda de mi bicicleta con una bomba adecuada, la válvula se calienta. Imagino que esto se debe a la fricción producida por todo ese aire que se apretuja para penetrar por un orificio tan angosto. Ahora bien, cuando inflo la misma rueda en una estación de servicio la válvula no se calienta. ¿Qué es lo que pasa entonces?

No puede haber fricción porque en ambos casos se introduce aproximadamente la misma cantidad de aire. Lo que sucede es que cuando se comprime el aire (o cualquier gas), cuando se le obligue a ocupar un espacio más reducido, se calentará irremediablemente.

Cuando emplea la bomba manual, está comprimiendo el aire alojado en el interior de la bomba; al usar el aire de la bomba de una gasolinera, está recurriendo a un aire que ha sido comprimido previamente. Ni que decir tiene que el aire de la gasolinera se calentó cuando fue comprimido e introducido en el tanque. Para cuando usted llegue a la estación de servicio con las ruedas de su automóvil bajas, el aire habrá dispuesto de tiempo más que suficiente para enfriarse. Así las cosas, usted se limitará a vaciar parte de ese aire almacenado. No se llevará a cabo compresión alguna, y por ello no se producirá calor.

¿Por qué un gas se calienta cuando lo comprimimos?

Bien, las moléculas de un gas son espíritus libres que vuelan por el espacio con total libertad, alejándose unas de otras tanto como pueden, siempre dentro de sus confines. Con objeto de obligarlas a que se agrupen, esto es, para comprimirlas e introducirlas en el interior de un neumático por ejemplo, deberemos vencer su tendencia natural a la dispersión mediante una fuerza de oposición que las aglutine. Al hacer uso de la bomba, el sudor de su frente indicará que usted está invirtiendo en el proceso una cierta cantidad de energía muscular.

Pero ¿qué hacen las moléculas con toda esa energía? Inhabilitadas para dispersarse, emplearán la energía derivada de su trabajo a fin de desplazarse más rápidamente. Y las moléculas que se mueven a mayor velocidad incrementan su temperatura. El calor no es otra cosa que el resultado de un incremento en la velocidad de las moléculas (véase pág. 247). Consecuentemente, la energía muscular contribuirá al calentamiento del gas que penetra en una rueda.

❓ No lo ha preguntado, pero...

Si comprimir el aire implica que se caliente, ¿entonces el aire se enfría cuando se expande?

Definitivamente sí. Y eso es precisamente lo que ocurre en el depósito de aire comprimido de la estación de servicio a medida que permitimos que parte del aire comprimido almacenado se disperse y se expanda en el mundo exterior.

¿Por qué motivo la expansión redunda en el enfriamiento de un gas? Pues bien, si permitimos que una colección de moléculas de gas se expanda súbitamente y vuelen todas hasta ocupar un espacio mayor, las moléculas tendrán que abrirse camino desplazando todo aquello que esté ocupando ese mismo espacio que codician (normalmente, la atmósfera). Hacerlo así implicará consumir parte de la energía del gas, y las moléculas se moverán entonces con lentitud. Aunque, si el gas se expande en el vacío, la cosa cambia. Un gas cuyas moléculas se desplazan más despacio es un gas que tiene una temperatura menor.

Haga la prueba

La próxima vez que vuele en un día húmedo, observe el ala del avión durante el despegue, que es el momento de elevación máxima. Tal vez distinga una capa de niebla sobre la zona superior del ala. Éste es un ejemplo de enfriamiento por expansión. El aire localizado en la parte superior del ala se expande, en comparación con el aire ubicado debajo del ala (el principio de Bernoulli y todo eso; pregunte a cualquier piloto). El aire expandido por encima del ala podría enfriarse lo suficiente para condensar vapor de agua, cosa que producirá un torrente de niebla visible.

Una pareja de gases altamente extintores

El monóxido de carbono y el dióxido de carbono. ¿En qué difieren? Deduzco que monóxido significa un solo «óxido» (sea cual sea) y que dióxido significa dos. Me parece muy bien, pero ¿son ambos venenosos? ¿Cuál es su relación con los gases del tubo de escape de los automóviles, los calefactores de queroseno y el humo de un cigarrillo?

Ambos son gases peligrosos, aunque por razones distintas.

Por regla general, pequeñas cantidades de dióxido de carbono están presentes en la atmósfera (véase pág. 175). Llegan hasta la atmósfera procedentes de los volcanes, de la descomposición de la materia animal y vegetal y por la apertura de las latas de cerveza que, a decir verdad, no constituye la primera fuente de emisión de este gas, pese a lo que pueda deducirse de los anuncios que aparecen en televisión. Sea como fuere, sólo en Estados Unidos se producen 5.000 millones de kilogramos de dióxido de carbono anualmente, gran parte de los cuales tiene como destino la atmósfera, una cantidad que proviene de los casi 8.000 millones de recipientes de bebidas y refrescos con gas y de los 180 millones de barriles de cerveza que los estadounidenses engullen cada año.

Es obvio que el dióxido de carbono no es en sí mismo tóxico. El único problema real es que no fomenta en modo alguno la combustión ni la respiración (véase pág. 148) y que, en caso de disfrutar de la oportunidad, no sólo extinguirá fuegos, sino también personas. Debido a que el dióxido de carbono pesa más que el aire, descenderá hasta ubicarse en las zonas inferiores de la atmósfera y permanecerá allí, originando una especie de sábana invisible. Consecuentemente, desplazará el aire y asfixiará todo lo que cubra o encuentre a su paso. Eso es precisamente lo que ocurrió en Camerún (África) en el año 1986, cuando del lago Nios brotó una burbuja enorme (de casi 600 toneladas) de dióxido de carbono de origen volcánico que se dispersó sobre los campos, llegando a asfixiar a 700 personas y un gran número de animales.

🧪 Haga la prueba

Encienda una vela votiva (una vela introducida en un pequeño tarro de cristal). No se moleste en rezar. Acto seguido, produzca un poco de dióxido de carbono como resultado de verter una pequeña cantidad de vinagre y mezclarla con unas cuantas cucharadas de bicarbonato de sodio previamente depositadas en un vaso largo de cristal. A medida que la mezcla empiece a burbujear y colmar el vaso, vierta el contenido sobre la vela votiva como si se tratara de un líquido invisible (procure no derramar el líquido en cuestión). La vela se apagará ahogada bajo un mar de gas invisible.

El monóxido de carbono, empero, es un auténtico villano, aun en cantidades muy pequeñas. Al ser inhalado, se desplazará directamente y sin escalas desde los pulmones hasta el torrente sanguíneo, donde reaccionará activamente con la hemoglobina, evitando así que lleve a cabo su función, esencial para el organismo, consistente en transportar el oxígeno a las células. Y la privación de oxígeno conducirá finalmente a un estado que denominamos muerte. El monóxido de carbono es la causa principal de la mayoría de los casos de envenenamiento que se dan en los Estados Unidos de América.

Siempre que una sustancia portadora de átomos de carbono se queme en el aire (desde la gasolina de un automóvil hasta el queroseno de una estufa, pasando por el tabaco de un cigarrillo) se originará monóxido de carbono en mayor o menor cantidad. Si dispusieran de una provisión ilimitada de aire, estos combustibles se quemarían completamente, produciéndose dióxido de carbono (dos átomos de oxígeno por cada átomo de carbono). Pero en la práctica siempre existe un límite para la velocidad con la que el oxígeno puede alimentarse en la conflagración. Así pues e invariablemente, algunos átomos de carbono conseguirán engancharse a un único átomo de oxígeno y no a dos. El resultado será la producción de monóxido de carbono en lugar de dióxido de carbono.

Los motores de los automóviles escupen cerca de 150 millones de toneladas de monóxido de carbono cada año sólo en Estados Unidos. En un atasco de la circulación, el nivel de monóxido de carbono en el aire puede elevarse lo suficiente para producir malestar (fatiga, dolores de cabeza, náuseas), llegando incluso a entrañar cierto peligro para los automovilistas. Las estufas de queroseno, los radiadores de gas y los calentadores de agua, los hornillos de gas, las cocinas de gas y los hornos, los secadores de gas, los hornos de madera, las parrillas de carbón y los cigarrillos producen monóxido de carbono, y todos deben emplearse al aire libre o bien en espacios convenientemente ventilados.

Así pues, si fuma no conduzca, especialmente en interiores y con más razón si la estufa de queroseno está encendida.

500 kilos de sudor de paloma

En una parada de camioneros pude observar al conductor de un enorme tráiler que golpeaba ferozmente los costados de su remolque con un bate de béisbol. Cuando le pregunté por qué lo hacía me explicó: «Mi camión tiene un sobrepeso de quinientos kilos. Estoy transportando mil kilos de palomas, por lo que tengo que mantener a la mitad de ellas constantemente en el aire, volando». Esta bien, sólo era una broma, pero ¿funcionaría?

Ciertamente es un chiste, y muy viejo por cierto, pero con un gancho científico muy interesante.

No, no funcionaría. Considérelo de la siguiente manera. El tráiler es una caja llena de cosas. La caja pesa un número determinado de kilos. ¿Acaso tanta violencia podría alterar su peso, se trate llena de lingotes de oro, arena, plumas de ganso, palomas o mariposas? Obviamente no. El peso de un material es el resultado total de la suma de todas las moléculas que contiene, con independencia de su ubicación o cómo estén dispuestas. Lo que despista a muchas personas es el hecho de que las mariposas y las palomas aerotransportadas no descansan sobre el suelo, como ocurre con cargas de otra índole. En este contexto, ¿puede su peso transmitirse y quedar reflejado en una balanza que el inspector ubique debajo del camión para pesarlo?

Así es. A través del aire.

Después de todo, el aire es una sustancia, si bien ligera e invisible (véase pág. 168). Está compuesto por moléculas, como cualquier otra cosa, y por lo tanto también tiene un peso: 1,176 kilogramos por cada metro cúbico al nivel del mar, para ser exactos. La aterrorizada paloma que es catapultada y emprende un vuelo no deseado ni planeado se mantendrá en el aire batiendo sus alas. Huelga decir que esto es una explicación simplificada del vuelo de un pájaro, pero creo que funcionará.

Cuando el ala ejerce presión sobre el aire, el empuje se transmite, molécula a molécula, a toda la masa de aire (si estuviera allí, podría sentir la brisa, ¿o no?). El aire que ha sufrido esta presión empujará a su vez a todo aquello con lo que esté en contacto, sin excepción, incluyendo las paredes, el suelo y el techo del remolque. La fuerza transmitida por las alas de la paloma permanecerá, por tanto, dentro de los límites del remolque y su efecto sobre la balanza calibrada no se verá en absoluto alterado.

Usted podría decir que cuando una paloma emprende el vuelo, ¿acaso no ejerce una presión sobre el suelo del remolque, haciéndolo instantáneamente más pesado y en ningún caso más ligero? E, incluso después, cuando está en el aire, ¿acaso el empuje de sus alas no constituye una fuerza adicional en sentido descendente que sufrirá el remolque al ser transmitida por el aire, incrementando de esta suerte su peso?

Ambas cosas son correctas. Pero, según lo postulado por Isaac Newton, cada acción obtiene una reacción opuesta y de igual magnitud. Así las cosas, ese empuje en sentido descendente sobre el remolque resultará neutralizado (cancelado o contrarrestado) por una fuerza de idéntica magnitud que sufrirá la paloma en sentido ascendente. Piénselo bien, es por eso por lo que lo primero que hace es batir las alas.

Tal vez el conductor debería haber instalado un sumidero en el suelo, haber introducido un gato en el remolque y haber desaguado el sudor de las palomas antes de que llegara a acumularse.

El rincón del quisquilloso

No, las palomas no sudan.

Capítulo 4
EL MERCADO

Todos, desde el vendedor callejero hasta el del centro comercial más deslumbrante, todos son habitantes de la misma jungla: gente que compra y gente que vende. Los vendedores juegan siempre con cierta ventaja porque conocen exactamente lo que están vendiendo, mientras que los compradores se ven en la necesidad de amonestarlos constantemente. En muchos casos, el comprador no sólo desconoce el producto, sino que ni siquiera puede examinarlo directamente dado que debe sortear todo ese laberinto de mercadotecnia, envoltorios y verborrea comercial.

En este capítulo nos dedicaremos a observar detenidamente algunos productos, buceando más allá de la superficie. Visitaremos el supermercado, la ferretería, la droguería y el restaurante, haciendo alguna que otra parada en el pub de la localidad.

Un timo fresco y real

¿Cómo funcionan esas «bandejas para la descongelación natural»? Se supone que eliminan el calor tomándolo directamente del aire con el fin de descongelar los alimentos rápidamente. Todo eso sin la ayuda de la electricidad y sin pilas.

Sí, claro, y son en especial buenas para sacarle el dinero tomándolo directamente de su cartera. No son otra cosa que una novedosa tableta de metal de tecnología punta y modernísimo aspecto.

Entre todos los materiales, los metales son los mejores conductores del calor. Así las cosas, si colocamos una hamburguesa congelada encima de una tableta metálica, el metal conducirá obedientemente el calor de la estancia en dirección a la fría hamburguesa, descongelándola en un lapso de tiempo relativamente breve. Y eso es todo lo que hay. No es más destacable que el simple hecho de que cualquier pedazo de metal está frío al tacto («frío como el acero») porque conduce el calor desde la piel hacia la estancia, que siempre estará algo más fría. Dejar un alimento congelado a temperatura ambiente constituye la manera más lenta de descongelarlo, debido a que el aire es el peor conductor del calor que puede hallarse en las inmediaciones.

Esa bandeja «tan natural y milagrosa», capaz de descongelar los alimentos y fabricada con «una aleación superconductora muy avanzada», no es sino una pieza de aluminio vulgar y corriente. El aluminio es un metal que conduce el calor la mitad de bien de lo que lo hace la plata, que es el mejor de los conductores (véase pág. 48). Un kilogramo de aluminio suele costar un 1 euro aproximadamente, pero usted tendrá que pagar algo más de 21 euros por 1 kilogramo de aluminio con la forma de una bandeja descongelante y, sobre todo, milagrosa.

Oh, sí, no es más que un detalle sin importancia. Las instrucciones indican que deberá «acondicionar» la tableta sumergiéndola previamente en agua caliente durante un minuto aproximadamente cada vez que quiera usarla, y otra vez cuando el proceso de descongelación haya comenzado. A mí todo esto me parece muy sospechoso.

En todo caso, la gente sucumbe ante la asombrosa prueba que los fabricantes de estas bandejas le proponen realizar: coloque un cubito de hielo sobre la tableta metálica prodigiosa y otro sobre la encimera de la cocina. ¡He aquí la prueba! El cubito de la tableta se derretirá velozmente, mientras que el otro allí se quedará, solo y avergonzado, sobre la encimera. ¡Realmente funciona!

¿Qué está ocurriendo? Bueno, la gente que vende las tabletas se halla completamente segura de que la encimera de su cocina está fabricada con plástico laminado, azulejos o madera, es decir, con un material que conduce el calor con muchas dificultades. De hecho, todos ellos son aislantes térmicos. Naturalmente, el hielo no se derretirá tan velozmente sobre el material aislante como en caso de colocarlo sobre la pieza de metal. Dicho esto, haga la prueba de la siguiente manera: coloque un cubito de hielo sobre la tableta metálica y otro en una sartén de aluminio a temperatura ambiente. Sin duda alguna, descubrirá que ambos tardan lo mismo en derretirse.

Haga la prueba

Los alimentos congelados podrán descongelarse más rápidamente si los despoja de su envoltorio y los coloca sobre una sartén pesada a temperatura ambiente o, para mayor rapidez, en una sartén que haya sido calentada previamente con agua caliente (que no en el fuego). A excepción de las fabricadas con hierro colado, las sartenes se fabrican con la vista puesta en que sean buenos conductores del calor, razón por la cual cualquier sartén pesada que no sea de hierro funcionará tan bien y con tantas garantías como esas bandejas «prodigiosas». Cabe señalar que el aluminio es un conductor del calor tres veces mejor que el hierro.

Huelga decir que si tuviera una tableta grande de plata maciza... ¿Y qué pasa entonces con esa bandeja de plata de ley que heredó de su abuela? Es de plata pura al 92,5 %, y funcionará dos veces mejor que ese pedazo de aluminio de precio desmesurado.

Un día de niebla en el bar

En toda mi vida habré abierto miles de botellas de cerveza. Sin comentarios, por favor, que trabajo en un bar. Muchas veces, en cuanto abro el tapón, se forma una nubecilla de niebla en el cuello de la botella, que a veces llega incluso a hincharse por encima de la abertura. Además, ya he aguantado a un buen número de clientes nebulosos, por lo que estoy curado de espantos. ¿Qué causa la niebla de la cerveza?

La niebla de la cerveza no difiere de cualquier otra niebla: se trata de una acumulación de partículas diminutas de agua líquida que se condensan en el aire en condiciones de baja temperatura, pero que son demasiado pequeñas para caer en forma de lluvia. Así pues, quedan suspendidas como resultado de sufrir el bombardeo constante de las moléculas del aire. Y tienen un aspecto blanquecino porque reflejan por igual todas las longitudes de onda de la luz (véase pág. 55).

El desconcierto surge aparentemente por el hecho de que no podrá ver niebla en el interior de la botella hasta que la abra, aunque la temperatura permanezca constante. ¿Qué sucede entonces al abrir la botella que provoca la formación de esa niebla tan característica?

El espacio localizado encima de la cerveza cuando la botella está cerrada contiene una mezcla de aire, dióxido de carbono comprimido y vapor de agua, todos ellos gases. Las moléculas de agua que componen el vapor pueden permanecer en ese estado sin dificultad, es decir, alejadas unas de otras y en forma de gas invisible, una situación preferible a su agrupamiento para formar partículas de niebla. En cambio, si se agrupan es porque han llegado hasta ese lugar después de saltar desde la superficie de la cerveza; y a la temperatura de la cerveza, sólo un número determinado de ellas, y no más, habrá disfrutado de la energía suficiente para arrojarse al vacío (véase pág. 59). (En términos científicos, el vapor de agua está en equilibrio con el líquido a esa temperatura.) Las moléculas del agua permanecerán así hasta que usted haga acto de presencia para alborotarlo todo y decida abrir el tapón y liberar toda la presión que alberga la botella en su interior.

Cuando se libera la presión, los gases comprimidos pueden súbitamente expandirse, y cuando los gases se expanden pierden parte de su energía y se enfrían (véase pág. 151). Los gases estarán ahora lo suficientemente fríos para condensar parte del agua, dando lugar a esa neblina que usted puede apreciar.

Si pone una botella frente al cliente y no la sirve de inmediato, muy posiblemente distinguirá algo de niebla elevándose por encima de la boca de la botella y derramándose por todo el bar. Eso significa que el gas dióxido de carbono disuelto está abandonando la cerveza y se expande al entrar en contacto con el aire más cálido situado en la zona superior del continente. A medida que se expanda, elevará consigo parte de la niebla. Entonces, dado que el dióxido de carbono pesa más que el aire, se derramará como una catarata invisible, arrastrando a su paso parte de la niebla de los costados de la botella.

No se ofenda, pero si usted trabajara en un establecimiento con mucha clase notaría exactamente el mismo efecto al descorchar las botellas de champán, y por esas mismas razones exactamente.

Calorías, Calorías, Calorías

La etiqueta de todos y cada uno de los alimentos que se venden en las estanterías de un supermercado nos indican las Calorías que contienen. Ya sabemos qué es una Caloría (una cierta cantidad de energía), pero ¿cómo puede determinarse cuál será el aporte exacto de energía que nos proporcionará un producto concreto? ¿Acaso ceban a ratas de laboratorio y luego las colocan en ruedas de molino para medir cuánto pueden correr antes de caer rendidas?

Para empezar, no deberemos contemplar la energía de los alimentos como si se tratara de la energía que gastamos cuando corremos o hacemos ejercicio. Nuestros cuerpos utilizan la energía que obtenemos de la comida no sólo para moverse, sino también para digerir y metabolizar la propia comida, para reparar el desgaste diario que sufren nuestras células, para construir nuevos brotes y para alimentar los miles de reacciones químicas extremadamente complejas y necesarias para que todo nuestro organismo mantenga su equilibrio y pueda funcionar correctamente. Como prueban los miles de millones de dólares que mueve la industria de las dietas de adelgazamiento, cada individuo emplea las Calorías que obtiene de los alimentos de manera peculiar y distinta.

Una Caloría, y léase este término como lo emplearía un dietista, es la cantidad de energía que se requiere para elevar la temperatura de 1 kilogramo de agua 1 ºC. La caloría a la que se refieren los químicos (con c minúscula) es la milésima parte de la Caloría que emplean los dietistas y los expertos en nutrición (con C mayúscula). No obstante, apenas podrá ver la Caloría con C mayúscula en la vida cotidiana, salvo en este libro (véase el recuadro de la pág. 79).

Suele decirse que el ejercicio físico «quema Calorías». Desde luego, se trata de una expresión muy poco rigurosa. La energía no se quema, no podemos prenderle fuego. Sin embargo, como cualquier cocinero novel sabe, sí que podemos quemar la comida. La energía de los alimentos queda liberada cuando la comida se quema, de igual manera que la energía del carbón se libera como resultado de prenderle fuego. Y éste es el método empleado para determinar el contenido Calórico de un alimento concreto: lo queman literalmente y miden las Calorías de calor así liberadas.

Cuando quemamos carbón, la unión del carbón y el oxígeno produce energía y dióxido de carbono. De manera similar, nuestros cuerpos queman la comida (esto recibe el nombre de metabolismo), aunque con mucha más lentitud y, afortunadamente, sin producir llamas (el ardor de estómago no cuenta). Pero el resultado global es el mismo: la comida y el oxígeno producen energía y dióxido de carbono. Cabe señalar que la cantidad de energía que obtenemos de los alimentos al metabolizarlos es exactamente la misma que obtendríamos en caso de quemarlos con fuego.

Los expertos en nutrición colocan una pequeña cantidad del alimento deshidratado en el interior de una cámara de acero llena de oxígeno a una presión elevada; seguidamente la sumergen en agua, encienden su contenido con electricidad y miden la elevación que evidencia la temperatura del agua.

A partir de este dato pueden ya calcular el número de Calorías que han sido liberadas en el proceso: por cada kilogramo de agua, cada grado centígrado de aumento significa que se ha liberado una Caloría en forma de calor.

Tras prender fuego a todos los alimentos habidos y por haber, la gente finalmente reparó en que cada gramo de proteína proporcionaba prácticamente el mismo número de Calorías, con independencia de la proteína en cuestión y del tipo de alimento del que formaba parte. Y que lo mismo podía aplicarse a los hidratos de carbono y las grasas. Concluyeron que las proteínas y los carbohidratos contienen 4 Calorías de energía por cada gramo, mientras que en el caso de las grasas la cantidad de energía asciende hasta las 9 Calorías por gramo. Así pues, en la actualidad nadie pierde el tiempo quemando alimentos. Los químicos se limitan a analizarlos y seguidamente determinan el número de gramos de proteínas, grasas e hidratos de carbono que contienen, y con estos datos proceden a calcular el número total de Calorías.

Huelga decir que todos seguimos quemando *marsh mallows*.[1]

 El rincón del quisquilloso

En verdad resulta sorprendente que cuando los alimentos y el oxígeno se convierten en energía y dióxido de carbono, la manera en que se ha producido dicha conversión tiene escasa importancia, se trate de una explosión controlada en el interior de una cámara de acero en el laboratorio o como resultado del lento metabolismo de un ser humano. La energía liberada (el número de Calorías) será la misma en ambos casos.

Se trata de un principio general de la ciencia química: en cualquier proceso químico, si inicialmente disponemos de unos compuestos concretos en unas condiciones determinadas (que llamaremos A), y si como resultado del proceso se obtienen unos compuestos en unas condiciones distintas (que llamaremos B), el cambio global en su energía química derivado de este proceso será el mismo, independientemente de la manera empleada para llegar desde A hasta B. Podemos comparar la energía con la altitud. Si en un principio usted se encuentra en la cima de una colina con una altitud A y a continuación se desplaza a otra cuya altitud es B, la altitud a la que se encuentra sin duda habrá variado (su energía potencial) en una magnitud re-

---

1. Golosina popular en EE. UU., que se suele preparar pasándolo por el fuego. *(N. del T.)*

sultante de la operación B menos A, y así será con independencia de la ruta escogida para el desplazamiento desde A hasta B.

Trillado, pero muy dulce

Cuando leo los ingredientes que figuran en las etiquetas de las comidas precocinadas, no puedo dejar de ver «jarabe de maíz», «jarabe de maíz rico en fructosa» y «edulcorantes de maíz». Pero cuando compro «maíz dulce» en el mercado, nunca es demasiado dulce, diga lo que diga el vendedor. Entonces, ¿cómo se obtiene tanta dulzura del maíz?

Supongo que no tendrá ningún problema para aceptar que el maíz contiene mucho almidón, ¿no es así? Pues bien, el almidón es la clave para la formación del jarabe de maíz. La química y su magia logran transformar la harina de maíz en azúcar.

Elimine el agua de un grano de maíz y el contenido restante estará compuesto por un 82 % de hidratos de carbono, esto es, por compuestos orgánicos naturales entre los que cabe incluir algunos azúcares, celulosa y almidones. La celulosa, un material muy resistente que puede encontrarse en las paredes de las células de un sinfín de plantas, forma parte de la piel del grano de maíz. Los azúcares, como posiblemente sabrá, no son muy abundantes. Así pues, los almidones serán el componente principal de los granos del maíz.

Kilo a kilo, en los Estados Unidos de América la producción de maíz es casi cinco mil veces superior a la de caña de azúcar. Y buena parte del azúcar importado proviene de países tropicales que nunca han hecho méritos para recibir galardones por su estabilidad política ni por su querencia natural y espontánea por Estados Unidos. En este contexto, si los productores de comida estadounidenses pudieran producir azúcar a partir de la harina de maíz, sus beneficios se incrementarían ostensiblemente. Lo cierto es que es posible.

Los azúcares y los almidones son casi primos hermanos. En honor a la verdad, las moléculas del almidón están compuestas por cientos o incluso miles de moléculas de glucosa, adheridas unas a otras y en configuraciones muy abigarradas, siendo la glucosa un azúcar fundamental. Por consiguiente, si pudiéramos romper las moléculas del almidón presentes en el maíz obtendríamos una gran cantidad de moléculas de glucosa sueltas. Asimismo produciríamos algunas moléculas de maltosa, otro azúcar cuyas moléculas contienen dos moléculas de glucosa todavía unidas. Y también obtendríamos un buen número de fragmentos de mayor tamaño compuestos por docenas de unidades de glucosa igualmente unidas. Dado que estas moléculas mayores no fluyen con tanta facilidad como las moléculas más pequeñas, la mezcla resultante será densa y almibarada.

Ocurre finalmente que casi todos los ácidos, así como una extensa variedad de enzimas de los animales y las plantas, serán capaces de romper las moléculas del almidón descomponiéndolas en un jarabe formado por distintos azúcares. Las enzimas de la saliva lo hacen continuamente. Cabe señalar aquí que una enzima es una sustancia natural que favorece la ejecución de una determinada reacción química. Muchos procesos esenciales para la vida no podrían llevarse a cabo sin la acción de las enzimas.

Haga la prueba

Masque una galleta salada y feculenta durante unos minutos y empezará a percibir un sabor ligeramente dulce.

La glucosa y la maltosa, por el contrario, son menos dulces que la sacarosa, en un 70 % y 30 % respectivamente. La sacarosa es ese azúcar maravillosamente dulce que se extrae de la caña de azúcar y al que solemos referirnos con el nombre de azúcar común. Consecuentemente, al descomponer la harina de maíz de la manera ya descrita, quizá descubriremos que sólo tiene un 60 % de la dulzura propia del «verdadero azúcar». Quienes procesan alimentos sol-

ventan este problema mediante el uso de una enzima que convierte parte de la glucosa en fructosa, un azúcar más dulce incluso que la sacarosa. Es por ello por lo que en algunas etiquetas puede leerse «jarabe de maíz rico en fructosa».

Con todo, tenemos otro problema. El jarabe de maíz de glucosa-maltosa-fructosa puede ser una bendición para la economía de la industria alimentaria americana, pero no sabe exactamente igual ni porta consigo otros sabores con la misma eficacia que nuestra buena, vieja y muy querida sacarosa. La mermelada de fruta y los refrescos, por ejemplo, no son ya lo que solían después de que los fabricantes de productos alimenticios abandonaran el uso de la caña de azúcar y adoptaran los edulcorantes de maíz, siempre más disponibles y baratos. Un consumidor responsable, que lee las etiquetas, deberá por tanto optar por aquellos productos endulzados con la proporción de sacarosa más elevada, que suele aparecer en las etiquetas con el sencillo y hermoso nombre de «azúcar».

A propósito, si alguna vez se topara con una botella de cocacola elaborada antes del año 1980, podría comprobar fácilmente lo que acabo de exponer. En ese año la multinacional cocacola dejó de emplear el azúcar y decidió generalizar el uso de los edulcorantes de maíz en todos los productos embotellados para el consumo en Estados Unidos. Sin duda alguna, en aquellos países donde la caña de azúcar abunda y resulta asequible todavía se emplea el azúcar en las plantas embotelladoras. Así pues, la próxima vez que usted viaje a uno de estos territorios, no dude en volver cargado con unas cuantas cajas de esta bebida refrescante. Eso sí, al pasar la aduana no se le ocurra decir que lleva coca en la maleta...

¡Peligro! Los panes judíos matzos explotan

¿Por qué tiene el pan judío matzos *esa textura ondulada, parecida al cartón? ¿Acaso se trata de una tradición?*

No, a decir verdad es por razones prácticas.

La tradición, es decir, las leyes que rigen la dieta durante la festividad judía de la Pascua, prohíbe el empleo de cualquier agente capaz de leudar (subir) la masa como, por ejemplo, la levadura o el bicarbonato de sodio. Por consiguiente, en la elaboración del pan judío sólo se utiliza agua y harina. Entre Pascua y Pascua, los fabricantes están autorizados a trampear y agregan otros ingredientes para matizar el sabor.

Si usted confecciona la masa tras mezclar harina y agua dentro de un recipiente grande, probablemente asistirá a la formación de algunas burbujas de aire. Seguidamente, cuando la extienda con un rodillo hasta obtener una masa fina y la introduzca en un horno muy caliente (los hornos para la cocción de este pan alcanzan temperaturas de entre 400 ºC y 500 ºC u 800 ºF y 900 ºF), el aire atrapado estallará provocando una lluvia de metralla de pan que atestará el horno.

Para prevenir esta situación convendrá que, antes de hornear la masa extendida, empleemos un rodillo punteado para agujerear todas las burbujas de aire que pueda presentar en su superficie. Es, pues, el rodillo punteado la herramienta causante de los surcos y las perforaciones tan características del pan judío. Con todo, su uso no evitará la formación de algunas ampollas pequeñas localizadas entre los surcos del rodillo, que no son en modo alguno tan destructivas y ciertamente contribuyen a que el pan presente un aspecto interesante, pues se tuestan antes que las zonas aledañas.

Haga la prueba

Examine una galleta salada (sin ningún afán religioso) y descubrirá que ha sido perforada de una manera muy peculiar.

Esta perforación responde a la misma razón por la que se perfora el pan judío: para evitar la formación de ampollas de aire dentro del horno. Ahora bien, en las galletas saladas comunes la perforación no deberá ser tan radical debido a que la masa se leuda (se sube con levadura), con lo cual las burbujas de gas que puedan formarse siempre serán diminutas (véase pág. 74), además de que el horneado nunca se lleva a cabo a una temperatura tan elevada como con el pan judío.

Aplicar frío o calor

Cuando me torcí el tobillo jugando al béisbol, alguien fue al supermercado y compró una compresa fría. La exprimió y la agitó hasta convertirla en una venda de compresión fría. ¿Qué hay en el interior del paquete capaz de enfriarla tan rápidamente?

EL MERCADO | 137

El envase frío contiene cristales de nitrato amónico y una bolsa de agua muy delgada y rompible. Al exprimir el envase, la bolsa de agua se rompe y, como resultado de agitarlo un poco, el nitrato amónico se disolverá en el agua.

Cuando cualquier compuesto químico se disuelve en agua podrá absorber calor (enfriarse) o bien liberarlo (calentarse). El nitrato amónico es uno de esos compuestos que absorben el calor. Toma el calor directamente del agua y, por ende, la enfría. Y ese enfriamiento no es precisamente trivial. La temperatura del envase frío podría bajar de manera vertiginosa hasta incluso rozar el punto de congelación.

Debido a que los médicos discrepan y no se ponen de acuerdo en si debe aplicarse frío o calor a una herida y cuándo, encontraremos tantas compresas frías en el mercado como compresas para su aplicación en caliente. Estas últimas contienen uno de esos compuestos químicos que liberan calor cuando se disuelven en agua, normalmente cristales de cloruro cálcico o sulfato de magnesio.

¿Por qué debería un compuesto absorber o liberar calor durante un proceso tan simple como su disolución en agua? Después de todo, en nuestro hogar disolvemos cristales de dos compuestos muy comunes, la sal y el azúcar, una y otra vez. Muy a nuestro pesar, nunca podremos ver cómo el azúcar, por citar un ejemplo, consigue enfriar el café caliente o calentar el té helado. En rigor, la sal y el azúcar constituyen excepciones a esta regla (véase abajo).

Cuando una sustancia química se disuelve en agua, se inicia un proceso que se lleva a cabo en dos fases: en primera instancia, se rompe el sólido químico, su estructura cristalina se desmorona, y posteriormente tiene lugar una reacción entre el agua y los fragmentos del compuesto. El primer paso produce invariablemente un enfriamiento, mientras que el segundo produce un calentamiento. Si el enfriamiento producido es mayor que el calentamiento, como sucede en el caso de nitrato amónico, el efecto global será de enfriamiento. Si sucede al revés, como cuando intervienen el cloruro cálcico y el sulfato de magnesio, el efecto final será de calentamiento. En los casos de la sal y el azúcar, ambas fases acontecen por igual, de modo que se neutralizan y el cambio en la temperatura será mínimo, prácticamente imperceptible.

 El rincón del quisquilloso

He aquí lo que ocurre cuando se disuelven cristales sólidos en agua y tiene lugar este proceso con dos fases:

Un cristal no es sino una disposición tridimensional, rígida y geométrica de partículas. Estas partículas pueden ser átomos, iones (átomos cargados) o moléculas, dependiendo de la sustancia en cuestión. Nosotros nos limitaremos a emplear el término genérico «partículas».

Paso 1: en primer lugar, las partículas deberán ser liberadas de sus posiciones rígidas en el cristal a fin de que puedan flotar libremente en el agua. Para romper cualquier estructura rígida se requiere un cierto gasto de energía; algo o alguien tiene que proveer la almádena con la que se quebrará la estructura. Por consiguiente, durante la rotura de la estructura del cristal, habrá que tomar prestada parte de la energía calorífica del agua, un hecho que motivará el enfriamiento del líquido elemento.

Paso 2: las partículas liberadas no se limitarán a nadar aisladas y espléndidas. Las partículas y las moléculas del agua presentan una atracción mutua muy fuerte (véase pág. 62). De no ser así, para empezar no habrían llegado a disolverse. Así pues, tan pronto como arriben al líquido, sufrirán el ataque de las moléculas del agua, que se apresurarán a agruparse en torno a ellas como si se tratara de una legión de imanes flotantes alrededor de un submarino. Cuando los imanes (o moléculas) se sienten atraídos por algo, invierten parte de su energía en el veloz desplazamiento hacia sus objetivos. Esta energía elevará la temperatura del agua.

Llegados a este punto, necesitaremos dirimir cuál de los dos efectos resulta más determinante: el enfriamiento derivado de la fragmentación del sólido o el calentamiento resultante de las atracciones establecidas entre las partículas y las moléculas del agua. Si el enfriamiento es mayor, el efecto neto resultante será un descenso progresivo de la temperatura del agua a medida que el sólido se disuelve en su seno. Eso es lo que resulta de la acción del nitrato amónico. En cambio, si el calentamiento es mayor, el efecto neto será un ascenso de la temperatura del agua cuando el sólido se disuelve. Eso es lo que ocurre cuando intervienen el cloruro cálcico y el sulfato de magnesio.

¿Y la sal y el azúcar? Que ambos efectos tengan idéntica magnitud y que, por ende, terminen por neutralizarse no es más que un curioso accidente. Así pues, prácticamente no habrá calentamiento o enfriamiento netos cuando disolvamos sal o azúcar en agua. En honor a la verdad, la sal (el cloruro sódico) enfriará lenta y paulatinamente el agua a medida que se disuelva en su seno.

Haga la prueba

El nitrato amónico es un fertilizante muy común mientras que el cloruro cálcico es un agente secante también muy común, que suele venderse para secar los sótanos y los armarios húmedos. Es, por tanto, muy posible que usted almacene estos compuestos en algún lugar recóndito de su hogar o en su casa de campo. Vierta en agua y remueva una pizca de nitrato amónico, y enseguida notará cómo desciende la temperatura del líquido. Haga lo propio con cloruro cálcico y el efecto será distinto: el agua se calentará. Una salvedad: no se le ocurra taparlo y agitarlo, pues el calor po-

dría provocar salpicaduras. Un par de cucharadas soperas de cada uno de estos sólidos bastará para realizar con éxito este experimento.

¡Congélate, cariño, y quémate después!

*¿A quién se le ocurrió inventar el ridículo oxímoron congelar y que-
mar a un tiempo? ¿Qué son exactamente los alimentos congelados-
quemados?*

Por supuesto se trata de un oxímoron peculiar, sin duda paradóji-
co, pero en absoluto malo. Examine con detenimiento esa costilla
de cerdo vieja que guardaba en el congelador para casos de emergencia. ¿Acaso el aspecto marchito y seco de su superficie no parece indicar que ha sido quemada? Lo crea o no, la palabra *quemar*
no se refiere únicamente al calor, sino que también abarca conceptos como el desecado y el marchitado. Y eso es precisamente lo que
el congelador ha hecho con la carne: la ha secado.

   ¿Cómo es posible que el frío seque y marchite la comida? Por
favor, observe que las quemaduras que se aprecian en esa triste y
desolada chuleta de cerdo parecen marchitas y secas, como si se le
hubiera extraído toda el agua. Y de hecho así ha sido. Pero ¿en qué
condición o estado el agua tiene presencia en los alimentos congelados?... Correcto. En forma de hielo. Así las cosas, nos vemos abo-
cados a concluir que mientras que la desventurada chuleta que nos
ocupa ha languidecido en el congelador durante mucho más tiempo del que imaginábamos, algo o alguien ha intrigado para lograr
extraer a hurtadillas todas las moléculas de hielo presentes en la
superficie (que son moléculas de agua, por supuesto).

   ¿Cómo es posible arrastrar y transportar moléculas de uno a otro
lugar, si se encuentran ancladas con tanta firmeza y en la forma de
cristales de hielo? Ocurre que, si pueden, migrarán espontáneamente hacia cualquier lugar capaz de ofrecerles un clima más hospitala-
rio. Para una molécula de agua, ese lugar tan acogedor será el lugar
más frío posible, dado que en ese contexto su energía será menor y,
tal como acostumbra la madre naturaleza, siempre tratará de encontrar lugares con las condiciones más idóneas, donde sus partículas disfruten de un entorno con una menor energía. (Podemos
eliminar las moléculas de agua como resultado de calentarlas, ¿no
es cierto?)

En consecuencia, si el envoltorio de la comida no es del todo hermético, las moléculas del agua migrarán, y lo atravesarán o bien lo rodearán, trasladándose desde las moléculas del hielo presente en la superficie del agua hasta cualquier otra ubicación donde el frío sea mayor como, por ejemplo, las paredes del congelador. Como resultado de todo ello, el agua abandonará la comida y será desechada por el mecanismo de descongelación del congelador. Finalmente la superficie de la comida se marchitará, se arrugará y perderá su color.

Huelga decir que esto no sucede en una sola noche. Es un proceso muy lento, que puede ralentizarse y minimizarse como resultado de envolver los alimentos a conciencia con un material impermeable a las moléculas de agua vagabundas. Algunos envoltorios plásticos funcionan mejor que otros. Los mejores son aquellos que envasan la comida al vacío, así como los envases de plástico grueso como el Cryovac, que además de ser impermeables al vapor de agua, eliminan el espacio que separa la comida del envoltorio. Si quedan bolsas de aire en el interior del envase, las moléculas del agua migrarán hasta alcanzar la pared interna del envoltorio donde se asentarán en forma de hielo; de igual manera y por idéntica razón, se desplazarían hasta las paredes del congelador si pudieran. Con todo, el congelador seguirá quemando la comida.

Moraleja número 1: para congelar los alimentos durante mucho tiempo lo más idóneo será minimizar este proceso de secado a) mediante el empleo de un envoltorio específicamente diseñado para este efecto, esto es, impermeable a las moléculas que migran, o b) envolviendo perfectamente la comida de manera que no se produzcan bolsas de aire.

Moraleja número 2: cuando compre alimentos congelados, examínelos y cerciórese de que no hay cristales de hielo en el interior del envase. ¿De dónde cree usted que procede el agua? Exacto, de la comida. Así pues, o bien se ha «quemado» tras permanecer mucho tiempo congelada, o bien ha sido congelada, una circunstancia que favorece la liberación de los jugos de la comida, y recongelada. No lo dude: haga la compra en otro establecimiento.

Ostras en medio supermercado

El 50 % de los complementos de calcio que pueden encontrarse en los estantes donde se exponen los productos naturistas en un supermerca-

do parecen haber sido extraídos de la concha natural de la ostra. ¿Acaso el calcio de la concha de la ostra es mejor que otros tipos de calcio?

Si Gertrude Stein hubiera sido química, bien podría haber dicho que «el carbonato cálcico es carbonato cálcico es carbonato cálcico».[1]

Claro, las ostras y las almejas elaboran sus conchas con carbonato cálcico. Ahora bien, desde la óptica química, tiene escasa importancia que el carbonato cálcico que se vende en una botella provenga de un banco de ostras o de una veta de piedra caliza, que también presenta carbonato cálcico a raudales. Ninguno de ellos es «más natural» (signifique eso lo que signifique) que los demás. No obstante, las conchas de las ostras incorporan un poco de materia cuyo origen no es mineral, de modo que el carbonato cálcico presente en otras fuentes podría ser algo más puro.

Los complementos de calcio se comercializan en otras muchas variantes además del ya mencionado carbonato cálcico (lea con detenimiento las etiquetas). Pero, gramo a gramo, estas otras formas contienen menos calcio que el carbonato cálcico. En realidad, lo que buscamos es el elemento calcio en sí mismo, toda vez que el resto importa mucho menos. Dicho esto, cabe señalar que el carbonato cálcico contiene un 40 % de calcio, mientras que el citrato cálcico contiene sólo el 21 %, el lactato cálcico el 13 % y el gluconato cálcico escasamente el 9 %.

Con estos datos en su poder no le será difícil descifrar qué complemento de la estantería le proporcionará más calcio por su dinero.

Salado, mas no sabroso

¿Qué es el glutamato monosódico exactamente, y qué efecto tiene en las comidas? Suele decirse que «realza el sabor» de los alimentos, pero ¿cómo puede una sustancia mejorar un sabor, sea el que sea?

Ciertamente suena raro, pero lo que aquí sucede tiene su miga.

Lo curioso del glutamato monosódico es que la nomenclatura conduce al error: ocurre que las sustancias que «realzan los sabores» no realzan el sabor de los alimentos en sentido estricto, o sea,

---

1. Alusión al verso de la citada escritora «A rose is a rose is a rose is a rose» (una rosa es una rosa es una rosa). *(N. del T.)*

en el sentido de mejorarlo; así las cosas, con su uso no conseguiremos que sepan mejor. Lo que hacen es intensificar o magnificar los sabores que ya están presentes, con independencia de sus cualidades, es decir, sean deliciosos, neutros o absolutamente repugnantes. La industria alimentaria prefiere denominarlos «potenciadores». Nosotros los llamaremos intensificadores del sabor.

¿Cómo funcionan? Algunos expertos en sabores hablan de sinergia, o sea, atribuyen este efecto al hecho de que cuando dos cosas actúan conjuntamente el efecto global producido es mayor que la suma aritmética de sus efectos en caso de actuar individualmente. Un intensificador del sabor puede tener poco o ningún sabor en sí mismo pero, al combinarlo con alguna sustancia que posee un sabor concreto, permitirá que este sabor se perciba con nitidez y más fuerza.

La manera en que dicho intensificador engatusa a nuestro paladar para que perciba una sensación más intensa es algo que todavía quita el sueño a los investigadores. Una teoría sostiene que los intensificadores propician que algunas de las moléculas a las que debemos el sabor de los alimentos se adhieran a los receptores ubicados en nuestra lengua durante más tiempo, mejorando de esta suerte su eficacia. Parece ser que el glutamato monosódico posee un talento especial capaz de potenciar los sabores amargos y salados.

El glutamato monosódico es un derivado del ácido glutámico, que es uno de los aminoácidos más comunes entre los que constituyen las proteínas. Con todo, no es el único intensificador del sabor. Otros dos compuestos químicos que actúan de manera similar suelen conocerse en el mercado con la nomenclatura 5'-IMP y 5'-GMP (los químicos los llaman 5'-inosinato disódico y 5'-guanilato disódico). Los tres son derivados de algunos aminoácidos naturales que se dan en vegetales como los hongos y las algas.

La capacidad de estas sustancias vegetales para realzar los sabores es bien conocida desde hace miles de años. Los japoneses, por ejemplo, emplean tradicionalmente las algas para la elaboración de sopas de sabores sutiles y delicados que pueden verse muy beneficiadas con el uso de estas sustancias que potencian el sabor. Así las cosas, Japón es el mayor productor mundial de glutamato monosódico puro, un polvo blanco y cristalino que durante décadas se ha vendido a toneladas. Su uso principal es la manufactura de comidas precocinadas, si bien en los restaurantes chinos a menudo se emplea como ingrediente para acentuar los efectos de la condimentación.

En tiempos recientes, el glutamato monosódico ha tenido muy mala prensa debido a las reacciones adversas que su consumo ha producido en algunos consumidores. Las pruebas parecen indicar que el problema, si puede llamarse así, es que algunas personas son ultrasensibles al glutamato monosódico, y no a que haya algo esencialmente nocivo en esta sustancia, salvo cuando se ingiere en dosis elevadas. Pero casi todo es peligroso cuando se toma en grandes dosis.

Las autoridades competentes en materia de alimentación y sanidad todavía no exigen que se señale por separado el uso del glutamato monosódico en el etiquetado de los alimentos. Con todo, no se sorprenda si lo encuentra citado por ahí, o a cualquiera de sus primos, en las etiquetas de las sopas o de algunos tentempiés, oculto tras multitud de sobrenombres tales como el extracto de Kombu, el Glutavene, el Aji-no-moto (en los productos japoneses), y las proteínas vegetales hidrolizadas, que no son otra cosa que proteínas de ciertas plantas que han sido descompuestas en sus aminoácidos constituyentes, entre los que cabe incluir el ácido glutámico.

Una amplia variedad de compuestos que intensifican el sabor se extrae de las levaduras. Hay una compañía que elabora y vende a los fabricantes de alimentos más de una docena de «intensificadores del sabor» derivados de la levadura, especialmente concebidos para realzar determinados sabores: las carnes rojas, el pollo, los salados y los quesos, entre otros. Con toda probabilidad aparecerán incluidos en los términos «extracto de levadura», «nutrientes de levadura» o «sabores naturales» aunque, en sentido estricto, no son sabores. Por otro lado, tampoco son glutamato monosódico.

Mejor sin sangre

Es cierto que me gustan los filetes poco hechos. Pero ¿qué puedo decir a quienes se mofan de mí porque como carne sanguinolenta?

Nada. Limítese a sonreír. Están muy equivocados.

Y no es que se equivoquen al preferir la carne muy hecha, aunque muchos dirían que semejante comportamiento debía ser considerado delito. Donde yerran es en calificar un filete de sanguinolento, puesto que prácticamente no contiene sangre.

Con total cortesía, usted podría recordarles que la sangre es ese líquido rojo que circula a través de las arterias y las venas de todo animal vivo. No quisiera ser demasiado macabro pero, en el matadero, y tras sedar al animal, se le extrae toda la sangre a excepción de la que queda atrapada en el corazón y los pulmones que, queremos suponer, será de mínimo interés para sus jocosos amigos.

Cuando usted pide un corte de carne, lo que usted pide es tejido muscular y no órganos del sistema circulatorio. Si la sangre es roja es porque contiene hemoglobina. El color rojo de los músculos es consecuencia directa de un compuesto químico llamado mioglobina, una proteína que almacena oxígeno allí en los músculos, para ser utilizado en caso de que deba producirse una liberación repentina de energía. Se trata sólo de una coincidencia el que ambos compuestos sean de color rojo vivo y que ambos se oscurezcan tornándose marrones al cocinarse. Bueno, a decir verdad en la naturaleza no existen las coincidencias; antes bien todo sucede por razones muy concretas. En este caso, la hemoglobina y la mioglobina son proteínas muy similares que contienen hierro.

Las distintas carnes contienen diferentes cantidades de mioglobina, debido a que los animales tienen necesidades distintas en lo tocante al almacenamiento de oxígeno en la musculatura para liberar energía. Los cerdos (¡esos puercos holgazanes!) contienen menos hemoglobina que las vacas, los pollos tienen incluso menos, y menos todavía los peces (véase pág. 70). Es por ello por lo que suele distinguirse entre las carnes rojas y las relativamente blancas. Pida a sus amigos que se lo expliquen en términos más sangrientos.

Haga la prueba
Un filete poco hecho no tiene sangre.

Agítela, pero no la rompa

Es una cuestión típica de la mecánica clásica. ¿Cuál es la mejor manera para extraer el catsup de la botella?

Tal como demostró una vez el memorable David Letterman, la mejor manera consiste en agarrar con firmeza la botella por su parte inferior y balancearla describiendo círculos por encima de su cabeza, como si quisiera tirar un lazo. Por supuesto, el *catsup* se esparcirá salpicando todas las paredes. Al fin y al cabo, usted preguntó cómo sacarlo de la botella, ¿o no?

Hay un método que no deja nada al azar, muy utilizado por los comensales en la mayoría de los restaurantes: aporrear con determinación la base de la botella. Con ello se consigue que Isaac Newton rote estrepitosamente en su cripta de la abadía de Westminster. sir Isaac nos enseñó (o al menos pensó que nos enseñaba) sus tres leyes del movimiento, las leyes básicas de la mecánica clásica que describen el movimiento de las cosas. Si hubiera conocido el *catsup* (que no llegó a Inglaterra hasta poco antes del año de su muerte, 1727), sin duda habría formulado una cuarta ley en los siguientes términos: «Quien aporree la base de la botella de *catsup* no conseguirá sino que la salsa se aferre con más ahínco a la botella». O también, y dado que según sir Isaac toda acción produce una reacción opuesta y de igual magnitud, sólo logrará que el *catsup* descienda más y se apretuje dentro de la botella, exactamente el efecto contrario al deseado.

Por otra parte, el método Letterman disfruta de la legitimación newtoniana por la sencilla razón de que usted aplica una fuerza centrífuga tanto al *catsup* como a la botella, reteniendo de este modo la botella (esperemos que así sea) al tiempo que permite que el *catsup* reaccione con total libertad a la acción de la fuerza exterior.

Así pues, ¿qué le aconsejaría sir Isaac para extraer la salsa sin llamar tanto la atención? Dos son las maneras:

En primer lugar, podemos modificar levemente el método de la fuerza centrífuga como resultado de sostener la botella horizontalmente y dar un golpe seco de muñeca hacia abajo, a fin de que la botella describa un arco circular corto y en sentido descendente. Como en el método Letterman, el *catsup* experimentará una fuerza centrífuga (desde el centro hacia el exterior del círculo) y, por lo tanto, se desplazará hacia fuera a través del cuello de la botella, una dirección que sincera y fervorosamente confiamos conducirá hacia su plato y no hacia el rostro de otro comensal. Esta última y desgraciada circunstancia podría producirse si usted empezara a describir dicho arco circular desde una altura excesiva sobre el plato.

 **Haga la prueba**

El segundo y más seguro método para extraer el *catsup* de la botella, asimismo aprobado por las teorías de Isaac Newton, consiste en propinar una arremetida enérgica y vigorosa de arriba hacia abajo sobre su eje, como si asestara una puñalada, y dirigida hacia el plato, pero bruscamente interrumpida en el último instante.

En esta maniobra, el *catsup* de la botella será objeto de un engaño. Seguirá desplazándose en dirección al plato aun después de que la botella haya dejado de moverse, del mismo modo que un conductor se desplazará hacia el parabrisas cuando su coche impacte contra un poste de teléfono. O, parafraseando a sir Isaac, «un cuerpo en movimiento seguirá moviéndose hasta que se interponga en su trayectoria y lo detenga un parabrisas o una patata frita».

Si la botella es nueva o si se ha rellenado recientemente (una práctica muy habitual en los restaurantes), tendremos que aflojar primero el *catsup* a base de introducir y hacer girar un cuchillo en el interior del cuello. Resta un único problema: una vez sentado a la mesa, posiblemente no habrá distancia suficiente entre su mano y el plato para asestar una rápida y certera puñalada con la botella. Si así fuera, no dude en levantarse.

Eso es aceite, amigos

En la lista de los ingredientes de la margarina y de otros alimentos envasados suele aparecer el «aceite vegetal parcialmente hidrogenado». Si un aceite tiene que ser hidrogenado, signifique eso lo que signifique, ¿por qué habrá que hacerlo parcialmente?

Hidrogenación es el nombre que, en un alarde de sensibilidad, recibe el proceso por el cual se agrega hidrógeno a otra sustancia. El hidrógeno es la más ligera de todas las sustancias conocidas aunque, paradójicamente, la hidrogenación de un aceite redunda en un incremento de su densidad que lo hace más sólido. Si la hidrogenación se llevara a cabo hasta sus últimas consecuencias, el aceite se convertiría en una sustancia tan sólida como la cera de una vela, cosa que sin lugar a dudas dificultaría el untado de la margarina.

Los aceites, ya sean los de las plantas o los del petróleo, están hechos de moléculas que pueden presentar «espacios para enlazar» situados entre sus átomos. No se trata de huecos o vacíos reales en el espacio, sino que son regiones con poder para combinarse químicamente. (En términos científicos, enlaces dobles.) En estos puntos de las moléculas, los átomos están ansiosos por unirse a otros átomos cuya situación no es del todo satisfactoria. Los átomos pueden todavía establecer enlaces con otros átomos, algo que sólo se producirá cuando se encuentren con los átomos adecuados. (En términos científicos, suele decirse de estas moléculas insatisfechas o incompletas que son moléculas no saturadas. Si únicamente existe un punto insatisfecho en la molécula, la denominaremos monoinsaturada.)

El hidrógeno es el candidato perfecto para consumar los deseos de estos átomos insatisfechos, que anhelan la formación de nuevos vínculos. Es el más pequeño de todos los átomos, y por ello puede acurrucarse en cualquier lugar de una molécula convulsa, allí donde sea necesario, especialmente si el proceso tiene lugar a una presión elevada, que es como se hidrogenan los aceites. Al tapar los espacios vacíos, los átomos de hidrógeno satisfacen el anhelo de las moléculas y logran por fin establecer enlaces satisfactorios. (En términos científicos, las moléculas que no pueden establecer enlaces por estar ya satisfechas reciben el nombre de moléculas saturadas.)

¿Qué tiene que ver esto con el aceite? Las moléculas saturadas serán más compactas tras completar los espacios donde puedan establecerse enlaces, porque serán en cierto modo más flexibles. (En términos científicos, los enlaces dobles son más rígidos.) Pueden por tanto arrimarse y apretarse en su forma sólida, y la sustancia permanecerá en estado sólido durante más tiempo si se le aplica calor. En otras palabras, se derretirá a una temperatura más elevada. Cuando un aceite se halle en estado sólido a temperatura ambiente, lo denominaremos grasa en lugar de aceite. De hecho, ése es el término técnico que los define, sean líquidos o sólidos.

Queremos convertir los aceites vegetales en aceites semisólidos con el fin de elaborar margarinas para untar, pero no deseamos que resulten excesivamente duras. Lo que dije antes acerca de la cera de las velas no era un chiste. La parafina de una vela es una mezcla de aceites completamente saturados que proceden del petróleo y no de las semillas de las plantas.

En general, los aceites vegetales tienden a ser aceites insaturados que son líquidos a temperatura ambiente, mientras que las grasas animales son mayormente aceites saturados y sólidos. Los aceites vegetales contienen cerca de un 15 % de moléculas saturadas. Con el objeto de elaborar margarina, se hidrogenan parcialmente hasta alcanzar el 20 %. A su vez, la mantequilla está saturada en un 65 %.

Los aceites no saturados suelen descomponerse y humear a temperaturas de salteado relativamente bajas. Asimismo, se tornan rancios con más facilidad, debido a que las moléculas de oxígeno del aire pueden alcanzar los espacios interatómicos y atacarlos. La hidrogenación aporta pues estabilidad a los aceites como resultado de obturar dichos huecos con átomos de hidrógeno.

Eso es lo mejor del proceso de hidrogenación. Lo peor es que las grasas saturadas elevan el colesterol presente en la sangre de las personas, una circunstancia que como sabemos acentúa el riesgo de padecer enfermedades cardiovasculares. Los fabricantes de comida están enzarzados en una lucha interminable cuyo objetivo consiste en mantener las grasas saturadas al mínimo, de manera que puedan alardear de estar comercializando alimentos saludables al tiempo que, como resultado de la hidrogenación de los aceites, consiguen las propiedades deseadas.

La niebla falsificada

¿Por qué está seco el hielo seco? ¿Qué produce la humareda que lo envuelve?

No es humo, es niebla. Aunque el hielo seco es dióxido de carbono puro, la niebla no es dióxido de carbono, como piensan algunas personas. El gas dióxido de carbono es invisible. La nube de niebla que rodea el hielo seco es agua pura. El agua se ha condensado a partir de la humedad natural del aire en virtud de la baja temperatura del hielo seco.

El hielo seco es dióxido de carbono en forma sólida, del mismo modo que el hielo convencional no es sino agua en estado sólido. Como sabemos, el agua se congela y se torna sólida a 0 ºC (32 ºF), mientras que el dióxido de carbono no se solidifica hasta los –78,5 ºC (-109 ºF). Así pues, el dióxido de carbono congelado (el hielo seco) está mucho más frío que el agua congelada.

El hielo convencional está mojado porque al derretirse se transforma en agua líquida. El hielo seco está seco porque no se derrite. Cambia de estado directamente, transformándose en gas sin haber pasado previamente por el estado líquido. El dióxido de carbono sencillamente no puede existir en estado líquido a la presión atmosférica normal. Cuando se encuentre en su forma sólida antinatural, en forma de hielo seco, será cuando mejor y con más facilidad podrá transformarse directamente en gas.

El dióxido de carbono se siente más cómodo en su forma gaseosa porque en un gas las moléculas están muy alejadas unas de otras, tanto como es posible, y resulta que las moléculas del dióxido de carbono no se llevan demasiado bien. Queriendo decir con ello que no se adhieren tan bien unas a otras como lo hacen las moléculas del agua (véase pág. 113). En los líquidos las moléculas siempre están adheridas unas a otras, hasta cierto punto, en sus deslizamientos alrededor de sus congéneres. Pero las moléculas del dióxido de carbono no poseen el grado de adherencia necesario para adoptar el estado líquido, a menos que forcemos este proceso y no tengan más remedio que asociarse. Dicho con otras palabras, el gas dióxido de carbono se transformará en líquido únicamente bajo coacción, o sea, bajo una presión elevada. Es así como se transporta el dióxido de carbono hasta los lugares más remotos del país, a presión, en su forma líquida y encerrado en tanques de acero.

Los extintores de CO_2 no son otra cosa que tanques que contienen dióxido de carbono líquido y poseen una válvula de presión. Cuando usted libere parte de la presión como resultado de apretar el gatillo, el dióxido de carbono saldrá disparado a través de la boquilla. En consecuencia, saldrá en la forma de un fuerte estallido de gas muy frío (véase más abajo), mezclado con una «nieve» compuesta por dióxido de carbono sólido. Si pudiéramos recoger, antes de que se evapore, una cantidad de nieve suficiente y exprimirla hasta modelar una «bola de nieve», obtendríamos un pedazo de hielo seco. En una escala mayor, eso es exactamente lo que hay que hacer para obtener hielo seco a partir de dióxido de carbono líquido.

El extintor de incendios funciona de dos maneras: el frío puede provocar un descenso de la temperatura por debajo del punto de combustión del combustible, toda vez que el dióxido de carbono apaga el fuego porque es un gas pesado capaz de desplazar el oxígeno (véase pág. 121).

El uso del hielo seco constituye una práctica muy extendida en los estudios de cine y televisión para producir una densa niebla. Y es niebla verdadera, dado que se compone de gotitas de agua microscópicas que están suspendidas en el aire. Pero siempre podremos llamarla falsa porque el agua está muy fría debido a la presencia del hielo seco, y porque en consecuencia la niebla reposará sobre el suelo como si fuera un manto. Y así será salvo que la dispersemos con la ayuda de un ventilador (que siempre queda fuera del encuadre). Muy al contrario, la niebla real, la que se da espontáneamente en la naturaleza, permanece suspendida e inmóvil en el aire.

En las películas también se utiliza el hielo seco para simular los calderos de agua hirviendo. Arroje un poco de hielo seco en un recipiente con agua y, conforme el dióxido de carbono sólido se vaya transformando en gas, el gas ascenderá a través del agua en forma de burbujas de niebla que estallarán tan pronto como alcancen la superficie. Un fenómeno que supuestamente se asemeja al vapor. Empero, si lo observa con detenimiento no tardará en descubrir que es falso. Las gotas microscópicas de la niebla reflejan la luz y adoptan un color blanquecino, si bien el vapor presenta gotas de agua de un tamaño mucho mayor y son prácticamente transparentes. Es más, el vapor se eleva rápidamente porque el calor siempre sube, mientras que la niebla producida por el hielo seco se quedará en suspensión a baja altura sobre el caldero.

Y hablando de simulacros cinematográficos, ¿qué decir de esas escenas tan espectaculares en las que un buque zozobra y se hunde bajo el ímpetu de una fuerte tormenta? ¿Acaso son modelos en miniatura, tomados a cámara lenta cuando navegan en un depósito de agua dulce? A buen seguro habrá una forma de averiguarlo. Compruebe el tamaño de las gotas de agua que salpican al romper las olas. Si son del tamaño de una portilla o de una bala de cañón en comparación con las dimensiones del barco en apuros, sin duda se tratará de una maqueta que flota en un tanque de agua. Sencillamente porque el agua no puede romperse y originar gotas del tamaño de un proyectil de cañón, excepto cuando las «balas» de los cañones del barco sean reproducciones fieles de un modelo a escala.

❓ No lo ha preguntado, pero...

¿Por qué está tan frío el chorro de gas que sale a presión de la boquilla de un extintor de CO_2, aunque el extintor haya permanecido a temperatura ambiente durante meses?

Cuando el dióxido de carbono líquido del tanque se transforme en gas, se enfriará lo suficiente para congelar parte del dióxido de carbono y originar «nieve». ¿Por qué sucede así? Todo lo que ocurre es que el gas dióxido de carbono comprimido se expande a medida que lo liberamos y se esparce en la habitación. ¿Acaso un gas, al expandirse, siempre se enfriará automáticamente? Pues sí, así es, y he aquí el porqué.

Las moléculas de un chorro de gas en expansión tienen suficiente poder para arrastrar ciertas cosas, ¿no es así? Nótese el poderoso estallido que se produce al accionar un extintor de incendios. Si no lo manipula con cuidado, podrá incluso proyectar el fuego a tal velocidad que llegará hasta la comarca vecina. Así pues, las moléculas de un gas en expansión podrán tumbar un objeto (aun cuando se trate de aire) como resultado de impactar contra las moléculas que lo integran. ¿Contra qué otra cosa podrían colisionar?

A medida que las moléculas del gas impacten contra las moléculas del objeto, gastarán parte de su energía y perderán velocidad, de igual manera que una bola de billar se moverá más lentamente después de colisionar con otra bola. Y unas moléculas más lentas comportan siempre un descenso en la temperatura de las moléculas de un gas (véase pág. 247).

El dióxido de carbono del tanque del extintor soporta una presión tan grande que cuando lo liberemos se expandirá de manera tremenda e instantánea, sufriendo un correspondiente e igualmente tremendo descenso en su temperatura.

El viejo juego de la piel y los huesos

Alguien alguna vez trató de convencerme de que la gelatina Jell-O, tan transparente, fulgurante y resplandeciente, ese lujo tan deseado durante mi más tierna infancia, está hecha con piel de cerdo, huesos, piel y pezuñas de vaca. ¡Qué asco! ¿Acaso es eso posible?

Por supuesto que no. Sólo tiene huesos y piel. Pezuñas no.

La gelatina Jell-O y otros postres similares contienen un 87 % de azúcar y un 9 o 10 % de gelatina, además de algunos compuestos aromatizantes, colorantes varios y sabores artificiales. Tres son las características de esta gelatina capaces de enloquecer a un niño: su brillante color, su sabor dulce y que tiembla y se menea rítmicamente. Y las madres no se inmutan, porque la gelatina es pura proteína.

La gelatina, que es desde luego la responsable de los meneos, procede de la piel del cerdo y de la piel y los huesos del ganado. Pero deje de retorcerse. Cada vez que usted guarda el caldo o la sopa en la nevera también se formará una capa gelatinosa debido a la presencia de la piel del pollo o los huesos de la carne.

La piel, los huesos y el tejido conectivo de los animales vertebrados contienen una proteína fibrosa llamada colágeno. No hay colágeno en las pezuñas, el pelo o la cornamenta. Al tratarla con un ácido caliente (generalmente, con ácido clorhídrico o sulfúrico) o un álcali (normalmente, cal), el colágeno se transforma en gelatina, una proteína ligeramente distinta que se disuelve en agua. A continuación, se extrae la gelatina con agua caliente, se hierve y se purifica.

Mucho me temo que no le gustaría presenciar, u oler, las primeras etapas del proceso de purificación. Cuando la gelatina abandona la fábrica, ha pasado ya por cuatro lavados cuyo objetivo no es otro que eliminar cualquier rastro del ácido o del álcali; posteriormente se filtra, se desioniza (un proceso concebido para limpiarla de impurezas químicas), y finalmente se esteriliza. Así pues, la sustancia que sale de la fábrica camino de los comercios es un sólido quebradizo de color amarillo pálido, semejante al plástico, en forma de láminas, cintas, virutas o en polvo. Al empapar la gelatina sólida con agua, el sólido la absorbe y se hincha; entonces, al calentar el agua, se disuelve y forma un líquido espeso que se convertirá en gelatina tras enfriarse.

Como toda proteína, la gelatina es un alimento nutritivo, aunque no es lo que los dietistas llaman una proteína completa. Pero lo más divertido del caso es que cuando la disolvemos en agua se transforma en un gel, una sustancia de aspecto y consistencia gelatinosos, si se hace en frío, y en un líquido cuando se hace en caliente. Es por ello por lo que «se derrite literalmente en la boca». Ésa es su gran aportación a la elaboración de nubes, esponjas, malvaviscos y las famosas «gominolas», que deben su singular consistencia a la elevada proporción (entre el 8 y el 9 %) de gelatina en su composición. Adivine, pues, quién se encarga de retener a todos esos pequeños puntitos blancos que pueden observarse en la superficie de esos inigualables dulces de chocolate. Exacto, la gelatina ejerciendo funciones de adhesivo.

La mayor parte de la gelatina que se hace en Estados Unidos (más de cincuenta millones de kilogramos al año) se sorbe ruidosamente en forma de postres varios. La encontrará asimismo en forma de sopas, batidos, bebidas de frutas, jamones enlatados, productos lácteos, alimentos congelados y en rellenos y glaseados de pastelería. Pero la comida no es el único destino de esta peculiar sustancia. Las dos piezas que conforman las cápsulas que contienen muchos medicamentos también están hechas de gelatina (un 30 % de gelatina y un 65 % de agua). Igualmente, las cabezas de las cerillas presentan una mezcla de sustancias químicas adheridas mediante un aglutinante de gelatina.

Y ahí está la fotografía: la emulsión fotográfica, ese recubrimiento delgado y sensible a la luz presente en la película o en el papel fotográfico, está fabricada a partir de una gelatina seca que contiene los compuestos químicos sensibles a la luz. Desde que se empleó por primera vez en el año 1870, no se ha encontrado nada capaz de superar el desempeño de la gelatina en los materiales fotográficos. ¿Acaso no es gratificante saber que los astronautas toman fotografías empleando esa sustancia tan primitiva hecha con la piel y los huesos de ciertos animales?

Por aquí hay algo que huele a pescado

¿Por qué los peces huelen tan mal, a pescado?

Quizá parezca una pregunta boba, o quizá no, pero lo cierto es que tiene algunas respuestas muy interesantes.

La gente soporta sin rechistar el desagradable olor a pescado en los mercados y los restaurantes, sencillamente porque piensa que son lugares donde no podría oler a otra cosa. Aunque, en honor a la verdad, el pescado no tiene por qué oler a pescado. No si es absolutamente fresco.

Al cabo de dos horas escasas de haber sido pescados, los peces y los mariscos son virtualmente insípidos. Si su olfato es muy fino, tal vez percibirá una fresca «esencia de los mares», pero que en modo alguno resulta desagradable. Su aroma cambiará sólo cuando los productos del mar empiecen a descomponerse, y entonces efectivamente olerán «a pescado». Cabe señalar que el pescado se descompone con mucha mayor rapidez que otras carnes.

La carne del pescado, su musculatura, presenta proteínas de varios tipos, distintas en su composición a las del pollo y las carnes rojas (véase pág. 70). Se descompone antes, no sólo al ser cocinada, sino también cuando sufre la acción de las enzimas y las bacterias. En otras palabras, se deteriora y se echa a perder antes. Así, el olor a pescado procede de los productos de la descomposición y presenta una cantidad notable de amoníaco, varios compuestos con presencia de azufre y otros compuestos llamados aminos, que, como se ha dicho, resultan de la descomposición de los aminoácidos.

La nariz de los humanos es extremadamente sensible a la presencia de estos compuestos químicos. Los olores pueden notarse mucho antes de que el consumo de la comida sea desaconsejable, de modo que un ligero olor a pescado sólo indicará que el pescado no es tan fresco (tan delectable) como podríamos desear, y no necesariamente que la pieza se encuentra en mal estado.

El amoníaco y los grupos aminos son bases, cuya acción sólo los ácidos pueden contrarrestar. Es por ello por lo que suele servirse un gajo o una rodaja de limón, que contiene ácido cítrico, para acompañar a todos los pescados. Si usted compra vieiras ligeramente maduras, o que huelen como si lo estuvieran, lo más adecuado será bañarlas en zumo de limón o en vinagre antes de cocinarlas. Pero no permita que se empapen, porque las vieiras absorben el agua como si fueran esponjas y entonces humearán sin remedio cuando intente cocinarlas a la plancha o saltearlas. La mejor manera para determinar la frescura de los productos del mar consiste en preguntar muy cortésmente al tendero si le está permitido olisquear la mercancía antes de comprarla, aunque en algunos mercados de la cuenca mediterránea, con altos niveles de calidad, esta actitud podría tomarse como un insulto grave.

Una segunda razón que motiva que el pescado se descomponga antes que otras carnes es que, en estado salvaje, la mayoría de los peces tiene la insana y desagradable costumbre de tragarse a otros peces más pequeños (habitan en una verdadera jungla submarina). Consecuentemente, el organismo de los peces está equipado con una batería de enzimas digestivas que son exquisitamente eficaces a la hora de digerir la carne de otros pescados. Una vez que un pez es capturado, y si por cualquier circunstancia algunas de estas enzimas llegaran a escaparse de las tripas, de inmediato se pondrían a trabajar y actuarían sobre la carne del propio pescado. Es por ello por lo que los pescados destripados se mantienen durante más tiempo y en mejores condiciones que los enteros.

Una tercera razón: las bacterias que provocan la descomposición en los pescados son más eficientes que las que hay en tierra, fundamentalmente porque están específicamente diseñadas para operar en los anchos y fríos mares. Caliéntelas un poco y sin duda se animarán. Para evitar que realicen su trabajo sucio deberemos enfriar el pescado mucho más rápida y profundamente que lo habitual cuando se trata de preservar las carnes de los animales de sangre caliente.

Por este motivo el hielo es el mejor amigo del pescador, y siempre en grandes cantidades. El hielo no sólo disminuye la temperatura, sino que también evita que el pescado se seque. Y a los peces no les gusta la sequedad, aun después de haber fallecido.

Razón número cuatro: en general, la carne del pescado contiene más grasas insaturadas (véase pág. 146) que la carne de cualquier animal terrestre. Ésa es una de las razones por las que lo valoramos tanto en los tiempos que corren, tan temerosos del colesterol. No obstante, las grasas saturadas se tornan rancias (se oxidan) con mucha mayor facilidad que esas grasas saturadas, tan deliciosas, que presenta la carne roja. La oxidación de las grasas las convierte en ácidos orgánicos que huelen mal, y que sin duda contribuyen a la producción de ese aroma tan desagradable.

En definitiva, si usted entra en un restaurante especializado en pescados y mariscos y huele a pescado, no lo dude y diríjase de inmediato a la hamburguesería más cercana.

La prueba está en beberlos

Las etiquetas del whisky y los vinos indican que su fortaleza alcohólica depende de su «graduación» o su «porcentaje de alcohol por volumen». ¿De dónde procede esta nomenclatura, y qué significa el término «por volumen»?

La «graduación» de las bebidas alcohólicas es un término que fue acuñado en el siglo XVII cuando se procedía a testar y medir el contenido alcohólico de los diferentes whiskies y otras bebidas espiritosas, mediante una prueba que determinaba el índice de alcohol como resultado de humedecer con la bebida un poco de pólvora y prenderle fuego a continuación (y no miento). Un fuego lento y uniforme indicaba que se había alcanzado el 50 % de alcohol deseado. Al rebajar la bebida alcohólica con agua, la llama renqueaba y se tornaba inconsistente.

En la actualidad, y en Estados Unidos, se dice que un porcentaje del 50 % de alcohol corresponde a un «100 proof», de lo cual se deduce que su graduación siempre será el doble que su porcentaje de alcohol real. Una ginebra con una graduación de 86, por ejemplo, contendrá un 43 % de alcohol por volumen. En el Reino Unido, el sistema utilizado es ligeramente distinto; así, una graduación de 100 implica un porcentaje del 57,07 % de alcohol por volumen, algo que sucede por razones difícilmente explicables.

Si no tuviéramos a mano la cantidad de pólvora adecuada, ¿cómo podríamos expresar la cantidad de alcohol que contiene un licor? La manera obvia consistiría en establecer un porcentaje: si la bebida está compuesta por una mitad de alcohol y otra mitad de sustancias diversas, diremos que contiene alcohol al 50 %. Pero no faltaría quien preguntase: «¿El 50 % de qué? ¿Acaso quiere esto decir que el 50 % del peso del licor responde a su contenido alcohólico, o es el 50 % de su volumen?». Y nosotros no sabríamos qué responder porque el porcentaje referido al peso y el porcentaje referido al volumen (el tanto por cien por volumen) pueden ser muy diferentes, en especial cuando se trata del alcohol y el agua. Dos son las razones para que así suceda.

En primer lugar, el alcohol es más ligero que el agua. En lenguaje técnico, se dice que tienen densidades distintas. Un litro de alcohol puro sólo pesa el 79 % del peso de un litro de agua.

Digamos que queremos elaborar una mezcla al 50 % de alcohol y agua como resultado de agregar cantidades de ambas sustancias con idéntico peso (en gramos, libras o cualquier otra unidad). Al hacerlo así, encontraremos que es necesario mezclar un mayor volumen de alcohol que de agua. Por lo que al peso respecta, la mezcla ciertamente tendrá alcohol al 50 %, pero en cuestión de volumen el porcentaje será algo mayor, siendo aproximadamente del 56 %.

Adivine ahora qué porcentaje es el que los fabricantes de bebidas espiritosas han elegido para figurar en sus etiquetas. Exacto: aquel que parece indicar un mayor contenido alcohólico, o sea, el porcentaje por volumen. Por lo general, las bebidas alcohólicas pagan impuestos en función del porcentaje de alcohol que contienen, con lo que el recaudador de impuestos será otro de los beneficiarios de esta artimaña. ¿Acaso le sorprende?

La segunda razón por la cual se ha escogido el porcentaje por volumen como parámetro para clasificar el contenido alcohólico de vinos y licores responde a un fenómeno muy poco común que acontece cuando mezclamos agua y alcohol: la mezcla ocupa menos espacio que la suma aritmética de los volúmenes mezclados. Dicho con otras palabras, los líquidos se encogen. Mezcle (agregue) un litro de alcohol con un litro de agua y tan sólo obtendrá 1,93 litros de la mezcla resultante en lugar de los 2 que cabría esperar. Ello se debe a que las moléculas del agua y las del alcohol establecen enlaces o puentes de hidrógeno (véase pág. 113), una circunstancia que redunda en una disposición más prieta y abigarrada que en su forma pura original.

Como podrá imaginar, esta circunstancia echa por tierra el concepto del porcentaje de alcohol por volumen. ¿Debería emplearse el porcentaje de sus volúmenes respectivos antes de la mezcla, o el porcentaje del volumen final resultante? Los fabricantes de bebidas han optado por el volumen menor, esto es, el volumen resultante después de mezclar ambos líquidos. Cosa muy apropiada, desde luego, dado que los consumidores compran el producto ya mezclado. Sea usted o no muy ducho en cuestiones matemáticas, no tardará en darse cuenta de que el uso de este método proporciona una cifra todavía mayor para el porcentaje de alcohol. Según el método que emplean los fabricantes de bebidas alcohólicas, a esa mezcla al 50 % por volumen que confeccionamos tan meticulosamente le correspondería una etiqueta con un valor del 57 % por volumen aproximadamente.

 **Apuesta de bar**

Puedo mezclar un litro de alcohol con una pinta de agua y obtener una mezcla con un porcentaje de alcohol por volumen superior al 50 %.

❓ No lo ha preguntado, pero...

Cuando los expertos en salud hablan sobre los beneficios y los peligros derivados del consumo de alcohol, lo hacen en función de los gramos de alcohol etílico (alcohol de cereales) que una persona consume. ¿Cómo puedo averiguar el número de gramos de alcohol que contiene una bebida alcohólica determinada?

Multiplique el número de onzas de alcohol o de vino de la bebida en cuestión por su porcentaje de alcohol por volumen (en las bebidas americanas, la mitad de su graduación). Seguidamente multiplique el resultado por 0,233 y así obtendrá el número de gramos de alcohol etílico que contiene la bebida espiritosa. A modo de ejemplo: un trago de una onza y media de whisky con una graduación de 80 contendrá 14 gramos de alcohol (1,5 3 40 3 0,233 = 14).

Salga conmigo, por favor. Mire más allá de todo lo que ha tocado y sentido la mano del hombre. Observe el aire, el cielo y el sol, las nubes también. Y maravíllese con todo ello. ¿Cómo puede algo tan insustancial como el aire ejercer una «presión barométrica» sobre nosotros? ¿Por qué el sol calienta más en ciertos momentos del día? ¿Por qué algunas nubes son negras? ¿Por qué sube la temperatura cuando nieva? Y, si alguna vez ha estado en la playa, ¿acaso no se ha preguntado por qué las olas siempre se desplazan y rompen de la misma manera, con independencia de la orientación (norte, sur, este, oeste) del litoral?

Parafraseando a Charles Dudley Warner (y no, no era Mark Twain), nada puede hacerse con respecto al tiempo, salvo comentarlo profusamente. Pero mejor que hablar del tiempo es entenderlo, algo que se consigue como resultado de observar sus meteoros y variaciones con detenimiento, y analizarlos a conciencia. En este capítulo tendremos ocasión de experimentar el tiempo soleado, los celajes nublados, los días ventosos y la blanca nieve. Y por el camino también abordaremos una pareja de «fenómenos atmosféricos» inducidos por el hombre: la estatua de la Libertad y el castillo de fuegos artificiales del 4 de Julio.

A orillas del mar hermoso

Cada vez que me acerco a la orilla del mar, parece levantarse una fresca brisa que sopla desde el océano. ¿Son imaginaciones mías, o acaso hay algo en la orilla que la convierte en una zona intrínsecamente más fría y ventosa?

Así es. La «brisa marina» no es únicamente el nombre de un buen montón de moteles de playa. La brisa que procede del mar es un fenómeno real que provoca un acusado descenso en la temperatura de la orilla, donde siempre hará más fresco que tierra adentro. Al menos eso es lo que sucede por las tardes, que es cuando la gente suele querer refrescarse (véase pág. 162). Durante el día, las brisas frías invariablemente soplan desde el mar hacia la costa, y no al revés. Empiezan a soplar varias horas después del amanecer, alcanzan su punto más elevado a media tarde y cesan al anochecer.

He aquí cómo sucede: comienza muy de mañana, y el sol baña con sus rayos tanto el mar como la tierra. Con todo, la temperatura del mar apenas se verá alterada debido a su vastedad y a su baja temperatura inicial, características que lo dotan de un apetito inagotable capaz de tragarse el calor sin que su temperatura varíe un ápice. Muy al contrario, la tierra sufre un calentamiento notable como resultado de la acción de los rayos solares. El suelo, las hojas de las plantas, los edificios, las carreteras y los demás objetos que habitan en tierra firme pueden ser calentados con relativa facilidad. (En términos científicos, poseen capacidades calóricas bajas en comparación con la del agua.) A medida que la tierra se calienta, asimismo se calienta el aire situado encima de ella, que se expande y se eleva. El aire más frío y denso ubicado sobre el agua del mar se desplaza y ocupa el espacio que antes ocupaba el aire caliente, barriendo de esta suerte la playa y enfriando a la multitud de bañistas.

Y este fenómeno no sólo tiene importancia porque la brisa del océano es en efecto fría sino que, aunque no lo fuera, seguiría siendo útil para enfriar a las hordas de turistas achicharrados que invaden las playas, algo que ocurriría como resultado de evaporar la transpiración de sus cuerpos (véase pág. 195).

Haciendo la ola

A orillas del mar, ¿por qué las olas rompen siempre en dirección paralela a la costa, con independencia de sus peculiaridades y accidentes?

Las olas saben cuándo se están aproximando a la costa y, en honor a la verdad, hacen lo posible para alinearse con ella.

Ni que decir tiene que deben su formación al viento que sopla en la superficie del agua, si bien no siempre sopla y dirige por ende las olas en dirección al litoral. En alta mar, el viento puede soplar en todas las direcciones. Las olas que pueden observarse desde la orilla son únicamente aquellas que se desplazan en dirección a nosotros porque, de lo contrario, nunca podríamos verlas. De todos modos, la inmensa mayoría se aproxima describiendo una trayectoria oblicua, y no en línea recta hacia la costa como podría pensarse. Lo que sucede entonces, lo crea o no, es que la ola entrante «siente» el perfil del litoral y orienta su trayectoria de modo que pueda toparse con ella perpendicularmente antes de romper. Después, cuando rompe (véase abajo), la línea de espuma originada correrá paralela en relación con la costa.

Está claro que la cuestión consiste en averiguar cómo sabe una ola que se está acercando a la costa, y qué provoca el giro y la reorientación de su trayectoria.

Cuando una ola (imagínela como una amplia protuberancia en la superficie) se encuentra todavía en aguas profundas, nada restringe su movimiento y se desplaza según la lleva el viento. Ahora bien, a medida que se adentra en aguas menos profundas, la parte inferior de la ola empezará a arrastrarse por el fondo no sin dificultades, una circunstancia que aminorará su marcha. De esta forma deduce que se está aproximando a la orilla, y con ese «conocimiento» podrá seleccionar una dirección preferida.

Digamos que estamos cabalgando a lomos de una ola que se aproxima a la costa y describe un cierto ángulo con respecto a su perfil, quedando el litoral a nuestra izquierda. La parte delantera de la ola, la primera que alcanzará aguas poco profundas y rascará el fondo, será el extremo izquierdo de la misma. Consecuentemente, el extremo izquierdo perderá velocidad, a la vez que la región central y el extremo derecho seguirán viajando a la misma velocidad inicial. Esta circunstancia redundará en un desplazamiento de la ola hacia la izquierda, en dirección a la orilla. Para ser gráficos, si al conducir un carrito arrastramos el pie izquierdo, el vehículo se desplazará hacia la izquierda, ¿no es cierto? Este proceso de ralentización se extenderá a lo largo de toda la ola de izquierda a derecha, y una porción mayor de la ola sentirá el arrastre, reorientando a la postre y de manera progresiva su trayectoria hacia la izquierda. Así pues, la cresta de la ola se estirará y se alineará en paralelo con respecto a la línea del litoral, una posición que no abandonará ya hasta romperse, algo que ocurrirá cuando se haya acercado suficientemente a la costa.

Las olas rompen a causa del rozamiento del agua con el fondo del mar. Una vez que la ola se haya situado en paralelo con respecto a la orilla, alcanzará una región de profundidad tan escasa que el avance de su parte inferior se ralentizará mucho, de tal modo que su zona superior desbordará a la inferior y se desmoronará sobre su base. La zona superior se desplomará con estrépito originando una línea de espuma que podrá apreciarse en toda la longitud de la ola, esto es, en paralelo con respecto a la línea de la costa.

Haga la prueba

Lo próxima vez que sobrevuele un litoral accidentado, repare en las líneas blancas de espuma que se producen cuando rompen las olas, y podrá comprobar que discurren con una trayectoria paralela a la costa, con independencia de los accidentes y vericuetos que ésta pueda presentar.

Nunca en días soleados

¿Por qué se dice que el riesgo de quemaduras es mayor entre las 10:00 y las 14:00 horas? Huelga decir que es entonces cuando el sol cae más directamente sobre nuestras cabezas, pero ¿por qué es más fuerte cuando sus rayos nos alcanzan de esta manera? Al mediodía no se encuentra más próximo a nosotros, ¿o sí?

No, los 150 millones de kilómetros que separan la Tierra del Sol tienen escasa consideración por el horario de nuestro almuerzo o el de nuestro descanso laboral. En esencia, la distancia que separa el sol de su sonrosada nariz es la misma a cualquier hora del día. Pero la fuerza de los rayos del sol varía, por dos motivos fundamentales: uno atmosférico y otro geométrico.

Imagine la Tierra como si fuera una esfera cubierta por una capa de aire (la atmósfera) con un grosor de unos 320 kilómetros. Cuando el sol se encuentra directamente sobre nuestras cabezas, sus rayos caen perpendicularmente sobre la atmósfera y la superficie terrestre, una trayectoria que les permite atravesar un grosor mínimo de atmósfera. Así, cuando el sol está más bajo en el cielo, los rayos llegan oblicuamente hasta nosotros, a veces casi horizontalmente, teniendo que penetrar en la atmósfera y atravesar una mayor distancia antes de llegar hasta nosotros. Dado que la atmósfera dispersa y absorbe parte de la luz del sol, cuanto mayor sea la distancia que tengan que recorrer en la atmósfera, menor será su intensidad. Es por ello por lo que el sol bajo es más débil que el sol alto; al amanecer y al anochecer, su intensidad será casi trescientas veces más tenue que a mediodía.

Aun cuando la Tierra careciera de atmósfera, la luz del sol seguiría siendo más débil cuando el astro rey está más bajo en el cielo. Es un efecto puramente geométrico causado por la oblicuidad de la trayectoria de sus rayos. La mejor manera de apreciar este efecto consiste en hacer un simulacro con la ayuda de una linterna y una naranja.

Haga la prueba

En una habitación a oscuras, ilumine con el haz de luz de una linterna pequeña la superficie de una naranja. La linterna es el Sol y la naranja es la Tierra. En primer lugar, sostenga la linterna directamente sobre el ecuador, en su posición a mediodía. Distinguirá un rayo solar perfectamente circular que cae sobre la superficie terrestre. Ahora, y manteniendo el Sol a idéntica distancia de la Tierra (se siente usted poderoso, ¿no es verdad?), encienda la linterna y dirija el haz de luz en dirección oblicua hacia la Tierra, ligeramente hacia la izquierda (el oeste) de la posición anterior, tal como estaría el sol a media tarde. Apreciará entonces un óvalo de luz sobre la superficie de la naranja, como si el círculo luminoso se hubiera distorsionado. Pues bien, eso es precisamente lo que ha ocurrido. La misma cantidad de luz se extiende ahora sobre un área mayor, una circunstancia que desde luego redunda en una mengua de su intensidad en todos los puntos de la superficie.

La próxima vez que vaya usted a la playa, note que los expertos y amantes del bronceado emplean este efecto a su favor (y también

en beneficio de la cuenta bancaria de sus dermatólogos). En cualquier momento del día, tumbarse al sol hace que sus rayos incidan sobre la piel con un ángulo oblicuo, porque nunca inciden directamente sobre nuestras cabezas, salvo en el ecuador. Así las cosas, lo que hacen esos bronceadores olímpicos es encarar el sol e incorporarse ligeramente, de suerte que los rayos incidan sobre su piel de la manera más perpendicular posible.

 ### El rincón del quisquilloso

Si así lo quisiéramos, podríamos bautizar este efecto geométrico con el nombre de «efecto coseno». Si repasa un poco las clases de trigonometría, descubrirá que la intensidad de la luz solar sobre la Tierra disminuye en función del coseno del ángulo formado por la línea que cae directamente sobre nuestras cabezas y la posición del sol. La intensidad (y el coseno) decrece desde su valor máximo y completo, que se alcanza a mediodía en el ecuador, hasta cero cuando el sol alcanza el horizonte en el ocaso.

 ### No lo ha preguntado, pero...

¿Acaso este mismo efecto motiva que haga más frío en invierno que en verano?

Así es. Cuando es invierno en la parte de la Tierra donde usted habita (en el hemisferio norte o sur), su hemisferio se encuentra ligeramente más alejado del Sol. Es decir, el eje terrestre oscila y se tambalea, de tal manera que cuando es invierno en el hemisferio norte, el Polo Norte estará más lejos del Sol que el Polo Sur. Debido a que el hemisferio donde usted vive se está alejando del Sol, los rayos solares incidirán sobre la superficie terrestre con un ángulo más oblicuo. Cuanto mayor sea dicha oblicuidad, menor será la intensidad de la luz. Y, desde luego, también menguará el calor. Una conclusión harto sorprendente: durante el invierno la probabilidad de sufrir una insolación y de que se produzcan quemaduras solares será asimismo menor.

De ingleses y perros locos

En la época estival, y cuando alguien pretende impresionarme con las altas temperaturas que soporta, suele decirme que «estamos a 40 ºC a la sombra». Pero no siempre puedo ponerme a la sombra. También querría saber cuál es la temperatura al sol. ¿Hay alguna forma de averiguar las temperaturas al sol si conocemos las temperaturas a la sombra?

Mucho me temo que no. Mientras que la temperatura «a la sombra» es una cifra fácilmente reproducible, la temperatura «al sol» dependerá en demasía de la temperatura de la que se esté hablando.

Los objetos diferentes, incluidas a las personas distintas que visten ropa distinta, experimentarán temperaturas asimismo distintas cuando se expongan al sol, porque absorben diferentes cantidades de luz correspondiente a las distintas zonas del espectro solar (véase pág. 55). Por lo general, la ropa de color absorbe la radiación solar en menor medida (y la refleja, por tanto, en mayor medida) que la ropa oscura, por lo que nos mantiene más frescos.

Algo muy parecido ocurre con la piel de las personas: una persona de tez muy pálida puede no sentir tanto calor al sol como una persona de piel más oscura. En el apogeo del imperio Británico, en aquellas zonas pobladas mayoritariamente por personas de tez oscura o cetrina, Noël Coward inmortalizó este hecho en una canción que dice así: «Los perros locos y los ingleses se exponen al sol de mediodía».

A la sombra, en ausencia de radiación solar directa, la temperatura de un objeto libre (que no está en contacto con una fuente de calor o un absorbente del calor) sólo dependerá de la temperatura del aire que lo circunda. Ésa es la temperatura que se menciona en los partes meteorológicos, que jamás se molestan en citar la expresión «a la sombra». Pero al sol la temperatura dependerá no sólo de la temperatura del aire circundante sino también de la absorción y la reflexión de los rayos solares por parte del objeto o la persona que nos ocupa. Estos factores pueden variar sustancialmente en función de las características del objeto así como de las condiciones propias del entorno.

A propósito, no existe ley física que afirme que los volantes se calientan más que cualquier otra cosa cuando estacionamos nuestro coche al sol.

Ello se debe, únicamente, a que los volantes están ubicados en una posición particularmente vulnerable a la acción de los rayos solares, y a que se trata de un objeto que todo conductor en funciones no puede dejar de manipular.

Piel verde y sangre azul

Esos tejados de color verde azulado que coronan las viejas iglesias y los ayuntamientos... Entiendo que están fabricados en cobre, pero jamás he visto cobre de ese color en ningún otro sitio. ¿Acaso podría conseguir un penique o un euro con ese mismo color verde?

Esos tejados de cobre han estado expuestos a las inclemencias atmosféricas durante más tiempo que un cortacésped prestado. Todos los años transcurridos desde que sus dueños pudieron costear el lujo de cubrir los tejados con ese metal tan rojizo y duradero. Hoy en día el cobre resulta demasiado caro hasta para cubrir las cabezas de políticos y sacerdotes. Es incluso demasiado costoso para utilizarlo en la acuñación de moneda, ni siquiera para hacer peniques, puesto que el metal necesario para fabricar un penique de cobre vale más de un centavo. Así pues, desde 1982 los peniques que llegan a nuestras manos se fabrican con cinc, y se tratan con una delgada capa de cobre, casi insignificante, por mera nostalgia de los viejos tiempos. Es por ello por lo que, si así lo desea, puede dejar un penique al aire libre durante cincuenta años, más o menos, y sin duda obtendrá esa pátina tan romántica y característica de los tejados de cobre. Ahora bien, no existe un método más rápido y sencillo con el que pueda obtenerse el mismo efecto.

En honor a la verdad, ésa es la razón por la que el cobre funciona tan bien en estas aplicaciones prácticas, porque se corroe muy lentamente, mucho más lentamente que lo que tarda el hierro en oxidarse (véase pág. 104). En pocas semanas, el cobre pulido y reluciente se oscurecerá, un efecto motivado por la formación de una capa fina de óxido de cobre de color negro. Entonces, y con el paso de los años, reaccionará lentamente con el oxígeno, el vapor de agua y dióxido de carbono que contiene el aire hasta originar una pátina de un color verde azulado que los químicos identifican como carbonato de cobre básico. Además de los tejados, esta misma pátina colorea la estatua de la Libertad, que está construida a partir de trescientas planchas gruesas de cobre, atornilladas entre sí, y que lleva expuesta al aire neoyorquino desde 1886.

Por cierto, el color verde de los peniques que pueden verse en el fondo de las fuentes callejeras, monedas arrojadas por personas que desean tentar a la suerte y que son portadoras de muchas ilusiones, siempre ignoradas por los carroñeros nocturnos, no posee la misma composición química que la pátina verdosa que se observa en los tejados. En esta ocasión el verde resulta de la acción de otros compuestos de cobre tales como el cloruro de cobre y el hidróxido de cobre, que no tienen el mismo color verde azulado y cuya adherencia al metal no es muy buena.

Si le apetece reproducir la pátina del cobre, adquiera una joya barata de latón, que es una aleación de cobre y cinc. Lleve una pulsera o un anillo de latón sin lacar durante unos meses y el cobre indefectiblemente reaccionará con la sal y los ácidos de su piel, produciendo cloruro de cobre y otros compuestos. Advertirá enseguida que su piel se tiñe de un color tan verde como el de la Sra. Libertad. Si bien no tendrá exactamente el mismo matiz que la tez de tan distinguido habitante de la ciudad de Nueva York.

Muchas estatuas instaladas al aire libre en lugares públicos están construidas en bronce, que es una aleación integrada principalmente por cobre y estaño. Con el tiempo desarrollan una pátina de color verde oscuro muy similar a la del cobre. Eso sí, el origen de esas manchas blancas tan desagradables es muy distinto.

Otro aspecto muy interesante relacionado con el cobre es el hecho de que en lugar de la hemoglobina roja de la sangre humana, cuya molécula presenta un átomo de hierro, las langostas y otros crustáceos de gran tamaño tienen una sangre azul que contiene hemocianina, una sustancia similar a la hemoglobina pero cuya composición incorpora un átomo de cobre en sustitución del hierro. Después de todo, tal vez haya algo de cierto en la famosa afirmación de los revolucionarios, según la cual las criaturas de sangre azul se encuentran entre las formas de vida más bajas y ruines.

❓ No lo ha preguntado, pero...

¿Qué decir de esas pulseras de cobre que supuestamente curan la artritis?

Absurdo. El razonamiento (un término excesivamente generoso en este contexto) que sostiene estas prácticas y baratijas de vudú asegura 1) que el cobre es un buen conductor de la electricidad (que lo es), 2) que hay «energía eléctrica» en el aire (signifique eso lo que signifique), y 3) que una pulsera de cobre atraerá esa «energía» y la conducirá a sus sufridos huesos. Y, desde luego, todos sabemos que la «energía» es muy beneficiosa para nuestro organismo.

No obstante, la única energía que generará la pulsera es la que usted tendrá que invertir en restregar y limpiar la mancha verde de su muñeca. Pruebe a limpiarla con vinagre.

Haga la prueba

Lime un penique y descubrirá que el cobre es sólo superficial. Así, bajo la capa de cobre atisbará el color plateado del cinc.

Extrañamente, el penique es la única moneda americana que no está fabricada con una aleación de cobre. Las monedas de cinco centavos (nickels), las de diez (dimes), las de 25 centavos (quarters) y las de medio dólar están hechas con aleaciones de cobre, usualmente mezclado con níquel. Incluso los nickels sólo presentan un 25 % de níquel; el resto es cobre.

Apuesta de bar

Sólo hay una moneda norteamericana que no está fabricada con una aleación de cobre. Apueste sobre seguro: es el penique.

¡Qué gran cosa es que el aire sea transparente!

¿Por qué podemos ver a través del aire?

Es muy sencillo. Las moléculas del aire están tan separadas unas de otras que la realidad es que nosotros miramos a través de los espacios vacíos o intersticios. Para notar algo, tendríamos que poder ver las moléculas individuales, pero las moléculas del aire son casi mil veces más pequeñas que el objeto más diminuto que pueden distinguir nuestros ojos, aun con el microscopio.

Nos referimos al hecho de observar a través de aire puro y exento de polución, por supuesto. Del sucio y contaminado hablaremos más adelante.

El aire, en un 99 %, está compuesto por moléculas de oxígeno y nitrógeno, cuyo tamaño es en verdad muy parecido. La ilustración las muestra dibujadas a escala, y representa la distancia que normalmente las separa a nivel del mar. Repare en la vastedad del espacio vacío, donde no hay absolutamente nada, sólo vacío. No es de extrañar, pues, que la luz pueda atravesar el aire y viajar desde un objeto hasta nuestros ojos, sin apenas trabas. Y ésa es una definición de la transparencia tan buena como cualquier otra.

No obstante, incluso cuando la luz visible llegue a colisionar con algunas de las moléculas de oxígeno y nitrógeno, no será absorbida. Otras muchas clases de moléculas tienen por costumbre absorber la luz de ciertas longitudes de onda específicas, o colores. Cuando un color determinado resulta absorbido, la luz restante, que carece de ese color, se presentará ante nuestros ojos como un color alterado (véase pág. 55). Así las cosas, percibiremos algunos gases coloreados.

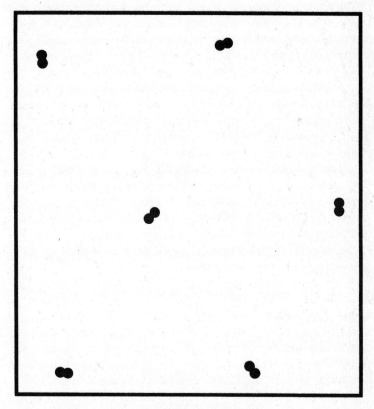

Dibujo a escala del aire a nivel del mar.

El gas cloro es verde, por ejemplo. Si tuviera una jarra de vidrio llena de gas cloro, seguiría viendo a través de ella porque la separación de sus moléculas es también muy grande, pero la luz que llegaría hasta sus ojos presentaría un matiz verdoso. La transparencia y el color son, por consiguiente, dos conceptos distintos, a pesar de que son muchas las personas que se refieren al plástico incoloro con el término engañoso de plástico «transparente». El cristal tintado es un cristal coloreado, pero podemos ver a través de su superficie, pues no por tintado deja de ser transparente.

Esto nos lleva a la cuestión del aire contaminado. Si alguna vez ha volado a Los Ángeles, Denver o a la Ciudad de México, sin duda habrá reparado en esa densa capa de lodo amarillento y pardusco que parece estar suspendida sobre toda la ciudad. Pues bien, esa capa de aire contiene óxido nítrico, un gas amarronado e irritante que se produce cuando otros óxidos de nitrógeno procedentes de los escapes de los automóviles reaccionan con el oxígeno presente en el aire.

Cuando los agentes contaminantes, incluido el humo y las nieblas químicas, alcanzan tal grosor que consiguen absorber varias longitudes de onda del espectro de la luz visible, por lo general el aire perderá transparencia. Las moléculas seguirán estando muy alejadas unas de otras, pero tantas de ellas absorberán la luz (o, mejor dicho, la dispersarán) que llegará hasta nuestros ojos en menor cantidad. Son muchos los puntos de los «espacios abiertos» donde la visibilidad ha disminuido tanto en el transcurso de toda una vida que los adultos no pueden ya distinguir en lontananza las cumbres que veían nítidamente cuando eran niños.

Sí, tenemos mucha suerte de que el aire sea transparente, aunque ya no lo sea tanto como solía.

Vivir bajo presión

¿Por qué los hombres del tiempo se refieren a la presión barométrica en términos de milímetros de mercurio? ¿Cómo es posible medir la presión en milímetros? ¿Qué es, pues, un milímetro de mercurio?

En primer lugar, no la llamaremos «presión barométrica». El aire que nos rodea tiene una temperatura que puede medirse con un termómetro, una humedad que puede medirse con la ayuda de un higrómetro, y una presión que sin duda registrará un barómetro. Los hombres del tiempo que nos comunican el parte meteorológico en televisión ni tan siquiera soñarían con referirse a la «temperatura termométrica» del aire o mencionar su «humedad higroscópica», aunque sin duda insisten en referirse a la «presión barométrica» (tal vez porque el uso de este término produce un eco impecablemente científico). El viejo y sencillo término «presión del aire» funcionaría igualmente bien.

Pero ¿qué «presión» ejerce el aire? La presión atmosférica resulta del bombardeo incesante de las moléculas del aire contra todo aquello con lo que entran en contacto. Cada vez que una molécula de aire (fundamentalmente, el oxígeno o el nitrógeno que contiene) colisiona con la superficie de un sólido o un líquido, ejercerá sobre ella una fuerza determinada. El número de estas fuerzas derivadas de las colisiones que ocurren por segundo por cada centímetro cuadrado (o pulgada cuadrada en los países sajones) de la superficie del objeto que nos ocupa es una medida de la presión. Y no es en modo alguno una presión trivial. A nivel del mar esos miles de millones de colisiones suman un total de 1,03 kilogramos por centímetro cuadrado (14,7 libras por pulgada cuadrada).

Medir la presión como resultado de contar tantas colisiones moleculares es una operación harto complicada. Pero, dado que la atmósfera ejerce una presión sobre todo aquello con lo que está en contacto, podremos emplear la fuerza atmosférica sobre un objeto de conveniencia como nuestro calibrador estándar.

En 1643, en la localidad italiana de Florencia, un personaje de nombre Evangelista Torricelli decidió que la presión atmosférica debería ser capaz de hacer subir el agua en el interior de un tubo vacío hasta alcanzar una altura determinada, y que la altura de dicha columna de agua indicaría la medición de la presión atmosférica. Y fue así como inventó el primer barómetro. Concluyó de este experimento que la presión atmosférica normal soportaba una columna de agua de unos diez metros de altura (unos 34 pies). Pero lo cierto es que esta medición derivaría en la construcción de barómetros descomunales...

En la actualidad empleamos un líquido mucho más pesado, el mercurio, un metal líquido de aspecto plateado, que en un día típico y a nivel del mar puede ascender hasta una altura de 760 milímetros o 29,92 pulgadas.

Dicho de otra forma, la atmósfera aplica la misma presión que sentiríamos en caso de estar sumergidos bajo 760 milímetros de mercurio o 10 metros de agua.

Haga la prueba

Para que se haga una idea de la cantidad de presión que la atmósfera ejerce sobre todos nosotros, sitúe los dedos de sus pies debajo de la pata de una silla del comedor o la cocina y coloque un saco de patatas de cinco kilogramos (algo más de 10 libras) en el asiento. Así obtendrá una presión de unos 0,72 kilogramos por centímetro cuadrado. Huelga señalar que esta cifra debe añadirse a la presión atmosférica, que no sentirá porque incide uniformemente sobre todo su cuerpo. ¿Saben los peces que están bajo el agua? Nosotros estamos bajo el aire...

No busque un tornado...

¿Por qué son blancas las nubes, todas salvo las nubes de tormenta, que son negras?

Todo depende del tamaño de las gotas de agua.

Y eso es precisamente una nube: una concentración de gotas de agua minúsculas. Las gotitas son tan menudas que bajo el constante bombardeo de las moléculas del aire se quedan suspendidas en el aire y no se asientan por la acción de la gravedad (no hasta que llueve, por supuesto). Con todo, las gotitas se evaporan y siguen formándose, una circunstancia que explica que las nubes cambien de forma constantemente.

⚗️ Haga la prueba

Un día que haya nubes blancas y ralas desplazándose sobre un cielo azul, raso y apacible, túmbese y obsérvelas un rato. Verá que sus formas varían continuamente a medida que se mueven mecidas por el viento. Las gotas de agua situadas en sus límites se evaporan constantemente y se condensan en puntos distintos, hecho que modifica el contorno de las nubes.

Las gotas de agua que componen una nube blanca son como pequeñas bolas de cristal. Es decir, reflejan y dispersan la luz en todas direcciones. Como el agua en sus otras formas, el hielo y la nieve, reflejan y dispersan por igual todas las longitudes de onda (los colores) que integran la luz, de tal manera que la luz solar reflejada y que llega hasta nosotros retiene totalmente su color blanco característico.

Cuando las gotas sean más pequeñas todavía, más pequeñas que las longitudes de onda de la luz, contribuirán al color azul del cielo (véase pág. 43).

Por otro lado, las nubes de tormenta, tal como podría esperarse, están cargadas con agua a la espera del momento justo para vaciarse y estropear su almuerzo campestre. Las gotas de agua que las componen son tan gruesas que llegan a bloquear la luz del sol en su descenso hacia la tierra, circunstancia ésta que propicia su color relativamente oscuro en contraposición con la brillantez del color del cielo. En honor a la verdad, no son exactamente negras, al menos no más que una sombra.

No son exactamente grillos

En algún lugar leí que podemos deducir la temperatura a partir del canto de los grillos. ¿Cómo?

Hay que contar sus «chirridos».

Todos los animales de sangre fría llevan a cabo sus funciones a mayor velocidad cuando la temperatura del entorno es elevada. Compare, por ejemplo, las velocidades con las que las hormigas corretean cuando hace calor y cuando hace frío. Los grillos no son una excepción. «Chirrían» con una frecuencia directamente proporcional a la temperatura ambiental. Para entender su mensaje necesitamos conocer la fórmula que lo descifra.

No se trata tanto de un fenómeno biológico cuanto de un fenómeno de naturaleza química. Todos los organismos vivos responden al dictado de muchas reacciones químicas, y las reacciones químicas por lo general se llevan a cabo más rápidamente a temperaturas más altas. Ello se debe a que los compuestos químicos no pueden reaccionar unos con otros a menos que entren en contacto, o sea, a menos que las moléculas choquen entre sí. Cuanto más elevada sea la temperatura del entorno, mayor será la velocidad del movimiento de las moléculas (véase pág. 247) y, por ende, más rápidamente colisionarán e iniciarán la reacción. A título orientativo, los químicos suelen decir que la velocidad de una reacción química se dobla por cada ascenso de 10 ºC en su temperatura.

Afortunadamente, los bichos de sangre caliente como nosotros mantienen una temperatura constante y, en consecuencia, mantienen una vida química asimismo constante. Los grillos, empero, «chirrían» o cantan a más velocidad cuando su temperatura aumenta. El mejor entre todos ellos es el grillo del árbol nevado que habita en Norteamérica. No obstante, si usted es incapaz de distinguir un grillo de otro, no deberá preocuparse en absoluto. El grillo común que habita en el campo canta prácticamente a la misma velocidad.

He aquí la manera para deducir la temperatura en función del canto de un grillo: cuente el número de «chirridos» durante un lapso de quince segundos y sume cuarenta a la cifra obtenida. Así obtendrá la temperatura en grados Fahrenheit. Si la prefiere en grados centígrados, bastará restar 32 al resultado anterior, multiplicarlo por cinco y dividirlo por nueve.

De ello se deduce que cuando Estados Unidos finalmente se decida a emplear el sistema métrico, los grillos estarán obligados, por ley, a adaptar su canto a la medición en grados centígrados. Entonces podremos determinar la temperatura en grados centígrados con sólo contar sus «chirridos» en un tiempo de ocho segundos y agregar cinco a la cifra así obtenida.

No olvide que un grillo retransmite la temperatura sólo allí donde está presente. Así las cosas, a menos que se suba a la copa de un árbol o que se interne en la hierba, su temperatura no será precisamente la de un grillo.

Quienes viven en planetas de cristal no deberían quemar carbón

Cuando entré en el invernadero de un vivero, me sorprendió comprobar el calor que reinaba en su interior. ¿Acaso siempre hace más calor dentro de un invernadero? Y si es así, ¿por qué?

Sí, los invernaderos, como los palacios de cristal, son más cálidos por naturaleza, sin necesidad de recurrir al uso de calefacción central. Pero, aunque usted no lo crea, nada tiene que ver en este asunto el famoso efecto invernadero.

Un invernadero no es más que un enorme contenedor cerrado hecho de cristal y que sirve para albergar plantas. Como es lógico, el cristal permite el paso de la luz solar, muy beneficiosa, esencial incluso para el crecimiento de las plantas, al tiempo que las protege del viento, del granizo y de ciertos animales. Evita igualmente la pérdida de humedad, manteniéndola en un nivel elevado, algo que forma parte de esa sensación que usted percibe al traspasar el umbral de la puerta del invernadero. Aunque primordialmente funciona como una válvula de calor que limita la pérdida de energía calorífica que sufren las plantas y su transferencia al mundo frío y cruel que existe afuera.

Una planta, o cualquier otra cosa a este efecto, puede enfriarse, esto es, puede perder calor de tres maneras distintas: por conducción, por convección y por radiación (véase pág. 35). La conducción no supone un problema porque las hojas no están en contacto con nada, como podría ser una masa metálica, capaz de conducir el calor y propiciar su transferencia. Nos quedan entonces la convección y la radiación. El invernadero minimiza el efecto de ambas.

La convección es la circulación de aire o agua calientes. Dado que el aire caliente se eleva, podrá transportar el calor y sustraerlo de las plantas. Cualquier cosa que impida el escape del aire caliente evitará la pérdida de calor que comporta su elevación, de modo que cualquier edificio cerrado servirá para este propósito. Ése es precisamente el cometido principal de un invernadero: sencillamente evitar que la energía calorífica se pierda con el movimiento de las corrientes de aire. Ni que decir tiene que ningún granjero en sus cabales soñaría con la construcción de un edificio para albergar plantas en el que no pudiera entrar la luz del sol; y así fue como nacieron los recintos acristalados.

Un efecto secundario del cristal, que nadie conocía cuando se inventaron los invernaderos, consiste en que casualmente también reduce la pérdida de calor por radiación. Y es ahí donde entra en juego el conocido efecto invernadero, que funciona como sigue:

Las reacciones que intervienen en la fotosíntesis, esencial para la vida y el crecimiento de las plantas, emplean la radiación ultravioleta que proviene del sol. Después de utilizar parte de la energía de esta radiación, emiten una «radiación residual» de baja energía, la radiación infrarroja (véase pág. 232), que puede ser absorbida por otros objetos. Pero cuando un objeto absorbe la radiación infrarroja, sus moléculas tienen más energía y la temperatura del objeto aumenta (véase pág. 247). Podemos, por tanto, concebir la radiación infrarroja de las plantas como si fuera calor que se traslada por el aire en busca de un objeto que calentar.

¿Qué ocurre cuando la radiación infrarroja alcanza una pared o un tejado de cristal? Aunque el cristal permita la entrada de la luz ultravioleta, no es completamente transparente al paso de los infrarrojos. Así pues, bloquea parte de la radiación infrarroja e impide su salida del invernadero, de suerte que esta radiación atrapada terminará por calentar paulatinamente todo aquello que se encuentra en el interior del recinto.

Está claro que este calentamiento no puede prolongarse eternamente. No se conoce ningún invernadero que se haya fundido de manera espontánea. Tras llegar a un cierto punto, la inevitable fuga de calor que se produce logrará equilibrar y neutralizar el calor infrarrojo acumulado de puertas adentro, y la temperatura se nivelará a una temperatura moderadamente cálida, más cálida que la que se produciría en caso de que el cristal fuera completamente transparente a la radiación infrarroja.

❷ No lo ha preguntado, pero...

¿Qué es el efecto invernadero y cuál es su relación con el calentamiento del globo terráqueo?

Es el efecto de la radiación infrarroja que resulta atrapada por la atmósfera terrestre, y que es capaz de elevar la temperatura media en la superficie de todo el globo, al igual que sucede con la radiación infrarroja atrapada en el interior de un invernadero que, como hemos visto, incrementa asimismo la temperatura del recinto.

La temperatura resultante en la superficie terrestre (promediada en todas las estaciones y climas) dependerá del equilibrio entre la cantidad de radiación del sol que desciende hasta nosotros y la cantidad que es reflejada o radiada de vuelta hacia el espacio. Cerca de un tercio de la energía solar que alcanza la tierra resulta reflejada al exterior; la energía restante es absorbida por las nubes, la tierra, el mar y, desde luego, por los amantes de la piel bronceada. La mayor parte de esa energía absorbida muy pronto degenera y se transforma en calor, o radiación infrarroja, tal como sucede en las plantas de un invernadero.

Suspendida sobre la superficie terrestre encontramos una especie de baldaquino o casquete transparente, semejante al cristal de un invernadero. Aunque no es de cristal, sino que se trata de una capa de aire que llamamos atmósfera. Como el cristal, la atmósfera terrestre es bastante transparente a la gran mayoría de las radiaciones solares entrantes. Con todo, hay ciertos gases en la atmósfera, fundamentalmente el dióxido de carbono y el vapor de agua, que absorben la radiación infrarroja con mucha eficacia. Al igual que sucede con el cristal en un invernadero, estos gases bloquean el escape de parte de la radiación infrarroja, atrapándola en zonas cercanas a la superficie. Así pues, en estas circunstancias la temperatura de la Tierra será ligeramente superior a la que disfrutaría si la atmósfera no presentara importantes cantidades de dióxido de carbono y vapor de agua.

Los procesos en virtud de los cuales la Tierra recibe y emite la radiación alcanzan un equilibrio muy delicado que posibilita que el planeta mantenga una temperatura media muy parecida durante períodos de tiempo muy prolongados, hablo de miles y miles de años. No obstante, las actividades que ha llevado a cabo el género humano en tiempos recientes han logrado alterar dicho equilibrio. Desde que se iniciara la revolución Industrial hace algo más de cien años, hemos quemado carbón, gas natural y derivados del petróleo en ingentes cantidades y a una velocidad cada vez mayor. Cuando estos combustibles se queman, su combustión libera dióxido de carbono, que se disipa en el aire (véase pág. 121). Consecuentemente, en los últimos cien años la cantidad de dióxido de carbono presente en la atmósfera ha ascendido en un 30 % aproximadamente. Y una mayor cantidad de dióxido de carbono redunda en una mayor cantidad de radiación infrarroja en dirección a la Tierra así como temperaturas más elevadas.

Resulta difícil estimar cuál será el calentamiento global causado por una cantidad dada de dióxido de carbono en la atmósfera. Por una parte, los océanos y los bosques menguan este efecto como resultado de humedecer el dióxido de carbono que contiene el aire. Por otra parte, los inmensos bosques tropicales de la

178 | LO QUE EINSTEIN NO SABÍA

Tierra son devastados por los incendios y la tala indiscriminada, prácticas ambas que agravan la situación y con las que se libera todavía más dióxido de carbono al aire. Aun cuando no podamos determinar con exactitud cuál es el calentamiento derivado de la producción de dióxido de carbono por parte del hombre, está más que demostrado que la temperatura media de la Tierra ha estado aumentando de forma no natural durante los últimos cien años, y que posiblemente aumentará de 1,5 °C a 4,5 °C (de 0,8 °F a 2,5 °F) en la próxima centuria, al doblarse la cantidad de dióxido de carbono presente en la atmósfera.

Un incremento de unos pocos grados en la temperatura del globo podría tener consecuencias catastróficas. Un clima ligeramente más cálido en el Ártico y en la Antártida derretiría enormes bloques de hielo, una circunstancia que redundaría en una subida del nivel de los océanos, que inundarían las ciudades costeras de todo el mundo. Como mal menor, produciría cambios notables en el clima mundial que tendrían terribles consecuencias para la producción de alimentos y el suministro de agua.

En apariencia, el invernadero atmosférico de nuestro querido planeta Tierra es tan frágil como sus congéneres de cristal.

¿Ridículo? No. Sublime

He notado que cuando se acumula nieve en el suelo se derretirá lenta y paulatinamente en cuestión de una o dos semanas, incluso con temperaturas bajo cero. ¿Adónde va la nieve?

La nieve no se derrite, sino que se traslada directamente al aire en forma de vapor de agua, sin necesidad de derretirse y transformarse en líquido previamente.

Podemos sentir la tentación de decir que la nieve se está evaporando, aunque los científicos prefieren reservar el término «evaporación» para los líquidos únicamente. Así, cuando un sólido se «evapora», en el argot científico se dice que se «sublima». Paralelamente, el proceso por el cual un cuerpo pasa del estado sólido al gaseoso recibe el nombre de sublimación. En nuestra experiencia diaria, rara vez percibimos esta transformación porque la sublimación es por lo general un proceso mucho más lento que la evaporación de los líquidos.

Así es como tiene lugar la sublimación: las moléculas situadas en la superficie de una porción de un cuerpo sólido no se encuentran tan adheridas unas a otras como las que integran el grueso de la pieza. Mientras que las moléculas de la mole presentan vínculos con sus congéneres localizados en todas direcciones, por encima, por debajo y en derredor, las superficiales presentan vínculos en todas direcciones salvo hacia arriba, una zona que queda expuesta al aire libre. En estas circunstancias, su adhesión al resto del sólido se verá hasta cierto punto mermada.

Si tenemos en consideración que las moléculas siempre están en movimiento (véase pág. 247), no será difícil imaginar que, ocasionalmente, alguna de las moléculas superficiales podría desprenderse y acto seguido disiparse en el aire. La molécula se habrá, pues, sublimado. Las moléculas de los líquidos presentan vínculos menos rígidos que los que se observan en los sólidos, de manera que la probabilidad de que una molécula líquida rompa sus enlaces y se desprenda es mucho mayor. Es por ello por lo que los líquidos generalmente se evaporan con más rapidez que los sólidos se subliman.

La nieve constituye un perfecto candidato para la sublimación debido a que está compuesta por cristales perfectamente encajados e imbricados con amplias zonas superficiales expuestas al aire; así las cosas, cuanto mayor sea el número de moléculas superficiales, más alto será el número de candidatas a sublimarse. Pueden incluso verse pedazos completos que se subliman en bloque. ¿Ha reparado alguna vez en que los cubitos de hielo viejos se encogen dentro del congelador?

Diferentes sólidos manifiestan tendencias asimismo diferentes a la hora de sublimarse, debido fundamentalmente a las distintas fuerzas que unen las moléculas que los componen. Por fortuna, los átomos de los metales están estrechamente unidos, de modo que el oro y la plata no se evaporan en absoluto. Por otro lado, las moléculas de algunos sólidos orgánicos presentan vínculos relativamente débiles, hecho que propicia su acusada tendencia a disiparse en forma de vapor. Las pastillas de cristales antipolillas y los desodorizantes suelen incluir el paradiclorobenceno en su composición, un sólido orgánico que constituye un sublimador sublime, por calificarlo de alguna forma. Sus vapores de olor intenso inundan rápidamente el aire y acaban tanto con las polillas del entorno como con nuestra capacidad para percibir los olores hediondos.

Haga la prueba

Mida la longitud de un carámbano apropiado formado durante una ola de frío polar. Seguidamente, vuelva a hacerlo al cabo de uno o dos días. Cerciórese de que la temperatura no haya superado el punto de congelación durante ese lapso de tiempo, para que no se haya derretido un ápice. Podrá comprobar que, en virtud del fenómeno de la sublimación, el tamaño del carámbano habrá menguado.

No lo ha preguntado, pero...

¿Cómo se fabrica el café liofilizado?

Por la sublimación del hielo.

El café liofilizado difiere del café soluble instantáneo convencional en una cuestión importante. Primeramente, para elaborar los polvos de ambas bebidas instantáneas se emplean partidas de 900 kilogramos de un café extraordinariamente cargado. Si se trata de elaborar café instantáneo, habrá que deshidratar esta infusión espesa como resultado de filtrarla gota a gota en una cámara de alta temperatura. Toda el agua se evaporará y sólo los sólidos en polvo lograrán alcanzar el fondo del receptáculo. Desventuradamente, el calor ahuyentará de manera inevitable algunos de los compuestos químicos más aromáticos del café.

En otro orden de cosas, si deseamos fabricar café liofilizado, tendremos que congelar la infusión fuerte, produciéndose bloques de café helado sólido. Acto seguido, habrá que pulverizarla hasta obtener unos gránulos que depositaremos en una cámara al vacío donde las moléculas del agua serán absorbidas y extraídas del hielo por sublimación. La inmensa mayoría de los conocedores y expertos en café rápido son de la opinión de que, en comparación con el café instantáneo común, el sabor del café liofilizado es en verdad sublime.

Achicharrando copos de nieve, Batman, ¿por qué hace tanto calor en este lugar?

Esto parecerá una locura, pero juro que es cierto. Durante el invierno paso mucho tiempo al aire libre, y he notado que cada vez que empieza a nevar el aire se calienta. Uno se siente tentado a pensar que, en buena lógica, para que empiece a nevar el aire tendrá que enfriarse en lugar de calentarse. ¿Qué ocurre entonces?

Es usted muy observador. Es cierto que la temperatura aumenta cuando la nieve comienza a caer.

Véalo de la siguiente manera: para derretir grandes cantidades de nieve o hielo habrá que agregar calor al sistema. Así pues, cuando una cantidad determinada de agua se congele y origine nieve o hielo, que es precisamente el proceso inverso, esa misma cantidad de calor tendrá que desprenderse y salir del sistema. Y sucede así, calentando el aire. La cuestión es: ¿por qué se desprende calor?

En primer lugar, el agua del aire no se congelará y originará copos de nieve a menos que la temperatura descienda por debajo de los 0 ºC (32 ºF). Dudo que haya oído alguna vez a un hombre del tiempo diciendo «temperaturas en torno a los 25 ºC con nevadas leves esporádicas». De modo que ese enfriamiento necesario y legítimo (el descenso térmico) que es de esperar ya habrá tenido lugar cuando se formen los primeros copos. Hasta aquí nada reseñable.

Sin embargo, tan pronto como el agua empiece a congelarse y a transformarse en nieve algo nuevo comenzará a ocurrir. En una gota de agua líquida, las moléculas están bastante sueltas y se deslizan unas con otras, desplazándose libre y aleatoriamente. Ahora bien, cuando esa gotita de agua se congele y dé lugar a un hermoso cristal de hielo que denominamos copo, las moléculas del agua deberán acomodarse y adoptar la disposición característica de una formación cristalina rígida (véase pág. 217). Su energía en la configuración rígida de un copo es menor que la que poseía en su forma líquida más caótica. Es como un maestro de escuela que trata de apaciguar a un grupo de muchachos rebeldes y para ello les ordena colocarse en fila india en el pasillo del aulario. Si ahora las moléculas del agua disponen de menos energía que cuando constituían una gota de agua, ello implica que el excedente energético tuvo que ir a parar a algún sitio. Y así ocurrió. Se disipó en el aire en forma de calor.

Por cada gramo de agua que se congela y origina un gramo de nieve o hielo (con un gramo de nieve se podría modelar una bola de nieve del tamaño de una canica), se libera una cantidad de calor equivalente a 80 calorías. Si permanecieran en ese gramo de agua, ¡esa cantidad de calor bastaría para incrementar su temperatura desde el punto de congelación hasta los 80 ºC o 176 ºF! Huelga decir que el calor no permanecerá allí, o de lo contrario el agua nunca llegaría a congelarse. El calor se disipará y se integrará en el aire frío circundante.

Así, cuando un gramo de agua se transforme en copos de nieve, el aire del entorno recibirá un obsequio de 80 calorías en forma de energía calorífica. Multiplique esta cantidad por los millones de gramos de agua que se congelan al iniciarse una nevada y fácilmente se explicará el ascenso de la temperatura.

❷ No lo ha preguntado, pero...

Cuando se avecina una helada, ¿por qué la gente rocía las tomateras con agua para evitar que se congelen?

El agua de las hojas mojadas de la planta empezará a congelarse antes, liberando así 80 calorías por gramo en forma de calor. En consecuencia, las hojas absorberán el calor y mantendrán una temperatura más elevada que en caso de no haber sido rociadas con el líquido elemento. Los libros de jardinería se equivocan cuando aseguran que el agua congelada protege las hojas porque funciona como un elemento aislante. El valor aislante de una fina capa de hielo es prácticamente nulo.

 **Apuesta de bar**
Una nevada eleva la temperatura.

El secreto está en conocer la nieve

Como esquiador habitual muy aficionado a este deporte, a menudo no me queda más remedio que practicar el esquí sobre nieve artifi-

*cial, la nieve que producen esos cañones que hay en las estaciones
alpinas. ¿Acaso se limitan a bombear agua al aire y dejar que se
congele?*

No. Lo cierto es que eso no funcionaría muy bien, exceptuando
quizá cuando se haga en zonas con bajísimas temperaturas. A propósito, las máquinas no producen copos de nieve verdaderos, sino
diminutos cristales de hielo cuyo diámetro alcanza los 0,025 centímetros.

El simple hecho de atomizar el agua no funcionaría porque, al
congelarse, el agua siempre libera algo de calor (véase pág. 181).
Esto sucede porque cuando las moléculas del agua cambian de estado, transformándose en un sólido, deben cesar su movimiento
para asentarse y adoptar posiciones rígidas, amén de que la energía correspondiente al movimiento previo deberá tener algún destino. Si tuviéramos que congelar grandes cantidades de agua rociada a escasa distancia del suelo, el calor así liberado calentaría
notablemente el aire del entorno arruinando de este modo todo
nuestro esfuerzo. Por ende, esta nieve sucedánea estaría mojada y
no muy fría.

Cuando la nieve real se forma en la naturaleza, se libera calor al
aire presente en el entorno, un proceso que no calienta significati-
vamente esas pendientes que tanto nos gustan. Es por ello por lo
que en muchas estaciones de esquí las máquinas bombean la nieve
desde torres elevadas, cosa que permite que el aire se lleve el calor.

En cualquier caso, se precisa un enfriamiento mayor a fin de
contrarrestar el calor liberado durante la congelación. Las máquinas lo consiguen como resultado de bombear no sólo agua,
sino también una mezcla de agua y aire a alta presión, a unos
8,23 kilogramos por centímetro cuadrado. Cuando permitimos
que el aire comprimido, o para ese efecto cualquier gas, se expanda súbitamente, se enfriará. Al desplazar la atmósfera o cualquier otra cosa contra la que se produzca dicha expansión, los
gases consumirán parte de su energía (véase pág. 151). El frío del
aire en expansión compensará con creces el calentamiento derivado del agua congelada. Y entonces, por si fuera poco, las gotas
de agua proyectadas serán enfriadas más todavía a causa de la
evaporación (véase pág. 195).

Causa extrañeza constatar que, con independencia del enfriamiento del agua, sea mayor o menor, nunca se congelará espontá-

neamente. Todo el mundo dice que el agua se congela a 0 ºC (32 ºF), aunque en rigor deberían decir que así ocurre «siempre y cuando haya algo que estimule el inicio del proceso de congelación». Las moléculas del agua no pueden adoptar la orientación específica ni la posición rígida que se requiere para formar un cristal de hielo sin el concurso de un «pistoletazo de salida» que las haga reaccionar y ubicarse debidamente.

Es un hecho probado que podemos enfriar el agua muy por debajo de su temperatura de congelación normal, es decir, que podemos subenfriarla ostensiblemente sin que llegue a congelarse. Es un experimento demasiado complejo para realizarlo en casa, pero, en un laboratorio y con las condiciones necesarias, el agua pura puede subenfriarse hasta alcanzar una temperatura de -40 ºC sin que se congele (centígrados o Fahrenheit, es indistinto, puesto que 40º negativos es lo mismo en ambas escalas. Véase pág. 253).

La agitación producida en las moléculas del agua subenfriada por un impacto mecánico puede conseguir que adopten la ubicación asignada y favorecer la formación de un cristal de hielo. En el caso de las máquinas que producen la nieve artificial, el chorro de aire a una presión elevada proporciona ese impacto, cuya fuerza dispara las gotas de agua microscópicas, que salen por las boquillas a velocidades cercanas a la del sonido.

Otro detalle muy interesante relativo a las máquinas de nieve artificial es que a menudo se incorporan a la mezcla de agua y aire una serie de bacterias pertenecientes a una especie completamente inocua para el ser humano. Se ha descubierto que estas bacterias, que viven en las hojas de las plantas de casi todo el planeta, contribuyen a que el agua se congele más rápidamente. Al hacerlo así, quizá logren salvar a las plantas del peligro que para ellas suponen las heladas (véase pág. 182). Aparentemente llevan a cabo idéntico servicio liofilizador en las máquinas de nieve artificial, de suerte que rinden más y producen una mayor cantidad de nieve como resultado de congelar un mayor número de gotas de agua antes de que tengan oportunidad de evaporarse.

¡Guerra de bolas de nieve!

He discutido con un amigo sobre los agentes que cohesionan las bolas de nieve. Decía que dicha cohesión se debe a que las bolas están

*melladas, por lo que no es de extrañar que se adhieran como el vel-
cro. Un argumento que no me convence. ¿Tenía razón?*

Es una bonita idea, porque es cierto que las bolas de nieve poseen
formas hermosamente complejas, dentadas y con púas, con cantos irregulares y otras muchas peculiaridades. Con todo, esperar
que presenten bucles y ganchos que encajen perfectamente,
como si fueran engranajes, tal vez sea excesivo. Además, son demasiado frágiles y quebradizas; así, cuando las compactamos se
aplastan.

La respuesta a este dilema reside en el hecho de que la presión
puede derretir el agua congelada, en sus formas de nieve o hielo
(véase pág. 225). Cuando se prensa vigorosamente una cierta cantidad de nieve, la presión fundirá algunas porciones de sus copos.
Podrán entonces deslizarse unos contra otros sobre la película de
agua, de manera que la bola finalmente llegará a compactarse.
Ahora bien, el grueso de la nieve mantendrá todavía una temperatura por debajo del punto de congelación, una circunstancia que
provocará que las porciones derretidas enseguida vuelvan a congelarse. Este hielo recongelado actuará a modo de cemento adhesivo
capaz de mantener la bola unida.

Si es usted lo suficientemente intrépido para modelar bolas
de nieve con sus manos desnudas, podrá comprobar que el calor
de su cuerpo igualmente derretirá una capa fina de nieve en las
zonas más superficiales de las mismas. Cuando esta capa se re-
congele, dispondrá de un arma arrojadiza convenientemente
compactada. Aunque la Convención de Ginebra se muestra infle-
xible al respecto y lo prohíbe terminantemente, algunos comba-
tientes avezados sumergen las bolas de nieve en agua para endu-
recerlas más si cabe.

Haga la prueba

Sólo para yanquis: ponga un plato de color oscuro dentro del congelador y espere a
que lleguen las nieves. Cuando empiece a nevar (que es normalmente cuando los copos presentan un tamaño mayor), saque el plato y una lente de aumento, la lupa
más potente que pueda encontrar. Un microscopio y un portaobjetos funcionarían incluso mejor. Coja unos pocos copos de nieve del plato o del portaobjetos y examínelos rápida y cuidadosamente con la lente de aumento. ¡Cuántos cristales maravi-
llosos! Si la nieve le coge desprevenido, podrá recoger los copos con la ayuda de un
trapo oscuro y muy frío.

❓ No lo ha preguntado, pero...

¿Alguna vez hace demasiado frío para hacer bolas de nieve?

Sí. Los niños del norte saben muy bien que con nieve mojada se hacen las mejores bolas. Ello se debe a que la nieve cuya temperatura no está muy por debajo del punto de congelación puede fundirse fácilmente al presionarla, pudiendo por ende compactarse y modelar con ella un proyectil en toda regla. Pero cuando la nieve está demasiado fría, la fuerza de la bala más beligerante no podrá ser derretida sometiéndola a presión, y recongelará muchos copos; consecuentemente, la nieve se desmenuzará convirtiéndose en metralla inservible.

Esas cosas que retumban por las noches

¿Cómo se consiguen los colores de los fuegos artificiales?

Los fabricantes agregan a las mezclas explosivas determinados compuestos químicos que emiten luz de colores específicos cuando sufren la acción del calor. Podríamos arrojar algunos de estos mismos compuestos químicos a la chimenea si considéraramos que el fuego de color verde, por ejemplo, resulta más romántico.

Cuando arrojemos un átomo a la hoguera, absorberá parte de la energía del fuego y sus electrones se moverán con una velocidad mayor. Estos electrones «calientes» se mueren por recuperar su estado energético original, más perezoso y acorde con su naturaleza (en términos científicos, su estado fundamental o de mínima energía). La manera más sencilla de hacerlo, sencilla para el electrón, claro está, consiste en descargar su energía excedente en la forma de un destello luminoso. Cuando un número suficiente de los átomos expuestos al fuego adquiera simultáneamente la energía del calor y la desprende en forma de luz, podremos observar un destello muy brillante.

Cada clase de átomo o molécula presenta una serie particular de energías en sus electrones. Así las cosas, cada átomo o molécula presente en la llama aceptará y se desprenderá sólo de las cantidades de energía que le son propias. Esto es, los distintos átomos y moléculas emitirán diferentes longitudes de onda o luces de colores. (En términos científicos, cada átomo o cada molécula posee un espectro de emisión propio y único.) Por desgracia para las empresas pirotécnicas, la mayoría de los átomos y moléculas emite su luz en colores que el ser humano no puede ver: en las regiones infrarroja y ultravioleta del espectro de luz. Sin embargo, los átomos de algunos elementos emiten luz de distintos y brillantes colores que nuestros ojos perciben sin dificultad.

He aquí algunos de los átomos (en la forma de sus compuestos químicos respectivos) que se emplean para producir los colores de los fuegos de artificio: para los rojos se usan el estroncio (el más empleado), que origina un carmesí pálido; el calcio, con el que se consigue un rojo amarillento, y el litio, que produce un tono carmín. Los amarillos se obtienen mediante el uso del sodio, que redunda en un color amarillo puro y rutilante. Para los verdes se utiliza el bario (muy común), que produce un verde amarillento, mientras que con el cobre se obtiene un tono verde esmeralda, un verde hierba con el telurio, un verde azulado con el talio y un verde blanquecino como resultado de emplear el cinc. En la gama de los azules, destaca el uso del cobre (el más extendido), que produce destellos celestes; con el arsénico se consiguen azules pálidos, al igual que con el plomo y el selenio. Y ahora los violetas: con el cesio se logra una luz púrpura, el potasio produce colores magentas y con el rubidio se obtiene el violeta.

Haga la prueba

La próxima vez que encienda fuego en la playa o en la chimenea, esparza un poco de sal de mesa triturada o de bicarbonato en polvo, y distinguirá una llama de color amarillo brillante que resulta de la acción del sodio. Si dispone de algún sustituto de la sal (los productos que se comercializan para las personas que siguen dietas sin sodio pueden servir), arroje una pizca al fuego. Contiene cloruro de potasio en lugar de cloruro de sodio, razón por la cual podrá observar una llama de ese color violeta rojizo que caracteriza al potasio. Si por casualidad usted consume litio para tratar una fase maníaco-depresiva, con su medicina podrá conseguir llamas del rojo más hermoso jamás visto.

❓ No lo ha preguntado, pero...

¿Cómo se generan los colores de los anuncios de neón? ¿Se trata simplemente de cristal coloreado?

No, los colores son en realidad átomos resplandecientes, estimulados por la electricidad. Es prácticamente lo mismo que pasa con la generación de colores en los fuegos de artificio: al estimular los átomos con energía, éstos la liberarán con rapidez por medio de una emisión de luz de su color o sus colores característicos.

Hay, empero, algunas diferencias entre los fuegos artificiales y los letreros de neón, afortunadamente. En los rótulos de neón, se trata de los átomos que constituyen los gases encerrados en el interior de los tubos de cristal, cuyas formas originan palabras o los diseños más variopintos. En lugar de explosiones, los átomos del gas son estimulados por una corriente eléctrica de alto voltaje que pasa a través del tubo de un extremo a otro. Si sucede que el gas es neón, emitirá una luz de ese color rojo anaranjado que anuncia la presencia del BAR LA ESQUINA y LA PARRILLA.

Otros gases emiten sus propios colores cuando resultan excitados por una corriente eléctrica. Sirva como ejemplo que el helio produce una luz que presenta un color entre rosado y violáceo, el argón la emite de color añil, el criptón la origina de un violeta pálido y el xenón la produce verde azulada. La mezcla de algunos gases redunda en la emisión de otros colores, algo que también puede conseguirse como resultado de instalar un revestimiento en el interior de los tubos fabricado con materiales sólidos que relucen con sus propios colores.

Sea como fuere, hasta la fecha nadie ha podido evitar que la gente emplee la palabra neón para referirse a todos esos letreros publicitarios, con independencia del gas que contenga el tubo.

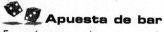 **Apuesta de bar**

Ese *neón* que anuncia cerveza con letras azules no contiene una pizca de gas neón en su interior.

Arriba, arriba y... ¿Por qué?

¿Qué le sucede a un globo lleno de helio cuando lo soltamos al aire libre? ¿Y por qué se caen los globos de helio? ¿Acaso la gravedad no tiene ningún efecto sobre el helio, tal como ocurre con cualquier otra cosa? Si algo se mueve en dirección ascendente, deberá haber una fuerza ascendente que motive dicho movimiento, ¿no es así? ¿Qué fuerza es ésa? ¿La antigravedad?

¿La antigravedad? Nosotros no usaremos ese término en este libro. La sección de ciencia ficción está dos repisas más allá, a mano izquierda.

Sorprendentemente, no hay ninguna fuerza en sentido ascendente. Ocurre tan sólo que la fuerza de atracción en sentido descendente es menor en el helio que en el aire que lo rodea, debido fundamentalmente a que el gas helio es más ligero que un volumen idéntico de aire (véase pág. 254). La atracción de la gravedad es menor en los átomos más livianos del helio que en las moléculas del aire, que son más pesadas. Por consiguiente, el aire tenderá a moverse hacia abajo o, lo que es lo mismo, observaremos que el helio parece desplazarse hacia arriba. Si estuviéramos en el interior del globo de helio, podríamos preguntarnos por qué desciende toda esa masa de aire.

Asimismo, cuando sumergimos y soltamos un pedazo de madera bajo el agua no nos sorprende constatar que inicia una frenética ascensión desde el fondo hasta la superficie del líquido, ¿no es cierto? Ello se debe a que la madera y el agua son materiales muy familiares, y hemos visto flotar maderos en el agua en infinidad de ocasiones (véase pág. 199).

Sin embargo, el helio y el aire, que son gases y no sólidos ni líquidos, no nos resultan tan familiares; no podemos verlos, ni verterlos, ni asirlos, ni arrojarlos. Pero al fin y al cabo son materia (sustancias) compuesta por partículas diminutas sujetas al tirón del campo gravitacional de la Tierra, y cuya respuesta a su acción es idéntica a la de los sólidos y los líquidos. La fuerza de la gravedad es proporcional a la masa de las partículas, se trate de sólidos, líquidos o formas gaseosas.

Cuando soltamos un globo de helio al aire, son varias las cosas que pasan. A medida que ascienda encontrará condiciones atmosféricas cambiantes tanto en lo concerniente a la presión como a la temperatura del aire. Por lo que a la presión respecta, decrecerá paulatinamente al incrementarse la altitud. Ello se debe a que la atmósfera es una capa de aire que envuelve la Tierra, y que permanece sujeta al globo en virtud de la gravedad. Cuanto más ascendamos en el interior de esta capa, menor será la cantidad de aire ubicada por encima de nosotros y, por ende, menor será la presión del aire que sentiremos. Lo mismo que le ocurrirá al globo.

En cualquier momento dado, un globo de goma presenta un tamaño determinado porque la presión centrífuga del gas que está en su interior será contrarrestada por la presión que ejerce la atmósfera desde fuera y en sentido contrario (más la tenden-

190 | LO QUE EINSTEIN NO SABÍA

cia a contraerse propia de la goma, por supuesto). Cuando la presión atmosférica decrece, la tendencia expansiva del gas helio puede prevalecer, y el globo se expandirá. Así las cosas, a medida que la altitud aumente, el globo tenderá a ganar tamaño. No olvide esta idea.

Ahora bien, ¿cuáles serán los efectos de un descenso en la temperatura? Sabemos que todos los gases intentarán expandirse cuando sean calentados y se contraerán al enfriarse. Una circunstancia debida a que las moléculas de un gas caliente rebotarán más rápidamente y ejercerán una presión más fuerte contra las paredes internas del globo que trata de contenerlas. Nuestro continente particular de helio asciende y se encuentra con un aire cada vez más frío; la temperatura media de la atmósfera terrestre desciende desde los 18 ºC (65 ºF) a nivel del mar hasta los –51ºC (-60 ºF) a una altitud de 10 kilómetros. De suerte que a medida que el globo ascienda y se enfríe, tenderá a encogerse.

Llegados a este punto, encontramos dos tendencias opuestas: una expansión derivada del descenso de la presión atmosférica y una contracción derivada del descenso de la temperatura de la atmósfera. ¿Cuál de las dos logrará imponerse?

Las reglas que gobiernan la expansión y la contracción de los gases son bien conocidas. Los científicos las sintetizan en una ecuación matemática que recibe el nombre de Ley de los gases. El empleo de esta ecuación les permite calcular los efectos de las variaciones en la presión y la temperatura de un gas. Si realiza los cálculos pertinentes para el globo de helio en cuestión (y yo los he hecho, se lo aseguro), encontrará que la expansión debida al descenso de la presión será un factor mucho más influyente que la contracción propiciada por el enfriamiento.

A fin de cuentas, el efecto neto que sufrirá el globo no será sino un aumento de tamaño, haciéndose más y más grande hasta explotar, dado que llegará un momento en que la goma no dará más de sí, para precipitarse y aterrizar irremediablemente en la mostaza de algún aficionado a las comidas campestres. El gas helio, ahora desbordado, seguirá ascendiendo a través de la atmósfera hasta que alcance un nivel donde el aire sea tan delgado y poco denso que un globo lleno de aire sería tan ligero como un globo lleno de helio, y allí permanecerá hasta el día del Juicio Final.

El rincón del quisquilloso

Bien, no exactamente hasta el día del Juicio Final. Gracias al clima, los vientos y otros fenómenos atmosféricos entremezclados, siempre hallaremos un poco de helio en el aire a cualquier altitud, en promedio cerca de cinco átomos de helio por cada millón de moléculas de aire. Y en las regiones más altas de la atmósfera, algunos llegarán incluso a escaparse de la Tierra.

Es más, debemos admitir que otras cosas pueden interferir en esta imagen tan impecable. Puede que nuestro globo no alcance la altura suficiente para estallar, porque la cantidad de helio que contiene sea insuficiente para transportar su carga de goma hasta una altura idónea, estabilizándose pues a una altitud máxima. Entonces, los vientos podrían mecerlo durante días, hasta que se esparza una cantidad de helio suficiente (los átomos del helio son partículas extremadamente pequeñas y pueden difundirse a través de la goma) y el peso de la goma lo obligue a descender. Con toda probabilidad habrá contemplado este fenómeno en más de una ocasión. Por ejemplo, al soplar un globo en su habitación y después de que haya permanecido un par de días colgado en el techo.

Por cierto, en la actualidad muchos globos de helio están hechos con Mylar aluminizado (una película plástica extremadamente resistente que presenta un revestimiento muy fino de aluminio) en sustitución de la goma tradicional. Esto significa que serán mucho más duraderos y alcanzarán una altura superior antes de enfrentar su destino.

Los pilotos de los aviones de las líneas comerciales los han avistado a muchos kilómetros de altura, acelerados por la estela de sus motores a reacción.

¡Mira! ¡Arriba en el cielo! Es un pájaro. Es un avión. ¡Es la pasa de Goodyear!

Globos aerostáticos, aeroplanos, dirigibles, llámense como se llamen, todos contienen gas helio, ¿correcto? Pero cuando el sol y los elementos los calientan y los enfrían, el gas tendrá que expandirse y contraerse, ¿verdad? ¿Cómo controlan estos efectos? ¿Acaso todo el globo se expande y se contrae al unísono?

No, eso acabaría con los letreros de neón del patrocinador en ambos costados, y nunca funcionaría porque los dirigibles de hoy en día no son otra cosa que vallas publicitarias volantes. En su lugar, se utiliza un sistema muy hábil que intercambia el helio y el aire, trasladándolos de un lado a otro.

El dirigible es, como habrá notado y en esencia, una gran bolsa de goma llena de helio.

192 | LO QUE EINSTEIN NO SABÍA

El artilugio flota en el aire porque todo él (el helio, la bolsa de goma, la barquilla, el motor, la tripulación y los políticos de la zona que viajan a bordo) pesa menos que un volumen idéntico de aire (véase pág. 199).

En un día caluroso y cuando los rayos del sol lo bañan, podría acumularse mucha presión, que favorecería la tendencia expansiva del helio. Y sencillamente no podemos permitirnos la frivolidad de desahogar al aire todo ese gas helio tan caro. Es más, ¿qué haremos cuando la bolsa se enfríe y necesitemos más helio para evitar que el dirigible parezca una pasa voladora?

El artefacto incorpora una pequeña bolsa de aire independiente en el interior de la gran bolsa de helio, como si fuera un globo de aire dentro de un globo de helio. Están dispuestas de manera que, cuando el hielo se expanda, desplazará una cantidad de aire viejo y barato al exterior de la aeronave. Y cuando el helio se contraiga, el encogimiento resultante quedará compensado como resultado de insuflar más aire en la bolsa interior. Idéntico resultado obtendríamos si lográramos que los políticos pronunciasen sus discursos dentro de la bolsa.

¿Por qué se recibe tan calurosamente a los astronautas?

Al aire libre, cuanta mayor es la fuerza con la que sopla el viento, mayor es el frío que sentimos. Un hecho que creo entender bastante bien. Pero cuando un transbordador espacial, en su viaje de regreso a la Tierra, se interna en la atmósfera, el aire lo calentará tanto que tendrán que proteger la nave para que no acabe envuelta en llamas y se precipite como un meteorito, aun cuando el aire esté muy frío, como es lógico a semejante altura. ¿Por qué, cuando el «viento» sopla con mucha fuerza, pasa de ser un viento frío a ser un viento abrasador?

En primer lugar, cuando hace mucho viento, el efecto refrescante que siente en su piel tiene muy poco que ver con la evaporación de la transpiración; eso para empezar y por si usted pensaba lo contrario. Ese efecto (véase pág. 195) desaparecerá tan pronto como haya viento suficiente para evaporar toda la transpiración. Un fuerte viento nos enfría porque el torrente de moléculas del aire en movimiento se lleva consigo parte del calor de nuestro cuerpo. A mayor velocidad de paso, mayor será la velocidad con que se pierda calor. Cuando su piel se caliente, la molécula de aire más cercana será barrida por el viento, llevándose consigo el calor que tanto le ha costado generar. La ropa nos protege, pues, y en buena medida, porque evita que esas moléculas de aire ladronas vuelen cerca de su piel.

Lo propio ocurre con el transbordador espacial: lo primero que debemos hacer es olvidarnos de la fricción, la palabra que periódicos y revistas invariablemente emplean para «explicar» el calor que se produce durante su reentrada en la atmósfera. La fricción proviene del frotamiento de dos sólidos. En el caso de los gases, el término carece de significado. Las moléculas de un gas están tan alejadas unas de otras, son tantos los espacios vacíos que las separan, que un gas será del todo impotente a la hora de «frotarse» con cualquier otra cosa. Lo único que pueden hacer las moléculas de un gas es volar en el espacio y colisionar azarosamente con los objetos, como una horda de moscas caseras que se precipitan a tontas y a locas contra un estercolero (siento recurrir a una escena tan asquerosa, pero lo cierto es que describe a la perfección el comportamiento de las moléculas).

El aire es mucho más frío y menos denso a unos sesenta kilómetros de altura, donde el calentamiento que sufrirá un vehículo durante la reentrada en la atmósfera empieza ya a adquirir magnitudes verdaderamente serias. Pero una vez que ese «viento» pase a toda velocidad dejando atrás la aeronave a cerca de 29.000 kilómetros por hora, que es la velocidad a la que el transbordador se adentra en la atmósfera, tendremos una situación muy distinta a la de un céfiro en su periplo hacia la tierra. A 29.000 kilómetros por hora, el transbordador se estará moviendo a una velocidad mucho mayor que la de las moléculas del aire del entorno. La velocidad media de las moléculas es esencialmente su temperatura (véase pág. 247).

El resultado será exactamente el mismo que si el transbordador estuviera parado y las moléculas del aire lo bombardearan con su velocidad habitual X *más* 29.000 kilómetros por hora. Así pues, la velocidad molecular total será equivalente a una temperatura de varios miles de grados. En estas circunstancias el transbordador se siente como si estuviera expuesto a un volumen de aire con una temperatura de varios miles de grados. De no disponer de un revestimiento construido con un material cerámico resistente al calor y capaz de agotar la energía por fusión, en verdad se quemaría como un meteorito (y sí, por eso mismo los meteoritos son bolas de fuego).

Sin embargo, aun los materiales cerámicos más adecuados no pueden resistir tan altas temperaturas durante mucho tiempo. Por fortuna, una onda de impacto (una capa de moléculas de aire que se acumulan como consecuencia de la velocidad de la nave) precede a las partes más avanzadas del transbordador. Esta capa de aire actúa como el parachoques frontal de cualquier vehículo, y absorbe el grueso de la energía calorífica al disgregarse y originar una nube de electrones y fragmentos atómicos que los científicos denominan plasma. Este fenómeno provoca la «nube-proa» en forma de V que podrá apreciar cuando en televisión aparecen fotografías tomadas con teleobjetivo.

Capítulo 6
AGUA, AGUA POR TODAS PARTES

El agua es el compuesto químico más abundante de la Tierra. Cubre alrededor del 75 % del planeta, por lo que la Tierra se ve azul y blanca desde el espacio. (Las nubes blancas son agua, por supuesto.) El total del agua existente en la Tierra, incluidos océanos, lagos, ríos, nubes, hielo polar y el caldo de pollo, suma alrededor de un billón y medio de toneladas. De hecho, nosotros mismos estamos compuestos de agua en más de un 50 %. Un varón típico que pese alrededor de 68 kilogramos presenta más o menos un 60 % de agua; las mujeres se acercan al 50 % en promedio, siendo así que las personas más obesas presentan un porcentaje menor. Los bebés llegan hasta el 85 % de agua, eso sin contar los pañales.

El agua tiene las propiedades más inusuales entre todos los elementos que existen en el Universo, y pese a ello nos resulta tan familiar que no le prestamos atención. Entonces, ¿qué pasa realmente cuando la hervimos, la congelamos, la transpiramos o flotamos en ella? A lo largo de este capítulo profundizaremos en nuestros encuentros diarios con este líquido portentoso.

¡Qué sudoroso es!

Sé que la gente suda para mantenerse fresca, porque cuando el sudor se evapora produce un efecto refrescante. Pero ¿por qué la evaporación es un proceso refrigerante? Sólo porque un líquido se evapore, ¿por qué debe bajar su temperatura? ¿Es así realmente?

Lo siento mucho, pero la respuesta es «sí y no» a un tiempo. Quizá por eso la gente ande por ahí repitiendo la trasnochada aunque poco esclarecedora respuesta: «La evaporación es un proceso refrigerante».

Nos damos cuenta de que nuestras glándulas sudoríparas segregan un líquido compuesto por agua, un poco de sal y urea por nuestros poros, pero sólo en ciertas ocasiones como a) cuando tenemos calor, b) cuando nos esforzamos mucho, o c) cuando vamos a pronunciar un discurso y no encontramos el texto.

En realidad, el proceso de la transpiración es constante, aun cuando haga frío. Es un mecanismo esencial para mantener constante la temperatura de nuestro cuerpo. En las situaciones a), b) y c) mencionadas anteriormente, la transpiración ocurre con más rapidez que el proceso de evaporación, y es por ello por lo que notamos que nuestra piel está húmeda.

Los perros, que normalmente pronuncian menos discursos, no tienen glándulas sudoríparas en la piel (a excepción, curiosamente, de las plantas de las patas). En consecuencia, deben sacar sus lenguas extraordinariamente largas y jadear. Esto acelera la evaporación de la saliva, refrigerando así el aire que circula por sus pulmones. Otros animales sudan de manera diferente. Los cerdos a veces «sudan como cerdos», pero también se refrescan revolcándose en el barro, como los elefantes y los hipopótamos. Algo muy parecido a nuestra humana costumbre de zambullirnos en la piscina.

Pero ¿qué es exactamente la evaporación? Es el proceso mediante el cual las moléculas que están en la superficie de un líquido simplemente deciden abandonar a sus compañeras y salir volando. A medida que queden menos moléculas, la cantidad del líquido presente disminuirá oportunamente. Lo habrá visto docenas de veces: los suelos mojados se secan, así como la ropa mojada que colgamos.

Si queremos acelerar la evaporación podemos hacer dos cosas: calentar o soplar. Al calentar un líquido le damos la energía necesaria para que sus moléculas escapen. Para este fin tenemos los secadores de pelo y esos abominables secadores de aire caliente que se instalan en los aseos de uso público. El aire que soplan dispersa a la multitud de moléculas recientemente evaporadas y abre un espacio para que otras hagan lo mismo. Soplar por encima de un plato de sopa caliente es una aplicación clásica de este principio, aunque poco elegante. Otro ejemplo: si sale de la bañera y hay corriente es posible que sienta frío, por cálida que sea la temperatura de la habitación.

Haga la prueba

Soplar acelera la evaporación de la pequeña cantidad de humedad que siempre cubre su piel. Al aire libre, siempre se sentirá más fresco cuando haga viento. El «efecto polar» del viento del norte que utilizan los hombres del tiempo para asustarnos es una manera de explicar este fenómeno. Por desgracia, esto sólo sucede cuando uno está desnudo.

Muy bien, pero entonces ¿por qué las moléculas del agua en su éxodo inducen un descenso en la temperatura del líquido restante, y también, por tanto, en todo lo que esté en contacto con él? Aunque parezca extraño, el proceso de evaporación es altamente selectivo. Escoge y lleva consigo las moléculas que se mueven con más rapidez (las que disfrutan de mayor temperatura), y descarta las más lentas (o frías).

Las moléculas de cualquier líquido están en constante movimiento: deslizándose, yendo de aquí para allá, arrancando repentinamente, chocando las unas con las otras y generalmente actuando como un montón de hormigas. Cuanto más alta es la temperatura, más rápido es el movimiento molecular (y también el de las hormigas, por si le quedaban dudas). De hecho, la temperatura es exactamente eso: la medida del promedio de energía cinética (energía en movimiento) de todas las moléculas de una sustancia.

La palabra que hay que tener en cuenta aquí es *promedio* ya que, sea cual sea la temperatura, no todas las moléculas se mueven a idéntica velocidad. Algunas pueden estar moviéndose a gran velocidad porque acaban de salir despedidas de una colisión con otra molécula. De igual manera, las moléculas con las que han chocado circularán más despacio, puesto que les han transferido parte de su energía en el choque. Vaya hasta la mesa de billar más cercana y verá que la bola blanca pierde gran parte de su velocidad cuando choca con otra y ésta sale despedida a gran velocidad. Así, la energía promedio de las dos bolas, su «temperatura», seguirá siendo la misma.

Y en la superficie de un líquido, ¿qué moléculas supone usted que serán las primeras en saltar al aire y evaporarse? Las que tengan más energía, por supuesto. Y esto reducirá la energía promedio de las restantes. De este modo, a medida que el líquido se evapore se enfriará.

Pero ahí no acaba la cosa. El enfriamiento tiene su límite. ¿O alguna vez ha visto que un charco se enfríe hasta congelarse? No, lo que pasa es que a medida que un líquido se refresca, el calor fluye desde su entorno y restablece la población de moléculas más energéticas, lo que a su vez mantiene la temperatura en una magnitud constante.

«¡Ajá!» –dirá usted–. «Hemos vuelto al principio. Si el líquido restante no puede enfriarse, ¿cómo es que el sudor al evaporarse me refresca?»

Bueno, ¿de dónde se cree que viene el calor? De su piel. Cuando se produce la evaporación, la capa de sudor nunca llega a enfriarse excesivamente, sino que sustrae el calor de su piel y lo transfiere al aire mediante las moléculas que guardan más calor. El sudor es el intermediario que ayuda a su piel para que se desprenda del calor.

El ritmo al que los líquidos se evaporan depende de lo cerca que estén sus moléculas unas de otras. En los líquidos cuyas moléculas no están fuertemente unidas, éstas pueden abandonarlo fácilmente y éste se evaporará más rápido. Algunos líquidos se evaporan tan rápidamente (son tan volátiles) que el calor no puede restaurarse al mismo ritmo. En esos casos la temperatura del líquido bajará de manera considerable.

El alcohol etílico es uno de esos líquidos volátiles. Se evapora dos veces más rápido que el agua.

Haga la prueba

Póngase alcohol en la piel (alcohol isopropílico, o alcohol de 96°, que también servirá) y sentirá un efecto refrescante, superior al que se consigue con agua.

Esto es debido a que las moléculas del alcohol «caliente» se van con tanta rapidez que superan la capacidad de su cuerpo para restaurar la temperatura corporal en el área rociada con alcohol.

El cloruro etílico es un líquido extremadamente volátil cuyas moléculas no tienen nada en común las unas con las otras, y que no perderán la ocasión de emanciparse. Se evapora cien veces más rápido que el agua. Ponga un poco de cloruro etílico en su piel y sentirá tal frío que perderá la sensibilidad. Por ésta y por otras razones, los médicos lo utilizan para practicar la anestesia local en operaciones de cirugía cutánea.

Arquímedes sin principios

¿Cómo puede flotar un portaaviones de cien mil toneladas? Yo sé que si fuese un trozo de acero macizo se hundiría, pero no lo es, sino que está hueco. Pero ¿cómo lo sabe el agua?

La respuesta condescendiente al eterno enigma de por qué flotan las cosas reza así: «Según el principio de Arquímedes, todo cuerpo sumergido en un líquido pierde una parte de su peso, o sufre un empuje ascendente igual al del volumen del agua que desaloja. Y por eso las cosas flotan». Muy correcto, por supuesto, pero tan esclarecedor como una luciérnaga con gabardina.

Como es natural, el agua que está debajo de un barco ignora si el objeto que está encima es completamente macizo o si se trata de un queso gruyer en su versión marítima (excepto por los agujeros del casco, cosa que veremos más adelante). De todas maneras, nuestra experiencia con las cosas que flotan, desde las canoas huecas hasta el corcho, nos hace pensar que la oquedad (los espacios de aire ubicados en el interior de un objeto) es en cierto modo necesaria. Pues ciertamente no lo es. Vaciar las cosas sólo es una forma de hacerlas más ligeras. Las cosas ligeras flotan y las pesadas se hunden. Lo que era de esperar si el viejo Arquímedes no hubiese enturbiado las aguas, por decirlo de alguna manera.

La pregunta crítica es la siguiente: ¿qué peso debe tener un objeto para que pueda flotar? Y la respuesta es: igual o menor que el mismo volumen de agua. El peso del volumen de una sustancia es su densidad. La densidad se expresa habitualmente en gramos por centímetro cúbico. Si el barco entero, que es una amalgama de metal, madera, plástico, espacios de aire y demás, pesa menos que el mismo volumen de agua, o sea, si la densidad del barco es menor a la densidad del agua, éste flotará. Un trozo de madera flota porque su densidad equivale al 60 % de la del agua y, por ende, no necesitará estar hueco.

Si queremos que un portaaviones de cien mil toneladas flote deberemos vaciarlo lo suficiente para rebajar así su densidad. Lo cual no supone problema alguno, ya que nos deja un sinfín de lugares donde almacenar mercancías tales como aviones y marineros.

A fin de demostrar que para que un objeto flote deberá ser menos denso que el agua, llevaremos a cabo un experimento. Pongamos el portaaviones *Almirante Nimitz*, de cien mil toneladas (el más grande del mundo), con mucha delicadeza en una bañera lo suficientemente grande para acomodarlo. La gravedad se encargará de empujar el portaaviones hacia el fondo con una fuerza equivalente a su peso (eso es precisamente el peso). A continuación, a medida que el portaaviones entre en el agua, socavará un agujero en su seno. O sea, que desplazará el agua hacia arriba y los lados, en contra de la tendencia gravitacional en sentido descendente (véase pág. 220). Mientras que la gravedad tira del barco hacia abajo, una cantidad de agua se verá forzada a ir en contra de la gravedad. ¿Ha reparado en la subida experimentada por el nivel del agua en la bañera?

¿Cuánta agua puede llegar a desplazarse hacia arriba en contra de la gravedad? Una cantidad igual al peso desplazado hacia abajo por el tirón gravitacional ejercido sobre el buque. En otras palabras, el peso del agua que se eleva o es desplazado será el mismo que el peso del portaaviones. Cuando lleguemos a ese punto (cien mil toneladas en el caso del *Nimitz*) el portaaviones dejará inmediatamente de hundirse. ¡Estará flotando!

Note que cada metro cúbico de agua desplazada deberá ser correspondido por un metro cúbico exactamente del volumen del navío. Esto significa que el volumen del barco que se encuentra por debajo de la superficie es equivalente al volumen ocupado por cien mil toneladas de agua. Pero dado que el agua es más densa que el barco, cien mil toneladas de agua ocuparán menos espacio que cien mil toneladas de barco, menos, por tanto, que el volumen total del navío. Así las cosas, la cantidad de barco que se encuentra por debajo del nivel de flotación será sin duda menor que el barco entero. Y eso afortunadamente, ya que el agua cubrirá de manera parcial el casco y no llegará a cubierta, donde están los marineros. Todo esto sucede en virtud del diseño del barco, que ha sido fabricado con una densidad menor a la del agua.

❓ No lo ha preguntado, pero...

¿Y los submarinos? Unas veces flotan y otras se hunden. ¿Cómo alteran su capacidad para flotar?

Muy sencillo. Varían la cantidad del espacio interior donde circula el aire, modificando de esta suerte su densidad. ¿Quiere sumergirse? Inunde los tanques con agua, para que actúe a modo de lastre. ¿Quiere volver a la superficie? Expulse el agua con aire comprimido. En realidad el proceso es algo más complicado, ya que la densidad del agua varía en función de la profundidad, la temperatura y su salinidad. Por este motivo la densidad de un submarino debe ser ajustada constantemente.

Haga la prueba

Dado que el agua de mar es un 3 % más densa que el agua dulce, un barco que navegue por el mar flotará con una fuerza un 3 % superior a la de un barco que lo hace en las aguas de un lago y, por tanto, flotará con una altura ligeramente superior. El mar Muerto y el Gran Lago Salado son tan densos debido a su alto contenido en sal, que su flotabilidad es verdaderamente impresionante. Compruébelo si alguna vez tiene la oportunidad. Su cuerpo sólo se sumergirá unos pocos centímetros. Es una sensación extraordinaria.

Tampoco lo ha preguntado, pero...

Según Arquímedes, una fuerza empuja a los objetos en sentido ascendente haciendo que éstos floten. ¿De dónde viene esa fuerza?

Si usted duda de la fuerza que ejerce el agua hacia arriba, pruebe sumergir un globo en la bañera. Sentirá que una fuerza considerable lo empuja hacia arriba, resistiendo su empuje hacia abajo.

Cuando pusimos el *Almirante Nimitz* en nuestra bañera gigante, el nivel del agua subió y se hizo más profunda. Como cualquier submarinista sabe, cuanto mayor sea la profundidad, mayor será la presión. Debido a que el agua no puede absorber la energía como lo hace un muelle o un trozo de goma, la presión estará presente en toda la bañera. El agua debe, pues, transmitir esta presión a todo lo que toca, incluido el casco de la nave, por supuesto. Todas las fuerzas en sentido norte-sur y este-oeste se igualan y cancelan entre sí, restando únicamente la fuerza que deriva de la presión ascendente. Esta presión empujará la nave hacia arriba en contra de la gravedad, y de esta manera obtendremos la flotabilidad.

De acuerdo, sé lo que está pensando. Los portaaviones suelen navegar en el océano y no en las bañeras. ¿Quiero decir entonces que el nivel del océano también subió cuando el *Nimitz* entró en el agua? Por supuesto que sí. Si distribuimos cien mil toneladas de agua en la superficie total del océano Atlántico, el aumento no se notará demasiado ni será suficientemente importante para inundar las casas de la playa en Florida. De todas maneras, se trata de un volumen de agua equivalente al volumen del barco que se encuentra por debajo de la línea de flotación, con una fuerza igual a ese volumen, y que propicia que la nave se mantenga a flote.

Como Arquímedes no tenía un portaaviones para efectuar el experimento, utilizó su propio cuerpo, o eso es lo que se dice. Llenó una bañera hasta el borde, se metió en ella y, al desbordarse el agua, dedujo que el peso del agua que se había derramado debía de ser igual al peso perdido (o flotabilidad) en el agua. La historia no nos cuenta qué pensó su casero de todo esto.

Y tampoco ha preguntado esto, pero...

¿Por qué los agujeros del casco de un barco hacen que éste se vaya a pique?

El agua entra a raudales por el agujero impulsada por la presión. Dependiendo de la altura a la que se encuentre el boquete o vía de agua, el agua entrará con más o menos fuerza. A mayor profundidad, mayor presión y mayor fuerza. A medida que el agua entre en el barco, ocupará un volumen de aire equivalente, aumentando así su peso y, por ende, también su densidad. Cuando haya entrado la cantidad de agua suficiente a fin de aumentar el peso de la nave de manera que sobrepase su capacidad para mantenerse a flote, ésta se hundirá sin remedio.

Los peces deben nadar

Un día, mientras estaba buceando, vi una concha en el fondo y me dispuse a recogerla. Intenté sumergirme, pero resultaba extremadamente difícil, me costaba muchísimo esfuerzo obligar a mi cuerpo para que alcanzara tal profundidad. Alrededor de mí, los peces bajaban continuamente y con una facilidad envidiable. ¿Por qué les resultaba tan sencillo? ¿Tienen ellos algo que yo no tenga?

El problema no es que ellas tengan algo de lo que usted carezca, sino que usted tiene algo que ellos no tienen: los pulmones.

Para encontrarse cómodo suspendido en el agua, en un nivel de flotación constante sin hundirse ni elevarse, un pez (o cualquier objeto) deberá tener exactamente la misma densidad total que el agua. O sea, deberá pesar exactamente lo mismo que un volumen equivalente de agua (véase pág. 199). Si pesase más, se hundiría. Si pesase menos, como ocurre a la mayoría de los seres humanos, flotaría hasta alcanzar la superficie y allí se quedaría. Los barcos están meticulosamente diseñados para cumplir esta condición.

Los huesos y músculos son más densos que el agua de mar. Así pues, casi todos los animales se hundirán a menos que contengan materiales muy ligeros, tales como bolsas de gas, que compensen y reduzcan su densidad media. Nosotras, las criaturas terrestres, tenemos pulmones y casi todos los peces tienen vejigas natatorias, es decir, pequeñas bolsas que contienen gas.

Las vejigas natatorias de los peces sólo ocupan el 5% de su volumen total aproximadamente. Nuestros pulmones ocupan la mayor parte del tórax. Los pulmones reducen nuestra densidad, tanto es así que nuestros cuerpos flotan más que muchas clases de madera.

Aunque algún pez sea más denso que el agua de mar, podría evitar el hundimiento si se mantuviera nadando constantemente. Asimismo, usted podría sumergirse para recoger conchas batiendo vigorosamente sus aletas, pero por desgracia los peces tienen mucha más experiencia en el arte de la propulsión por aletas. Aunque tuviese la misma experiencia, usted debería esforzarse más, dado que posee esas enormes alas acuáticas, tan molestas para este efecto, llamadas pulmones.

❷ No lo ha preguntado, pero...

Si la densidad de un pez es la justa para que consiga mantenerse suspendido en el agua, ¿cómo se las arregla para subir o bajar cuando desea variar de profundidad?

Naturalmente, puede optar por orientar su cola y nadar en la dirección deseada, pero no es más que una solución temporal. Lo que en realidad pretende es adaptar su cuerpo a la presión de la nueva profundidad, con el fin de mantenerse a ese calado sin tener que esforzarse en nadar hacia arriba o abajo. Algo que consigue como resultado de ajustar su vejiga natatoria.

Cuando un pez se sumerge a mayor profundidad, la presión aumentará notablemente, puesto que habrá más agua por encima del animal. Esta presión comprimirá la vejiga natatoria, aumentando la densidad del pez en mayor medida que la necesaria para conseguir que se mantenga a flote a dicha profundidad. A fin de lograr este nivel de flotación sin realizar más esfuerzos, el pez deberá inflar su vejiga. Por el contrario, cuando un pez sube a profundidades menores, tendrá que comprimir su vejiga con el objeto de conseguir el nuevo nivel de flotación sin necesidad de recurrir a la natación.

Antiguamente la gente solía pensar que los peces expandían y contraían sus vejigas natatorias para ajustarse a la profundidad. No obstante, los científicos descubrieron que los peces carecen de los músculos necesarios para este fin. Sorprendentemente, lo consiguen variando el nivel de oxígeno presente en la vejiga. Los peces logran mantenerse a flote sin tener que nadar ni esforzarse demasiado, agregando o sustrayendo gas de la vejiga, sin que importe su tamaño debido a la presión del agua.

¿De dónde saca el gas el pez cuando quiere flotar a mayor profundidad? Toma el oxígeno de la sangre y lo transfiere a la vejiga. ¿Dónde guarda el gas cuando quiere ascender a menor profundidad? Absorbe el oxígeno de la vejiga y lo transfiere a la sangre. ¡Muy ingenioso!

Algunos peces miserables carecen de vejigas natatorias. Son ligeramente más densos que el agua y deben nadar continuamente para no hundirse. Las caballas y algunos atunes empiezan a hundirse a medida que dejan de nadar, siendo así que el rodaballo se rinde y se queda en el fondo.

Si usted debe esforzarse para bucear, consuélese pensando que algunos peces han de esforzarse para no hundirse.

¿Pueden los peces sufrir el efecto de la descompresión?

He oído decir que los peces pueden padecer la enfermedad del submarinista, como los buzos cuando pasan mucho tiempo sumergidos. De acuerdo, me avergüenza preguntarlo, pero ¿cuánto tiempo pueden permanecer sumergidos los peces sin contraer esa enfermedad?

Afortunadamente no es necesario responder a esta pregunta, ya que los buzos (y los peces) no contraen esta enfermedad (mejor conocida como efecto de la descompresión o barotrauma) por estar sumergidos mucho tiempo. Los submarinistas sufren la enfermedad de la descompresión cuando suben demasiado rápido a la superficie, si bien los peces pueden padecer esta enfermedad por otras causas.

Cuando la presión del agua del cuerpo de un submarinista se reduce a una velocidad excesiva, pueden llegar a formarse burbujas de aire en su torrente sanguíneo. Eso duele, como mínimo. Y sí, lo mismo les puede pasar a los peces, pero no por subir demasiado rápido. Esto sucede cuando cambian las características del agua que moran.

El oxígeno se disuelve hasta cierto punto en el agua y los líquidos acuosos como la sangre y los tejidos corporales. Eso está muy bien en el caso de los peces por supuesto, ya que viven del oxígeno disuelto en agua. Pero el nitrógeno, que es el gas más abundante en el aire (constituye el 78 % de su composición), una sustancia inerte e inútil para los procesos fisiológicos, también se disuelve en el agua y en la sangre. Normalmente, esto no supone un problema ni para los peces ni para el hombre, puesto que los humanos extraemos el oxígeno necesario del metabolismo y expulsamos el nitrógeno a través de los pulmones o branquias. Pero si, por la razón que sea, hay demasiado aire disuelto en la sangre, no seremos capaces de eliminar el nitrógeno con la rapidez suficiente, y consecuentemente se formarán burbujas de gas, una circunstancia que bloqueará la circulación de la sangre y destruirá a la postre los tejidos corporales.

La cantidad de aire que se disuelve en agua a una temperatura determinada depende directamente de la presión: a mayor presión, mayor será la cantidad de gas que se disuelva (véase pág. 29). Cuando un submarinista se sumerge, la presión del agua introducirá una cantidad mayor de oxígeno y nitrógeno en la sangre por medio de los pulmones.

El oxígeno no supone un problema porque la hemoglobina lo atrapará con rapidez y lo transferirá a las células del cuerpo. Ése es precisamente su trabajo.

Pero cuando un submarinista sube a la superficie y la presión disminuye, lo ideal sería que el excedente de nitrógeno disuelto saliese por la vía por donde había entrado, esto es, por los pulmones. Desgraciadamente, éste es un proceso muy lento. Así, cuando la presión se reduce rápidamente, el excedente de nitrógeno se convertirá en burbujas en la sangre, de la misma manera que ocurre con el dióxido de carbono cuando reducimos la presión al abrir una botella de agua con gas.

La solución para los submarinistas consiste en ascender lentamente, permitiendo así la eliminación gradual del nitrógeno, molécula a molécula, a través de los pulmones.

Si un pez subiese con la misma rapidez desde una profundidad considerable, acontecería la misma cosa, salvo en dos cuestiones: en primer lugar, los peces tienen demasiado sentido común para cometer semejante locura y, en segunda instancia, sucedería algo más drástico: la vejiga natatoria del pez (véase pág. 203) se expandiría tanto que aplastaría los órganos internos del animal, acabando así con su vida.

Pero hemos dicho que los peces pueden sufrir la enfermedad de las burbujas de nitrógeno al igual que de los submarinistas, y así es, de la siguiente manera:

Supongamos que un pez está felizmente aclimatado a su entorno y nada en aguas que contienen una cierta cantidad de aire en disolución. Su sangre se habrá ajustado de manera automática al contenido de nitrógeno de las aguas.

Ahora supongamos que el pez se adentra en aguas que, por la razón que sea (y ulteriormente veremos cuáles pueden ser los motivos), contienen mucho más nitrógeno del que es normal a esa presión y temperatura. En muy poco tiempo, la sangre del pez tendrá la misma cantidad de nitrógeno disuelto que el agua. Ésta es una situación precaria, dado que en cualquier momento el nitrógeno disuelto podría formar burbujas y el pez sufriría entonces la enfermedad del submarinista. La única manera de remediar esta situación consiste en sumergirse a mayor profundidad, donde la presión del agua hará que la burbuja sea absorbida por la sangre.

¿Cómo puede un pez encontrarse de repente en aguas con niveles anormales de nitrógeno? Resulta que esta circunstancia no tiene nada que ver con la profundidad o la presión.

Por ejemplo, un pez puede estar nadando en un río con las cantidades normales de nitrógeno disuelto en agua. De improviso se encuentra en una zona de aguas cálidas que provienen de una fábrica o una central productora de energía. (Las centrales eléctricas expulsan grandes excedentes de calor; véase pág. 258.) De manera intrínseca, el agua más caliente debería contener menos nitrógeno y no al revés, ya que los gases se disuelven en menor medida en el agua caliente que en el agua fría (véase pág. 29). Pero si el agua proveniente de la planta no ha tenido el tiempo necesario para procesar el nitrógeno excedente, cuando fue calentada (y recordemos que el proceso de la eliminación del nitrógeno es lento), tendrá una concentración de nitrógeno superior a la normal dadas las condiciones del agua en el río. El pobre pez se encontrará nadando en aguas con una concentración de nitrógeno anormalmente elevada y sin duda contraerá la enfermedad de la descompresión. Se trata de una manera muy socorrida para matar peces, que las fábricas y las plantas de energía eléctrica tienen muy a mano, siendo así que «sólo» han de expulsar el agua caliente al río.

Otro ejemplo: ¿alguna vez ha comprado pececillos para su acuario o pecera y, una vez que los ha depositado allí, los ha visto morir uno tras otro? Bueno, podría haber sucedido lo siguiente: el agua del grifo tiene una gran concentración de oxígeno disuelto, puesto que está fría y probablemente habrá sido aireada en la planta de aguas. Cuando usted la introduce en la pecera, se calentará lentamente hasta que alcance la temperatura ambiente. El agua aún podría presentar la concentración de nitrógeno propia del agua fría ya que, como hemos visto, el proceso de la eliminación del nitrógeno puede desarrollarse con mucha lentitud. Así las cosas, cuando los pececillos entren en el agua, ésta aún tendrá una elevada concentración de nitrógeno, dando paso a la enfermedad de la descompresión seguida de la muerte.

¿Hay algo que pueda hacerse para remediar las muertes causadas por las plantas eléctricas y las fábricas, y para evitar los miles de asesinatos de pececillos que ocurren cada día? Sí, y es relativamente sencillo. Dejemos reposar el agua un tiempo antes de descargarla en el río o en la pecera. Este reposo favorecerá la eliminación del nitrógeno y permitirá que el agua tenga la concentración justa, acorde con su presión y temperatura, idónea para dar satisfacción a las necesidades de los peces.

❓ No lo ha preguntado, pero...

¿Cómo pueden obtener oxígeno los peces abisales? ¿Cuánto oxígeno puede haber a esas profundidades, teniendo la atmósfera tan lejos, allí arriba?

El oxígeno no sólo proviene de la atmósfera. No nos olvidemos de las plantas, que inspiran dióxido de carbono y expulsan oxígeno. Los océanos contienen una gran variedad de vida vegetal, y el oxígeno que estas plantas expulsan se disuelve directamente en el agua. Cuando un pez nada y filtra grandes cantidades de agua a través de sus branquias, «aspira» o «inhala» mucho oxígeno, aunque éste no se encuentre como es obvio en grandes concentraciones.

Muy sabiamente, los peces evitan aquellas zonas donde no hay suficientes plantas para cubrir sus necesidades respiratorias.

Soplando burbujas en el aire

¿Por qué son redondas las pompas o burbujas de jabón?

Se lo pongo de otra manera: usted se sorprendería si fuesen cuadradas, ¿o no? Eso se debe a que, desde que éramos bebés, nuestra experiencia nos indica que la naturaleza prefiere las cosas suaves. No hay muchos objetos con esquinas o cantos afilados. Algunas excepciones notables son los cristales minerales, con sus formas geométricas de bella definición. Es muy probable que por este motivo sean legión las personas que atribuyen a los cristales y las pirámides ciertos poderes sobrenaturales.

Pero eso concierne a la metafísica y no a la ciencia. Las burbujas son redondas, mejor dicho esféricas, en virtud de una fuerza de atracción llamada tensión superficial (véase pág. 21) que obliga a las moléculas de agua a concentrarse y formar los grupos más compactos que la naturaleza permite. Y este proceso de compactación se resuelve con la formación de esferas. De todas las formas posibles (cubos, pirámides, formas irregulares), la esfera es la que ocupa un área menor.

Cuando usted sopla las pompas de jabón a través de un canuto o mediante uno de esos juguetes modernos, la tensión superficial hará que la fina película de agua jabonosa forme una superficie en un espacio lo más reducido posible. De suerte que se convertirá en esfera. Si usted no hubiese atrapado aire en su interior deliberadamente, el agua jabonosa se habría encogido hasta convertirse en una pequeña gota esférica, tal como hacen las gotas de lluvia.

Llegados a este punto, cabe señalar que el aire ejerce una presión contra la película de agua. Todos los gases ejercerán una cierta presión contra cualquier cosa que los encierre, porque están formados por moléculas que vuelan libremente y chocan contra todo lo que se cruza en su camino (véase pág. 170). Dentro de una burbuja, la fuerza que ejerce la tensión superficial de la película de agua está en perfecto equilibrio con la fuerza que ejerce el aire dentro de la burbuja. Si no existiese este equilibrio, la burbuja se contraería o expandiría hasta alcanzarlo.

¿Y si soplamos más aire para obtener una burbuja más grande? Entonces habrá más presión dentro de la burbuja. Todo lo que la película de agua puede hacer para equilibrar esta presión es expandirse y ganar así superficie, para ejercer una mayor presión hacia dentro, creciendo en tamaño y haciendo que la película sea más delgada, puesto que cuenta con una cantidad de agua limitada. Si seguimos insuflando aire en la burbuja, llegará un momento en que el agua no podrá cubrir un área más extensa, y ocurrirá la catástrofe: la burbuja reventará.

Lo mismo pasa con el chicle, excepto que en su caso la presión hacia dentro deriva de la elasticidad de la goma del chicle (sí, he dicho goma). La elasticidad, como la tensión superficial, buscará «asumir la forma más pequeña permitida por la naturaleza».

❓ No lo ha preguntado, pero...

¿Por qué necesitamos agua jabonosa para soplar burbujas? ¿No podríamos utilizar agua corriente?

El agua es la campeona de los líquidos, al menos en lo que a la fuerza de cohesión derivada de la tensión superficial se refiere. La tensión superficial es tan fuerte que resiste la fuerza que la empuja hacia fuera para adquirir forma tridimensional, aun en el caso de la forma más pequeña posible, la esfera. El agua sabe que puede ocupar una superficie más reducida, sencillamente como resultado de permanecer plana y evitando extenderse en tres dimensiones. Así pues, el agua sin aditivos no formará burbujas de ninguna clase, por lo menos burbujas que duren más de un instante.

La presencia del jabón produce una reducción de la tensión superficial del agua (véase pág. 21). La debilita suficientemente para que la «piel» del agua pueda estirarse en las tres dimensiones.

El alcohol tiene una tensión superficial tan baja que no producirá burbujas de ningún tipo. Sería como intentar hacer globos con un chicle que no tuviese elasticidad alguna.

Más y mejor mojado

¿Están mojados todos los líquidos?

No, todos los líquidos no están mojados. Ni siquiera el agua está siempre mojada. Depende de qué o quién los moje.

Pregunte, pregunte a un lingüista, y le contestará que su pregunta es estúpida. La palabra *mojado* está tan íntimamente relacionada con *agua*, en las raíces mismas del lenguaje, que la palabra *mojado* siempre ha significado «cubierto de agua» y nunca otra cosa. El agua está «mojada» por definición y el antónimo de *mojado* es *seco*, que significa «sin agua».

Con todo, el lenguaje es un pobre reflejo de la realidad. La razón que encontramos tras esta relación entre el agua y el hecho de estar mojado tiene su origen en que nuestros antepasados necesitaban una palabra para describir el aspecto de alguien al salir de un río, amén de que no conocían otros líquidos. Después de todo, el agua no sólo es el compuesto químico más abundante en la Tierra, sino también de cualquier otra índole. Aún hoy en día, la gente tendría problemas para nombrar dos o tres líquidos más. Como es natural, cosas como la leche o la sangre no cuentan, pues sus partes líquidas son pura agua.

Existen muchos otros líquidos. En principio, cualquier sólido puede ser convertido en líquido al calentarlo, y cualquier gas se puede condensar en forma líquida cuando se enfría. Curiosamente, el agua adopta el estado líquido en el preciso intervalo de temperatura que permite la existencia de vida. Por supuesto, esto no es una coincidencia; suponemos que la vida empezó en el agua, y que el agua líquida es esencial para cualquier forma de vida.

¿Por qué está mojado este líquido? ¿Por qué se nos queda «pegado» cuando salimos de un río? A nuestros ancestros les hubiese encantado esta explicación: se nos queda pegado porque le gustamos.

Para explicarlo de una manera más científica diremos que las moléculas del agua se pegarán a las sustancias cuyas moléculas ejerzan algún tipo de atracción sobre ellas. Si no existiese esta atracción entre las moléculas de una gota de agua y las de nuestra piel, el agua simplemente resbalaría. Dicho esto, nuestro trabajo no será otro que descubrir en qué consiste esa fuerza de atracción.

En otras partes del libro hemos mencionado el hecho de que las moléculas del agua están polarizadas y se atraen mediante enlaces de hidrógeno (véase pág. 113). Con esta idea en mente, si aparece otra sustancia cuyas moléculas están asimismo polarizadas o bien sujetas a los enlaces de hidrógeno, las moléculas del agua se sentirán atraídas por ellas como si fuesen las suyas propias. En otras palabras, el agua mojará esa sustancia.

La mayoría de las proteínas e hidratos de carbono, incluidas las de nuestra piel, las de la celulosa de la madera, las del papel, las del algodón y otras fibras vegetales, están compuestos por moléculas con las características adecuadas para que las moléculas de agua deseen retozar con ellas. Por eso las mojará el agua. Por el contrario, otras sustancias tales como los materiales oleosos y los céreos no presentan ninguna de las dos características necesarias para que resulten mojados por el agua.

Haga la prueba

Sumerja una vela en agua y verá que el agua no está necesariamente mojada. El agua está «mojada» algunas veces, otras no, dependiendo del material que la tiente.

¿Y los demás líquidos?, ¿están siempre mojados? Podríamos preguntarnos lo mismo acerca del alcohol, el alcohol isopropílico, la gasolina, la bencina, el aceite de oliva y hasta de metales líquidos como el mercurio. Como el agua, estos líquidos mojarán materiales cuyas moléculas logren atraerlos. Por lo que a la piel humana respecta, los primeros cinco encuentran suficientes razones para sentirse atraídos por las «moléculas de la piel», que, por ende, resultarán mojadas por estos líquidos. Pero no podemos decir lo mismo de los átomos de los metales, que no tienen nada en común con «las moléculas de su piel», y en consecuencia nunca la mojarán.

Haga la prueba

Si alguna vez tuviese la oportunidad de sumergir uno de sus dedos en mercurio, comprobaría que vuelve a salir tan seco como la vela que antes sumergió en agua. (Aunque no se le ocurra probarlo con el mercurio, ya que su vapor es tóxico.) Mejor será que lo intente con un trozo de cobre o de latón limpios y comprobará que en efecto se mojan, dado que los átomos de los metales poseen fuerzas atrayentes muy similares, y suelen atraerse entre sí. Si alguna vez ha soldado algo, se habrá dado cuenta de que las soldaduras fundidas mojaban las partes de los metales que usted pretendía unir.

El rincón del quisquilloso

«Estar mojado» es algo relativo. Algunos líquidos mojan más que otros; se expanden y fluyen con más facilidad sobre la superficie que mojan.

Sorprendentemente, de todos los líquidos, el agua no se cuenta precisamente entre los que más mojan. Ello es debido a que el enlace que une las moléculas del agua es tan fuerte que suelen ignorar a las moléculas vecinas y optan por no adherirse finalmente a ellas. Nunca se adherirán con facilidad, aunque tengan la atracción molecular justa.

 Haga la prueba

Rocíe un paraguas con gotas de agua y verá cómo resbalan, a menos que las frote con su dedo para así obligarlas a mojar la superficie. Rocíe el paraguas con alcohol y verá que el tejido se impregna de él enseguida.

Existen ciertas sustancias que en combinación con el agua favorecen su capacidad para mojar. El jabón es la más común de todas ellas (véase pág. 21 y sabrá cómo ocurre).

 Apuesta de bar

No todos los líquidos mojan, y el agua a veces tampoco.

La paradoja de la congelación en caliente

Aclaremos las cosas: ¿se congela más rápido el agua caliente que el agua fría? Algunas personas están convencidas de ello. ¿Acaso existe alguna explicación científica?

Pues bien, sí y no, lo siento una vez más.

Esta polémica empezó en el siglo XVII, cuando sir Francis Bacon se unió a los partidarios del desafío: «Te apuesto lo que quieras a que el agua caliente se congela antes».

La única respuesta adecuada para el enigma es «depende». Depende de cómo se lleve a cabo el proceso de congelación. Aunque pueda parecer un proceso sencillo, existen muchos factores con capacidad para alterar el resultado. ¿Qué entendemos por caliente? ¿Y por frío? ¿De qué cantidad de agua estamos hablando? ¿En qué tipo de recipiente está contenida? ¿Qué superficie cubre el agua? ¿Cómo estamos enfriando el agua? ¿Y qué queremos decir exactamente cuando aseguramos que «se congela antes»?, ¿nos referimos a la solidificación de una delgada capa de hielo en la superficie o al bloque de hielo?

Escuchemos a ambas partes.

El que dice que no: ¡Es imposible! Para congelarse, el agua deberá enfriarse hasta alcanzar los 0 ºC. Dicho esto, el agua caliente tiene más camino que recorrer, y por eso no puede ganar la carrera.

El que dice que sí: Sí, pero el ritmo al que un objeto pierde el calor por conducción es mayor a medida que la diferencia de temperatura entre el objeto y su entorno aumenta. Cuanto más caliente esté un objeto, más rápida será su velocidad de enfriamiento en grados por minuto. De esta forma, el agua caliente pierde calor a mayor velocidad y en consecuencia se enfriará más rápido.

El que dice que no: Puede ser. Pero ¿quién dice que el calor se pierde por conducción? También se puede perder por convección y radiación. Véase la página 35 de este mismo libro. Así las cosas, esto significa que el agua caliente tarde o temprano alcanzaría al agua fría en su carrera para llegar antes a los 0 ºC. Pero no podría rebasarla, aunque el agua caliente en efecto alcance al agua fría, dado que ambas continuarían experimentando un descenso de temperatura idéntico que se llevaría a término a la misma velocidad. En el mejor de los casos, se congelarían ambas a la vez.

El que dice que sí: ¿Sí?

El que dice que no: ¡Por supuesto!

Habiendo llegado a este punto en el que el raciocinio brilla por su ausencia, podríamos ejercer de mediadores y declarar que los partidarios del no van ganando, al menos hasta ahora. Sin lugar a dudas, en un mundo donde las condiciones de ambos líquidos fueran idénticas y estuvieran controladas, el agua caliente nunca se congelaría a más velocidad que el agua fría. La cuestión es que ambos caudales están operando inherentemente en condiciones distintas. Aun si tuviésemos dos recipientes idénticos y estuviésemos congelando los líquidos exactamente de la misma manera, existirían elementos que podrían ayudar al agua caliente para que obtuviese la victoria, como por ejemplo:

• El agua caliente se evapora más rápidamente que el agua fría. Si empezamos el experimento con la misma cantidad de agua en los dos recipientes (lo que naturalmente es esencial), habrá menos agua en el recipiente del agua caliente cuando lleguemos al momento decisivo de la congelación a 0 ºC. Y, ni que decir tiene, menos agua se congelará en menos tiempo.

Si piensa que el efecto de la evaporación es mínimo, considere lo siguiente: en el intervalo típico de temperatura del agua del grifo (entre 5 ºC y 24 ºC) el agua caliente se evapora a un ritmo siete veces superior al del agua fría. Cuando haya pasado una hora y media o dos, el contenido del recipiente del agua caliente habrá disminuido de manera considerable debido a esta evaporación acelerada. Aunque, obviamente a medida que el agua baja su temperatura, el ritmo de evaporación asimismo disminuye. En todo caso, habrá perdido una cantidad considerable de agua en su camino descendente.

• El agua es un líquido curioso por muchas razones. Una de ellas es que requiere de una cantidad relativamente elevada de calor para aumentar su temperatura un grado. (En términos científicos, el agua tiene una gran capacidad calórica.) En consecuencia, también requiere de mucha refrigeración para rebajar su temperatura un grado. Si hay menos agua en un recipiente, precisará de una menor refrigeración para rebajar su temperatura hasta llegar al punto de congelación. Es por ello por lo que, si el recipiente del agua caliente ha perdido parte de su contenido gracias a la evaporación, podrá llegar al punto de congelación bastante antes que el agua del otro recipiente. O sea, que adelantaría al agua fría llegando antes a la meta. Además, una vez en el punto de congelación, el agua debe perder una gran cantidad de calor para convertirse en un bloque de hielo: 80 calorías por gramo (véase pág. 180). De nuevo vemos que menos agua necesitará menos refrigeración para congelarse.

• La evaporación es un proceso refrigerante (véase pág.195). El agua caliente que se está evaporando más rápidamente añadirá, por tanto, una refrigeración extra, debida a la misma evaporación, a cualquier proceso con el que estemos refrigerando ambos recipientes. Y una refrigeración más rápida puede suponer una congelación más rápida.

• El agua caliente contiene menos aire en disolución que el agua fría. Cualquier cosa, incluido el gas, que esté disuelta en agua contribuirá a que se congele a una temperatura inferior (véase pág. 107). Cuanto mayor sea la cantidad de aire (o de cualquier otra cosa) disuelto en agua, más baja será la temperatura necesaria para su congelación. El agua caliente, que contiene menos aire disuelto, se puede congelar a una temperatura superior a la del agua fría, y por ende se congelará antes.

Sea como fuere, este último argumento no se sostiene. La rebaja del punto de congelación debida al aire disuelto en agua sólo supone un par de milésimas de grado. Aunque de todos modos (pues siempre hay un pero), mucha gente sostiene que cuando las tuberías de las casas se congelan durante el invierno, las del agua caliente se congelan antes.

Teniendo en cuenta estas razones, es posible que bajo circunstancias específicas un cubo de agua caliente colocado al aire libre en invierno se congele antes que otro de agua fría. Podemos, pues, (incluidos a los científicos que «saben lo que dicen» y otros escépticos) creer a los canadienses cuando afirman haberlo visto muchas veces. La razón más creíble y probable para el caso que nos ocupa es la pérdida de agua por medio de la evaporación. Aunque las investigaciones no hayan podido revelar todavía por qué los canadienses dejan cubos de agua al aire libre en invierno.

Aun así, queda un par de cosas por explicar. Primero, el recipiente del agua no se refrigera de manera uniforme, llegando a los 0 ºC y congelándose inmediatamente. Muy al contrario, se refrigera de forma irregular, dependiendo de la forma y el grosor del recipiente, del material con que ha sido fabricado, de la corriente del aire y de algunas otras variables. Así, la primera capa de hielo que se forma en el agua puede ser engañosa y no significará en modo

alguno que el resto del agua esté necesariamente a punto de congelarse. Antes bien, la primera capa de hielo en formarse estará siempre en la superficie (véase abajo).

Segundo, y aunque usted no lo crea, el agua puede permanecer a temperaturas inferiores a los 0 °C sin llegar a congelarse. Puede ser subenfriada y no cristalizarse en hielo a menos que sea estimulada por influencias externas. Las moléculas pueden estar listas para asumir su forma rígida de cristal, pero necesitarán un último empujoncito, posiblemente una mota de polvo o irregularidad del recipiente, alrededor de la cual puedan congregarse.

Con tanta incertidumbre, ¿cuándo podemos decir con seguridad que un recipiente de agua se ha «congelado»? Nuestros dos cubos de agua avanzan en una carrera sin una meta claramente definida.

Hechas todas estas consideraciones, lo mejor que podemos decir es que «a veces el agua caliente puede congelarse antes que el agua fría».

No lo pruebe

Si siente la tentación de correr a la cocina para llenar dos cubiteras (una con agua caliente y otra con agua fría), meterlas en el congelador y así comprobar cuál de ellas se congelará antes, no lo haga. Hay demasiadas variables fuera de control. Unas veces obtendrá un resultado y otras muchas el contrario. Ése es el problema que surge con la gente que dice saber algo porque lo ha probado, desde la congelación del agua hasta la cura de verrugas. Debe examinar primero todas las causas posibles y los factores que pudiesen alterar el resultado. Con todo, podrían surgir imprevistos por docenas, aun tratándose de un experimento tan simple como la congelación del agua.

El Titanic se hundió, pero el iceberg siguió flotando

¿Por qué flotan los icebergs y los cubitos de hielo? ¿No son más pesados los sólidos que los líquidos?

Normalmente sí, pero el agua es una excepción. Aunque suene trivial, es una cuestión de vida o muerte. Si el hielo no flotase, podríamos no estar aquí para hacernos estas preguntas.

Veamos qué pasaría si el hielo se hundiese en el agua líquida. En la prehistoria, cuando el tiempo era lo suficientemente frío para congelar la superficie de los lagos, estanques o ríos, la capa de hielo se habría hundido. Esta capa no se derretiría, ya que el agua líquida que tendría encima actuaría a modo de aislante. La siguiente helada habría depositado otra capa de hielo en el fondo, y así sucesivamente.

En poco tiempo la mayor parte del agua de la Tierra, a excepción de una estrecha franja en el ecuador donde no se producen las heladas, sería hielo sólido de abajo arriba, y las estaciones más cálidas no tendrían tiempo suficiente para descongelar la capa de hielo en toda su profundidad. Las criaturas acuáticas de las que descendemos no habrían tenido la oportunidad de desarrollarse y evolucionar. El mundo no contendría apenas vida.

El fenómeno en virtud del cual el hielo flota en el agua líquida nos es tan familiar que no nos damos cuenta de que se trata de algo singular. Cuando la mayor parte de los líquidos se congela, su forma sólida es más densa o pesada que el mismo volumen de líquido. Eso es de esperar, dado que las moléculas de los sólidos están más cerca las unas de las otras que las moléculas en estado líquido, razón por la cual los sólidos son más pesados y se hunden. Pruébelo con un líquido que se congela a una temperatura muy conveniente: las velas de parafina.

Haga la prueba

Ponga un trozo de cera sólida en cera líquida y verá cómo se hunde. Obtendrá el mismo resultado con los metales, los aceites, los alcoholes y demás sustancias. Pruébelo ahora con un cubito de hielo en un vaso de agua y obtendrá el resultado opuesto. El cubito flota.

La razón para el comportamiento «anómalo» del agua la encontramos en la singular forma en que están conectadas las moléculas del agua en forma de hielo. Están conectadas mediante puentes (enlaces de hidrógeno, véase pág. 113) que unen las moléculas del agua. Piense en la función de los puentes. La gente de Brooklyn puede decir que el puente une Brooklyn con Manhattan, pero los pobladores de Manhattan sostendrán que el puente separa Brooklyn de Manhattan. De alguna manera ambos grupos están en lo cierto, y eso es exactamente lo que los enlaces de hidrógeno hacen con las moléculas de agua cuando están congeladas: unen las moléculas manteniéndolas a distancia.

Así, en vez de estar tan cerca como las moléculas de los demás sólidos, las moléculas del agua forman una especie de celosía. Están más alejadas unas de otras que cuando el agua era líquida, de suerte que el hielo ocupa más espacio. Un peso de agua determinado ocupará un espacio mayor en un 9 % aproximadamente cuando esté en forma de hielo que cuando su estado sea líquido.

Haga la prueba

Fíjese en su cubitera. Verá que los cubitos tienen pequeñas montañas. Al congelarse se expandieron y, dado que no pudieron hacerlo hacia abajo o lateralmente, la única salida posible era hacia arriba.

Si el agua al congelarse está encerrada, reventará el recipiente que la contiene, por fuerte que sea, en su expansión. Por eso los conductos del agua de los coches pueden reventar cuando el agua que contienen se congela.

Los puentes del hielo no se forman todos a la vez en el momento de congelación. Al enfriarse, el agua gana densidad, como cualquier otro líquido, puesto que las moléculas disminuyen su velocidad y ocupan menos espacio. La mayoría de los demás líquidos van aumentando su densidad hasta que se congelan, y alcanzan el punto de máxima densidad al solidificarse. Pero no es éste el caso de nuestra vieja *aqua*.

El agua aumenta su densidad hasta cierto punto. Cuando llega a los 3,98 ºC, se invierte el sentido de este proceso y perderá densidad a medida que baje la temperatura. Algo que sucede porque empiezan a formarse los puentes y finalmente, a los 0 ºC, todos los puentes estarán en su sitio. Entonces la densidad alcanzará su valor más bajo y por eso el hielo flotará en el agua, sea cual sea la temperatura.

El hecho de que el agua alcance su punto de mayor densidad a los 3,98 ºC tendrá algunas consecuencias para los seres vivos. Cuando el agua fría enfría la superficie de un lago, el agua de la superficie gana densidad y se sumerge, y así paulatinamente hasta que toda el agua del lago haya llegado a su punto de mayor densidad a 3,98 ºC. Sólo entonces puede el agua que está en la superficie bajar su temperatura suficientemente para congelarse.

Para entonces, toda el agua del lago está a 3,98 ºC. Con independencia del frío que haga, puesto que el agua que esté a menor temperatura se quedará en la superficie, siendo como es más ligera que la que está debajo, y por ello los peces no se congelan. Ésta es otra de las razones que explican que el agua sea responsable de la existencia de vida en la Tierra.

 El rincón del quisquilloso

En la vida real las reservas de agua dulce, los cambios de temperatura, los vientos, las corrientes marinas y otros fenómenos naturales desbaratarán estos argumentos tan sólidos. Ahora bien, suponiendo que todo sea constante (la excusa universal), los argumentos anteriormente mencionados serán válidos.

El caso de los océanos es algo distinto. Debido a su contenido de sal, el agua no alcanza su punto de mayor densidad a los 3,98 °C. A medida que baja la temperatura, el agua se hace más densa y sigue descendiendo hasta el punto de congelación. Para que llegue a formarse hielo en la superficie del océano, toda el agua tendrá que llegar al punto de congelación, algo que únicamente sucede durante los largos y duros inviernos de los polos.

 Apuesta de bar

Puedo adivinar la temperatura del agua que se encuentra debajo de la capa de hielo de cualquier lago, sin necesidad de un termómetro.

En el nivel exacto

¿Cómo encuentra el agua su nivel exacto? Quiero decir, ¿cómo sabe una parte del agua dónde están las otras partes del agua, cuál debe ser su altura, sin importar cuán distantes estén las unas de las otras?

No hace falta, con la gravedad basta.

«El agua siempre busca su nivel.» Es una frase que probablemente dijo algún filósofo griego hace más dos mil años. Desde entonces la gente la ha repetido hasta la saciedad. Viene a decir que el agua se mantendrá horizontal siempre que pueda.

Cualquier volumen de agua (desde los cubos y las bañeras hasta los océanos) no manipulado llegará a un estado en el que su superficie será plana, con independencia de las olas que tuviese con anterioridad. Encontrará el punto matemáticamente exacto de equilibrio, compensando los puntos más altos y bajos con mayor precisión que un equipo completo de topógrafos. Pero ¿cómo saben las «colinas» que deben bajar y los «valles» que deben subir?

Todo esto pasa porque el agua (como otros líquidos) no puede comprimirse. Empujando no conseguiremos obligar a un líquido para que ocupe menos espacio, como pasa con el gas. Ello se debe a que las moléculas de los líquidos ya están lo más cerca posible las unas de las otras, y ninguna presión (dentro de unos límites) ejercida sobre ellas logrará que se junten más.

Lo que pasa al empujar, ocurre al estirar. Supongamos que hay una «colina» en la superficie del agua. La gravedad tira de ella en sentido descendente, pero las moléculas no pueden acercarse más unas a otras; lo único que pueden hacer es repartirse lateralmente en las zonas de menor altitud, circunstancia que propiciará la desaparición de la colina y el relleno del valle.

Naturalmente el agua del valle resulta estirada por la fuerza de la gravedad, pero el agua ya se encuentra en su punto más bajo. Si quisiera hallar un punto más bajo, debería ascender, algo que por supuesto va en contra de la gravedad.

Las colinas de tierra se comportarían de la misma manera si sus moléculas pudiesen fluir entre sí con la misma facilidad con que lo hacen las moléculas de agua. Una duna se encuentra en el punto intermedio: sus granos pueden fluir entre sí con relativa facilidad y por eso una duna demasiado alta siempre «buscará su nivel», como hace el agua, aunque no lo consiga. Así las cosas, podemos concluir que el agua se parece menos a una montaña de arena que a una de canicas.

Bien, usted ya sabía todo eso. Pero existe una aplicación sorprendente del mismo principio: los medidores de cristal. Usted los conoce. En el exterior de los calentadores y las calderas hay un tubo vertical de cristal que está conectado al agua contenida en el interior de la caldera. Usted no puede ver el nivel del agua dentro de la caldera, pero conoce su nivel porque es el mismo que marca el tubo de cristal. ¿Cómo sabe el agua que está dentro del tubo qué nivel tiene el agua dentro de la caldera?

Bien, si el nivel del agua dentro de la caldera fuese temporalmente más alto que el nivel del agua del tubo, la diferencia quedaría compensada como en el caso de la «colina» que hemos tratado en párrafos anteriores. En este caso el agua no tiene valles que anegar, y sólo puede ir al tubo de cristal. ¿Cuál será el resultado? El nivel del agua del tubo de cristal subirá y el nivel del agua del calentador bajará. El flujo de agua se detendrá cuando el agua alcance el mismo nivel en ambos sitios. Lo mismo pasaría en el caso inverso, si el nivel del tubo medidor fuese temporalmente superior al del agua dentro del calentador. En cualquier caso, siempre tendrán el mismo nivel.

Haga la prueba

¿Tiene en su cocina un separador de salsas de plástico, del tipo que parece una cantimplora en miniatura? El tipo de separador que le permite separar el jugo de la grasa. Es un sustituto perfecto para el ejemplo de la caldera. Vierta agua en él y note que, sea cual sea el nivel del agua dentro de la taza (la «caldera»), y aunque lo incline, el agua siempre presentará el mismo nivel en el pitorro transparente (el «medidor de cristal»).

Haute Cuisine auténtica

¿Por qué se hierve antes un huevo en Nueva York que en la Ciudad de México?

Sería divertido atribuir esta diferencia a las prisas de la Gran Manzana o a la parsimonia mexicana, pero desafortunadamente no podemos. La razón no tiene nada que ver con los huevos, sino con el agua, aunque no sea lo que usted está pensando.

Cuando el agua hierve en Nueva York, está un poco más caliente que cuando hierve en la Ciudad de México. Y con el agua más caliente conseguirá cocinar un huevo en menos tiempo.

Si pensamos un poco, nos daremos cuenta de que la mayor diferencia entre la Ciudad de México y Nueva York no es la dificultad que tengamos para encontrar un sándwich de carne de buena calidad, sino la altitud. Una cocina normal de la Ciudad de México suele estar unos 2.450 metros más elevada que la misma cocina en Nueva York, y a mayor altitud, menor es el punto de ebullición del agua. ¿Cuánto menor? Si el agua pura hierve a una temperatura de 100 °C en Nueva York (aunque puede no ser el caso, véase pág. 224), en la Ciudad de México alcanzará el punto de ebullición a una temperatura de 93 °C. Aunque no es una gran diferencia, nuestro huevo de tres minutos del ejemplo tardará un poco más en hacerse si lo cocemos en la Ciudad de México.

La razón es sencilla una vez sabemos en qué consiste la ebullición, esto es, cuando sabemos que las moléculas reúnen la suficiente energía para separarse en el cazo, juntándose en burbujas para finalmente escapar volando en forma de vapor (véase pág. 71).

Para conseguir escaparse, las moléculas deberán reunir la energía suficiente (o bien alcanzar una temperatura lo suficientemente elevada) y vencer así dos fuerzas distintas: a) tienen que vencer la fuerza que les obliga a estar juntas, y b) tienen que vencer la presión que ejerce la atmósfera sobre la superficie del agua. Esta presión viene causada por las moléculas de aire que bombardean continuamente la superficie del agua como si estuviera granizando.

La suma total de la fuerza de estas colisiones es transmitida a través del agua a todas sus moléculas. Las moléculas de la superficie pueden escapar fácilmente entre los enormes espacios localizados entre las moléculas del aire, pero las que se encuentran en el interior del agua deberán vencer la suma total de la presión ejercida antes de poder irse.

La fuerza que provoca la congregación de las moléculas del aire es la misma en todos lados, ya sea que formen parte de un Manhattan o de una margarita. Si bien la presión atmosférica es otra historia. En la Ciudad de México el aire tiene una densidad del 76 % comparada con la del aire a nivel del mar. Esto quiere decir que, cada segundo, la superficie del agua es bombardeada por una proporción de moléculas de aire equivalente a tres cuartos de la normal. Por lo tanto, las moléculas del agua pueden bullir y evaporarse con menos energía, en otras palabras, sin tener que calentarse tanto.

Un ejemplo extremo: el punto más alto del planeta es el monte Everest, que está a unos 8.848 metros por encima del nivel del mar. A esta altitud la presión atmosférica es un 31 % de la que existe a nivel del mar, y el punto de ebullición del agua está a 70 ºC. Esta temperatura no da para cocinar grandes manjares, aunque su hambre sea voraz tras la ascensión.

❓ No lo ha preguntado, pero...

¿Quiere esto decir que podemos hacer que el agua hierva a una temperatura más alta si incrementamos la presión?

Por supuesto, eso es precisamente lo que hacen las ollas de presión. Sellemos una olla con una tapa provista de un pequeño agujero para la salida del vapor. Coloquemos un peso en ese orificio a fin de mantener una presión determinada por vapor, en lugar de permitir que se escape por el agujero. También podemos utilizar reguladores de presión para predeterminarla y, en ambos casos, la «atmósfera» de la olla mantendrá esta presión superior.

En una olla de presión típica tenemos una presión de 0,70 kilogramos por centímetro cuadrado por encima de la presión atmosférica normal y una temperatura de ebullición (y, por tanto, la del vapor dentro de la olla) de 115 ºC (240 ºF). Estas condiciones bastarán para reducir el tiempo de cocción de los platos más laboriosos, tales como el cocido. Además, el espacio interior de la olla está lleno de vapor, que es un conductor del calor mucho más eficaz que el aire (véase pág. 39). En estas condiciones el calor será conducido a los alimentos de una manera mucho más eficiente y la cocción será en suma más rápida.

La tetera en el ojo del huracán

Si el punto de ebullición del agua depende de la altura dado que la presión atmosférica varía, ¿dependerá también del tiempo? Según los partes meteorológicos, la presión atmosférica cambia constantemente, aun en el mismo lugar.

Tiene usted razón, pero la incidencia del tiempo en el punto de ebullición del agua es muy pequeña.

Quienes pregonan a los cuatro vientos que el agua hierve a los 100 ºC a nivel del mar hablan sin conocimiento. La definición del punto de ebullición del agua pura no especifica nada sobre el nivel del mar. Se define en términos de una presión atmosférica dada, 760 milímetros de mercurio (véase pág. 170), y se da un valor típico, aunque no garantizado a nivel del mar. Cualquier aficionado al parte meteorológico sabe que la presión del aire varía cuando el tiempo cambia, viva usted en la costa o en cualquier otro lugar. Así, el punto de ebullición del agua dependerá del tiempo que haga en ese momento.

Los científicos han escogido el valor de 760 milímetros de mercurio arbitrariamente para definir una atmósfera. El punto de ebullición a esa temperatura se llama temperatura o punto normal de ebullición, y eso son 100 ºC (212 ºF).

Si bien podemos impresionar a nuestros amigos con estos conocimientos, el efecto de la presión atmosférica en el punto de ebullición del agua no es lo suficientemente importante como para que nos preocupemos. Aunque usted estuviese preparándose una taza de té cómodamente sentado en el ojo de un huracán, donde la presión puede alcanzar niveles tan bajos como los 710 milímetros de mercurio (la presión más baja jamás registrada es de 658 milímetros), el punto de ebullición sólo descendería hasta los 98 ºC (208 ºF). Consuela pensar que su té se mantendría a una temperatura suficientemente caliente para tomarlo con agrado.

Patinando sobre el... agua

El récord de velocidad corriendo es de unos 37 kilómetros por hora, pero patinando supera los 50 kilómetros por hora. Por lo tanto, deslizarse por el hielo deberá aumentar nuestra velocidad. ¿Por qué es el hielo tan resbaladizo y apropiado para deslizarse?

En realidad, el hielo no es resbaladizo en sí mismo. Presenta una película de agua muy delgada en su superficie por la que se deslizan los patinadores.

Los sólidos no suelen ser resbaladizos porque sus moléculas están tan cerca unas de otras que son incapaces de girar como peonzas. Por el contrario, las moléculas de los líquidos tienen más libertad para moverse y por eso éstos son más resbaladizos (véase pág. 116). Un poco de agua derramada sobre el asfalto podría suponer la realización del sueño de un abogado especializado en accidentes automovilísticos.

Los científicos no logran ponerse de acuerdo sobre la razón de la existencia de dicha película de agua. Obviamente debe haberse derretido, pero ¿qué hace que se derrita el hielo?

Dos son las causas posibles, por la presión o debido a la fricción, y con ellas se ha intentado explicar este fenómeno durante más de cien años.

Los defensores de la primera aseguran que la presión que la cuchilla del patín ejerce sobre el hielo (o el esquí sobre la nieve) derrite el hielo. No hay duda de que el hielo se derrite si se aplica una presión sobre su superficie, puesto que el hielo sólido ocupa más espacio que el agua líquida (véase pág. 217). Con la aplicación de la presión necesaria, lo forzaremos para que adopte una forma con la que ocupe un volumen menor: el agua. El peso del patinador, concentrado en un área tan pequeña como la que ocupa la cuchilla del patín, puede causar una presión de miles de kilos por centímetro cuadrado. El problema estriba en que esta presión tan intensa no bastará para derretir el hielo cuando se circula a alta velocidad, especialmente cuando el hielo está muy frío, ya que entonces las moléculas se encuentran en su forma más rígida y compacta.

Pero recapitulemos. Cuando frotamos dos objetos sólidos, aunque se trate de un patín y un trozo de hielo, propiciamos un efecto de fricción, y la fricción produce calor. Según los partidarios de ésta, el calor producido por la fricción bastará para derretir el trazo continuo de líquido por el que se deslizan los patinadores o los esquiadores.

Las pruebas parecen favorecer a los partidarios de la fricción, ayudados por la presión cuando las temperaturas no distan mucho del punto de congelación.

Haga la prueba

Coja un cubito de hielo o una cubitera con la ayuda de una toalla para no derretirlos. Pase el dedo por la superficie del hielo sin presionarlo. Se dará cuenta de que no está resbaladiza, al menos hasta que el calor de su cuerpo combinado con el que produce la fricción haya podido derretir ligeramente la superficie.

Apuesta de bar

El hielo limpio no es resbaladizo. (Pero no lo pruebe en un bar ya que el hielo que le ofrezcan no estará lo suficientemente frío, y sin duda su superficie se hallará mojada y resbaladiza desde el principio.)

Pregúntele a la manguera

Debe tratarse de una intuición ancestral, pero todos sabemos que el agua apaga el fuego y nadie lo pone en duda. Bien, ¿por qué puede el agua apagar fuegos?

Antes de continuar, sepa que el agua nunca debe ser utilizada para apagar los incendios causados por electricidad, los aceites o las grasas. Ello se debe a que el agua es conductora de la electricidad y podría conducirla directamente hasta sus pies. Además, el agua no se mezcla con los aceites y las grasas (véase pág.113); con su uso sólo conseguiría desparramar esos incendios y aumentar la intensidad del fuego.

El fuego necesita tres cosas para existir: combustible, oxígeno y (al menos al principio) temperatura suficiente para prender el combustible y dar paso a la combustión. Después, esta reacción producirá calor en cantidad suficiente a fin de mantener vivo el fuego.

Lo más natural sería eliminar el combustible. Si no hay nada que se pueda quemar, se acabó el fuego. Pero el agua no puede hacer eso, por lo que ataca a los otros factores: el oxígeno y la temperatura.

El agua que derramamos con un cubo o una manguera puede sofocar el fuego como si empleáramos una manta, limitándose a bloquear el suministro de aire. Incluso una pequeña película de agua podría conseguirlo en poco tiempo. Sin aire, no hay oxígeno, ni fuego.

El agua también puede provocar un descenso de la temperatura del combustible que se está quemando. Todas las clases de combustible precisan una temperatura mínima para empezar a arder. Si el agua rebaja esta temperatura, ¡*voilà*!, ya no habrá fuego. Aun estando caliente, la temperatura del agua es inferior a la temperatura que la mayoría de los combustibles necesita alcanzar para empezar a arder.

No hacen falta diluvios. El agua de un aspersor podría ser suficiente, pese a que deja grandes espacios para el oxígeno. Lo consigue rebajando la temperatura. ¿Recuerda lo refrescante que es correr entre el agua que expulsan los aspersores?

El aspersor rebaja la temperatura de dos maneras. Primero, el agua de esas pequeñas gotas se evapora rápidamente, y como sabemos la evaporación es un proceso refrigerante (véase pág. 195). Segundo, el agua posee una característica que la distingue de otros líquidos a la hora de apagar fuegos: es un ávido consumidor de calor. Un kilo de agua absorbe 1.000 calorías (1 Caloría) para aumentar su temperatura en un grado solamente.

¿Es mucho? Bueno, comparémoslo con otras sustancias: el mercurio sólo necesita 32,9 calorías, la bencina 250 calorías, el granito 190,5 calorías, la madera 396,8 calorías y el aceite de oliva 71,4 calorías.

Moraleja: un poco de agua puede absorber mucho calor antes de entrar en ebullición y evaporarse. Por eso el agua es un agente refrigerante muy efectivo y se utiliza en los sistemas de refrigeración de los automóviles y, además, es barata.

❷ No lo ha preguntado, pero...

¿Por qué no se queman las cosas que están mojadas?

Como hemos dicho, el agua es un ávido consumidor de calor que no se calienta demasiado. Cuando acercamos una llama a una superficie mojada, el agua de la superficie absorbe el calor, evitando que el objeto aumente su temperatura suficientemente para arder.

Haga la prueba

Ésta le sorprenderá. Ponga un poco de agua en un vaso de papel que no contenga parafina, ni espuma. Arréglelo de tal manera que pueda colocar una vela debajo del vaso (por ejemplo, debajo de una rejilla de alambre sostenida por latas de café). Ponga la vela encendida debajo del vaso y verá que éste no arde, y que después de un rato el agua se habrá calentado suficientemente para llegar al punto de ebullición, puesto que habrá absorbido el calor del papel al mismo tiempo que éste lo recibía de la vela. Aunque el agua hierva, nunca superará los 100 °C (212 °F) (véase pág. 59), lo cual resulta insuficiente para quemar el papel. El calor de la llama de la vela acabará provocando que el agua hierva sin calentar el papel.

Por qué son tan ruidosos los bares

¿Por qué se quiebran, estallan y crepitan los cubitos de hielo al ponerlos en mi bebida?

Si hacemos caso a los filólogos el hielo no estalla, ya que no está hueco. Pero sí que se quiebra y a veces crepita.

Primero, el quiebro. Cuando un cubito de hielo es sumergido en un líquido más cálido, algunas partes del cubito se calentarán expandiéndose ligeramente. Esta expansión produce una tensión en los cristales de hielo, dado que su estructura es sumamente rígida y no puede expandirse de modo aleatorio. La única forma que tiene el hielo para liberar esta tensión consiste en quebrarse y es por ello por lo que se oye el ruido.

Segundo, ese crepitar que suena como una secuencia de pequeñas explosiones es precisamente eso. A no ser que los cubitos se hayan formado a partir de agua hervida (como veremos más adelante), el hielo de su cubitera (o dispensador de hielo, si usted tiene la fortuna de poseer uno) contendrá pequeñas burbujas de aire disuelto. Cuando se congeló el agua, no quedaba espacio para el aire disuelto en esa estructura tan rígida que forman los cristales de hielo, y por ello se formaron las pequeñas burbujas de aire. Estas burbujas son las responsables de que el hielo tenga un aspecto turbio y no sea transparente.

Ahora ponga su cubito con burbujas en la bebida. El agua empieza a trabajar derritiendo primero la superficie y después las sucesivas capas que la conducen hacia el interior del cubito. A medida que realice su trabajo encontrará las burbujas de aire, compuestas por un aire atrapado cuya temperatura inicial era idéntica a la del congelador. Ahora que su temperatura está subiendo debido al avance del agua, necesitarán más espacio para su expansión. Algo que no es factible hasta que el agua derrita la pared de la burbuja en la medida suficiente para que ésta se rompa. Cuando esto suceda se producirá un estallido y el aire se escapará por la abertura. Miles de estos sucesos provocan ese chisporroteo o ruido crepitante.

Desde los submarinos que navegan por el Ártico puede oírse claramente el crepitar de los icebergs en su viaje hacia el sur cuando encuentran aguas más cálidas.

Haga la prueba

Hierva agua durante unos minutos con el fin de sacar la mayor cantidad posible de aire que contiene en disolución. Deje que se enfríe y viértala en una cubitera para congelarla. Descubrirá que, una vez congelados, no habrá muchas burbujas en los cubitos. Compárela con los cubitos hechos con agua corriente, mirándolos a contraluz. Cuando ponga los cubitos en su bebida, quizá se quiebren, pero el chisporroteo no será muy abundante. Así pues, disfrutará de una bebida relativamente silenciosa.

Capítulo 7
... Y ASÍ SON LAS COSAS

Hasta ahora hemos examinado de cerca más de cien fenómenos cotidianos y hemos explorado sus causas. Pero ¿es esto ciencia? ¿Examinar cada fenómeno y encontrar una razón singular para explicarlo, con el objeto de analizar el siguiente fenómeno y así hasta el infinito? Ni mucho menos.

Existen ciertos principios generales tras las situaciones que hemos tratado. La multitud de referencias cruzadas muestra la relación existente entre todas nuestras preguntas. Hubiera sido mucho más lógico y eficiente proceder primeramente a explicar los principios generales y analizar luego las aplicaciones y los ejemplos cotidianos. Pero entonces éste no sería un libro de preguntas y respuestas, sino un libro de texto y eso no es lo que usted quería.

De todas maneras, esos principios generales existen y los científicos los llaman teorías. Cuando una teoría ha sido probada de manera exhaustiva y ha superado el examen sin mayores problemas, puede conseguir el elevado título de ley natural. Ésta es sólo una manera elegante de decir: «El mundo es así. Puede que no sepamos por qué es así, pero así son las cosas, le guste o no».

Seguro que ha oído hablar de la Ley de Gravitación Universal, formulada por Isaac Newton, y quizá también de sus leyes sobre el movimiento, pero tal vez no conozca las tres leyes de la termodinámica que gobiernan los cambios de energía. Y nada sucede, nada de nada, sin que se produzcan cambios de energía.

La ciencia ha encontrado muchas razones diferentes para explicar el porqué de las cosas. El último capítulo de este volumen invoca a estos principios generales para esclarecer algunas cuestiones oscuras sobre la energía, la gravedad, la masa, el magnetismo y la radiación, asuntos que abarcan desde la visión en la oscuridad hasta la visión a través del plomo. Asimismo, en el camino me encargaré de publicitar el sistema métrico.

Este capítulo (y el libro) termina con una pregunta aparentemente infantil, pero que a mi juicio es la más profunda de todas las que existen: «¿Qué hace que sucedan o que no sucedan las cosas?». La Segunda ley de la termodinámica nos dará la respuesta.

Más calor que luz

No entiendo la radiación infrarroja. ¿Cómo se puede utilizar para ver en la oscuridad? A veces la llaman «luz» y a veces «calor». ¿Qué es?

Siendo puntillosos, ninguna de las dos. No es luz, ya que no la podemos ver y no es calor ya que no contiene ninguna sustancia que se pueda calentar. Me gusta llamarla «calor en tránsito». Veremos por qué.

La radiación infrarroja es sólo una parte de la gran variedad de radiación electromagnética que recibimos del sol. Las radiaciones electromagnéticas son ondas de energía que viajan a través del espacio a la velocidad de la luz. Como son energía pura, las distinguimos de las seudoradiaciones que emiten los materiales radiactivos.

Las radiaciones electromagnéticas se diferencian por su energía. Las de menor energía son ondas de radio y las de mayor energía son rayos gamma. En la región central del espectro encontramos (en sentido ascendente) las microondas, la radiación infrarroja, la luz visible, los rayos ultravioleta y los rayos X. Los rayos gamma provienen de los materiales radiactivos. Las ondas de radio, las microondas y los rayos X debemos fabricarlos nosotros. El resto del espectro o gama de radiación electromagnética procede del vetusto sol.

Para observar las radiaciones electromagnéticas necesitamos un instrumento adecuado, ajustado exactamente al mismo tipo de energía que queremos detectar. Así, para ver una parte pequeña del espectro solar, disponemos de un instrumento maravilloso llamado ojo humano. Naturalmente, esta parte del espectro que puede ver el ojo recibe el nombre de luz visible. Para poder detectar las ondas de radio y las microondas necesitamos una antena que las recoja y circuitos electrónicos que las conviertan en algo que podamos ver u oír. Para los rayos X y los rayos gamma necesitamos medidores Geiger y demás parafernalia que habitualmente utilizan los físicos nucleares.

La radiación infrarroja (*infrarroja* significa «por debajo del rojo» en su energía) se encuentra fuera de la región que el ojo humano puede detectar. Por eso no se le puede llamar luz. Debemos detectarla por sus efectos en las cosas, y su habilidad más destacable consiste en calentar las cosas.

Las diferentes radiaciones tienen efectos distintas cuando golpean la materia o chocan con la superficie de cualquier sustancia. En general existen tres posibilidades: la radiación puede rebotar, puede ser absorbida o puede atravesar la sustancia en cuestión.

La luz visible rebota en la mayoría de las sustancias, mientras que los rayos X generalmente las atraviesan. Pero la radiación infrarroja posee la cantidad justa de energía para resultar absorbida por las moléculas de una gran variedad de sustancias. Cuando una molécula absorbe energía se transforma, de forma natural, en una molécula más energética. Salta, rota, bate y azota sus átomos, da volteretas y rebota más que antes. Una molécula energética es una molécula caliente (véase pág. 247).

Cuando la radiación infrarroja entra en contacto con algo, de inmediato lo hace más caliente. La radiación no constituye calor en sí misma hasta que es absorbida por alguna sustancia. Por eso insisto en llamarla «calor en tránsito».

Podemos ver la radiación infrarroja en dos de sus aplicaciones comunes: las lámparas de rayos infrarrojos que producen calor y la fotografía de rayos infrarrojos.

Las lámparas de rayos infrarrojos se utilizan en los restaurantes para mantener la comida caliente desde el momento en que es preparada en la cocina hasta el momento en que el camarero regresa tras lo que parecen ser unas vacaciones muy prolongadas. Estas lámparas están diseñadas para emitir la mayor parte de su luz en la región infrarroja del espectro, aunque ciertamente algo de su energía es visible en forma de luz roja.

La fotografía de rayos infrarrojos o fotografía «en la oscuridad», queriendo decir con ello en ausencia de luz visible, basa su eficacia en el hecho de que cuando los objetos pierden calor, parte de éste es emitido en forma de radiación infrarroja (véase pág. 35). Esta radiación puede ser detectada mediante una película fotográfica especial o también con el uso de pantallas fosforescentes. De esta manera los objetos cálidos se hacen visibles.

234 | LO QUE EINSTEIN NO SABÍA

No tires la blusa de plomo, Lois

¿Por qué no puede ver Superman a través del plomo con su visión de rayos X?

Podría hacerlo, si se empeñase. Lo que pasa es que sus creadores, Jerry Siegel y Joe Shuster, le dijeron que podía ver a través de cualquier cosa, con la única excepción del plomo. Y dado que Superman es un buen personaje de cómic, obedece fielmente y en todos los casos a sus creadores.

Siegel y Shuster debieron de pensar que los rayos X no pueden atravesar el plomo. De no ser así, ¿por qué se protegen los operadores de rayos X tras una pared de plomo cuando le hacen una radiografía? ¿Por qué le ponen un babero de plomo cuando el dentista les practica una radiografía a sus dientes?

El plomo se utiliza como escudo contra la radiación en el mundo de la investigación nuclear y la tecnología. Pero la verdad es que no tiene nada de especial. Su única virtud es ser más barato que otros materiales.

Los rayos X son sólo una clase de radiación electromagnética. Son energía pura que viaja por el espacio a la velocidad de la luz. Otros tipos de radiaciones electromagnéticas más comunes que existen allende los muros de la consulta del médico son la luz misma, las microondas que utilizamos para cocinar y las ondas de radio que transportan los programas a nuestros receptores de radio y televisión.

Estas ondas de energía se hallan en constante vibración en todas direcciones. De hecho, su energía está hecha de estas vibraciones: una frecuencia de vibración elevada, de más oscilaciones por segundo, implica una energía por radiación superior.

Se ordenan de la siguiente manera en orden ascendente según su energía: la radio AM, la onda corta, la televisión y la radio FM, el radar, las microondas, los infrarrojos, la luz (visible e invisible), los rayos X y los rayos gamma, que son emitidos por materiales radiactivos.

Dado que tienen tanta energía, usted puede pensar (como si no lo supiera) que los rayos X son unas radiaciones muy penetrantes. Atraviesan la carne como las balas atraviesan la gelatina. Los huesos bloquean su paso en la medida suficiente para emitir unas tenues sombras que salen a relucir en la placa fotográfica. Lo malo del caso es que los rayos X y los gamma son radiaciones *ionizantes*, es decir, que pasan a través de los átomos de carne, huesos y demás tejidos arrancando sus electrones y dejando *iones* tras de sí (átomos que carecen de parte de sus electrones).

Sin entrar en detalles, diremos que los átomos que no tienen un juego completo de electrones son, por introducir una metáfora, espadas de doble filo en el juego químico de la vida. Pueden alterar la química de nuestro cuerpo de manera extraña y malsana. Por eso debemos protegernos de los rayos X y las demás radiaciones ionizantes, como las que provienen de la radiactividad.

¿Qué debemos utilizar entonces para detener los rayos X? Cualquier cosa que posea una gran cantidad de átomos con muchos electrones que se puedan perder, puesto que cada vez que un haz de rayos X desplaza un electrón de su átomo perderá parte de su energía en el proceso. Por eso mismo, cuantos más átomos con sus electrones situemos enfrente del haz, antes perderán su energía los rayos y se detendrán. Así, el mejor material para bloquear rayos X será cualquier sustancia que tenga el mayor número de electrones por átomo y una mayor densidad en su agrupación, o sea, el mayor número de átomos por centímetro cúbico.

El uranio sería ideal, puesto que tiene 92 electrones por átomo y es diecinueve veces más denso que el agua. El oro también serviría: presenta 79 electrones por átomo y es un poco más denso que el uranio. Luego tenemos el platino, con 78 electrones por átomo y es veintiuna veces más denso que el agua, pero, ¡ay!, Se trata de sustancias extremadamente caras. Y de todos modos ¿a quién se le ocurre protegerse de los rayos X detrás de una cortina de uranio radiactivo?

Dicho esto, concluiremos que la solución pasa por encontrar la mejor relación entre el coste y los electrones por centímetro cúbico. El plomo cumple este requisito mejor que cualquier otro material. Tiene 82 electrones por átomo, es 11,35 veces más denso que el agua y podemos comprar unos cuatro kilos por sólo un euro.

(Por si le interesa el dato, hay 4×10^{25} electrones por cada 2,5 centímetros cúbicos de plomo. O sea, un 4 seguido de 25 ceros.)

Algunos rayos X atravesarán cualquier cortina de plomo o de cualquier otro material que situemos delante, con independencia de su grosor, pero cuanto más gruesa sea la capa, menor será la radiación que logrará pasar. En teoría, ningún material puede parar completamente los rayos X, ningún material o ningún grosor. Sólo podemos reducir el haz y dejarlo en un nivel relativamente inofensivo.

Pueden utilizarse materiales más baratos que el plomo, por supuesto, pero necesitaríamos más cantidad. Una pared de hormigón, por ejemplo, tendrá el mismo efecto protector que una cortina relativamente delgada de plomo, aunque el hormigón no absorba la misma cantidad de rayos X que el plomo en capas del mismo grosor. Si dispusiera de espacio suficiente podría emplear el protector más barato: el agua. Sólo tiene diez electrones por molécula, pero a una distancia adecuada de la fuente de rayos X estará a salvo.

Puede que Siegel y Shuster ya lo supieran, pero admitirlo sin duda habría arruinado un buen truco literario. Así, Lois Lane puede estar tranquila con su blusa de plomo.

Eso es, hasta que el educado Clark Kent espabile.

Fresco como un... colinabo

¿Por qué están fríos los pepinos? He leído en libros y revistas de cocina que los pepinos siempre están 10 °C más frescos que su entorno. ¿Cuál es la razón?

¿Así que veinte grados...? Veremos.

Si la temperatura de los pepinos es siempre 10 °C menor que la temperatura ambiente, pongamos muchos pepinos en un barril y veamos qué sucede. ¿Lucharán entre ellos para estar diez grados más frescos que los demás? ¿Ha visto alguna vez un montón de pepinos que se congelan sin razón aparente?

Veámoslo bajo un prisma distinto: si los pepinos están siempre 10 °C más frescos que la temperatura ambiente, construyamos una caja con los pepinos y seguidamente pondremos nuestras botellas de vino en su interior para mantenerla fresquitas a una temperatura de 13 °C. ¿Y por qué detenernos aquí? Construyamos una caja más pequeña y pongámosla dentro de la primera; así rebajaremos la temperatura otros 10 °C y podremos mantener nuestra cerveza bien fresca, a una temperatura de 3 °C. Y sin necesidad de hielo, ya que con otra caja aún más pequeña podemos hacerlo nosotros mismos, rebajando la temperatura otros 10 °C. Con suficientes cajas dentro de otras cajas mayores podríamos construir un inmenso congelador para congelar el infierno. Y sin necesidad de enchufes, tomas de corriente ni cables.

Acabamos de saltarnos la ley más elemental de la física: la Primera ley de la termodinámica, comúnmente llamada la Ley de la conservación de energía. Ya que aquí nos encontramos con una sustancia, la carne del pepino, que debe estar liberando constantemente energía en su entorno. Se trata de la única manera que existe para que un objeto se mantenga fresco, esto es, liberando el calor que fluye hacia él de manera natural desde los objetos adyacentes. Como el calor es energía, el pepino constituye una fuente inagotable de energía. Es gratis y no tendremos que quemar más carbón o petróleo, ni preocuparnos por los peligros que encierra la energía nuclear. ¡Vaya, entonces podríamos utilizar la energía de los pepinos para generar electricidad, propulsar coches ecológicos y limpios, irrigar los desiertos y plantar más y más pepinos! Podríamos...

Lo único que no podemos impedir es que determinados individuos escriban estupideces en los libros. Además, esos 10 ºC imaginarios son totalmente irrelevantes. Pepinos automáticamente fríos (o cualquier otra cosa)..., es algo que simplemente no puede existir. No hay nada con capacidad para mantener, de manera permanente, una temperatura siquiera ligeramente distinta, más fría o caliente, que la del entorno que lo rodea, a no ser que añadamos o sustraigamos energía desde otro lugar. Por eso tenemos que enchufar nuestros electrodomésticos, sencillamente porque utilizamos energía de las plantas generadoras de energía eléctrica para sustraer energía térmica de nuestras neveras y para suministrar energía térmica a nuestros hornos.

Inicialmente habíamos dicho que si cogemos un pepino que no ha estado en la nevera y lo ponemos en nuestra frente nos proporcionará una sensación de frescor. Claro que sí, pero se debe a que el pepino está más fresco que nuestra piel, que como es lógico y deseable está a 36 ºC, y no porque esté más fresco que la temperatura ambiental de 18 ºC.

Haga la prueba

Deposite un pepino y una patata no refrigerados en el mismo lugar a temperatura ambiente durante varias horas. Córtelos y ponga las superficies cortadas sobre su frente. Enseguida percibirá que ambas están igualmente frescas. Verifique que ambas tienen la misma temperatura con la ayuda de un termómetro de cocina.

Si exceptuamos las influencias de fenómenos tales como las corrientes de aire y la luz del sol que se introduce por la ventana, todos los objetos de una habitación deben estar siempre a la misma temperatura y, a menos que suba la calefacción a más de 36 ºC, todos los objetos le causarán una sensación de frescor en comparación con la temperatura de su piel.

Cuando dos objetos están en contacto, el calor fluye espontáneamente del más caliente al más frío. De esta manera, cuando el pepino (o cualquier otro objeto a temperatura ambiente) absorba el calor de su frente, usted identificará esta pérdida de calor como una sensación refrescante.

Hablando en términos científicos, el frescor no existe, tan sólo existen diversos grados de calor. Las palabras *fresco* y *frío* son conveniencias del lenguaje, lo mismo que la expresión «fresco como un pepino» (o como una lechuga). Y siempre resulta mucho más divertido que decir «fresco como un colinabo».

 Apuesta de bar

Un pepino no es ni un ápice más fresco que una patata.

¿Qué es lo que quería decir Einstein?

Sé que la ecuación que formuló Einstein, E=mc², es muy importante y que guarda alguna relación con la bomba atómica, pero ¿en qué nos afecta, qué tiene que ver con la gente de a pie?

La verdad es que no mucho. Aunque esto no significa que esta teoría no haya constituido una de las inspiraciones más acertadas de la mente humana. A pesar de que tiene que ver con muchos fenómenos cotidianos, éstos son demasiado pequeños para que los percibamos, salvo cuando esa bomba que ha citado nos llama la atención al respecto, ya que la bomba seguramente constituye uno de los ingenios para llamar la atención más efectivos de todos los tiempos.

La más famosa de las ecuaciones fue inmortalizada en papel por Albert Einstein en 1905, como una pequeña parte de su mayestática teoría sobre la relatividad. Entre otras muchas cosas, Einstein descubrió que existe una íntima relación entre la masa y la energía. Entendiendo como energía la habilidad que permite que las cosas tengan lugar y como masa esencialmente el peso de un objeto material.

Como es natural, nos gustaría pensar que la energía es energía y que los objetos son objetos, y punto. Pero Einstein descubrió que la energía y la masa son aspectos diferentes e intercambiables de una misma cosa universal, que denominaremos masa-energía a falta de una mejor definición. La ecuación de Einstein, asombrosamente sencilla a todas luces, es la fórmula que permite determinar cuánta energía equivale a cuánta masa, y viceversa.

Para los amantes de las matemáticas diremos que si m equivale a una cantidad de masa determinada y E es la cantidad equivalente de energía, la ecuación nos dice que podemos determinar la cantidad de energía sencillamente multiplicando m por un número representado como c^2. (El número c^2 es enormemente grande y supone el cuadrado de la velocidad de la luz, lo que permite obtener una enorme cantidad de energía a partir de una cantidad de masa diminuta.)

La razón de la irrelevancia de la ecuación de Einstein en nuestro quehacer cotidiano (con una excepción importante que mencionaremos más adelante) es que todas las actividades comunes para la producción de energía, tales como la digestión o la combustión de gasolina o carbón, son procesos puramente *químicos*, y en estos procesos la cantidad de masa de la que proviene la energía es minúscula.

¿En qué medida es esta cantidad minúscula? Bueno, aunque detonemos y hagamos explosionar un kilogramo de TNT (y estará usted de acuerdo conmigo al asegurar que se trata de un proceso que libera una gran cantidad de energía), toda esta energía será liberada a partir de la conversión de sólo la mitad de una milmillonésima parte de un gramo de masa. Si pudiéramos pesar el TNT antes de la explosión y después juntar todo el humo y los gases disipados por la deflagración para pesarlos, veríamos que pesan media milmillonésima parte de gramo menos.

Eso es menos de lo que podemos percibir. Apenas podemos medir estas diferencias minúsculas en las básculas más sensibles y sofisticadas del mundo. Por eso, aunque la ecuación de Einstein se aplique en todos los procesos relacionados con la energía (y no permita que le digan que no es así), no tendrá una importancia reseñable en nuestra vida cotidiana.

Esto es así para todos los procesos *químicos*. Los procesos *nucleares* tales como las reacciones de fusión nuclear del Sol y la reacción de fisión de la bomba atómica son harina de otro costal. Puesto que casi toda la masa del mundo está localizada en el enorme núcleo de los átomos, la cantidad de energía liberada, átomo por átomo, por los procesos nucleares será mucho mayor (miles de millones de veces superior) que la que pueden liberar los procesos químicos (véase pág. 241).

Lo que hace que la energía atómica sea la campeona entre los liberadores de energía de la Tierra es algo que se denomina *reacción en cadena*. Es un proceso en virtud del cual cada reacción de un átomo provoca dos reacciones más, y cada una de ellas provoca dos más, cada una de esas cuatro resultantes provoca a su vez otras dos, y cada una de las ocho hace lo propio, provocando dos más, y así sucesivamente hasta que obtenemos un enorme número de átomos que están reaccionando a partir de la reacción «piloto» causada por un solo átomo. Cuando logremos que un número muy elevado de átomos reaccione en un corto período de tiempo, donde cada uno de ellos libera una energía equivalente a mil millones de reacciones químicas, conseguiremos una explosión sin precedentes.

Las reacciones en cadena no son todas malas. Si controlamos la velocidad a la que se multiplica la reacción en cadena de la fisión nuclear, obtendremos un reactor nuclear. En el reactor nuclear la energía se libera gradualmente, y de esta manera genera calor para hervir agua, produce vapor para mover las turbinas que ponen en marcha los generadores que producen la electricidad que utilizamos para encender lámparas como las que bien podrían emplearse para leer este libro. Éste es el efecto directo que este tipo de reacciones tiene en nuestras vidas.

 **Apuesta de bar**

En las reacciones químicas ordinarias la masa se convierte en energía.

Este ejemplo provocará a los académicos y profesores de química. Los químicos están tan acostumbrados a pasar por alto las minúsculas variaciones de masa asociadas a las reacciones químicas que creen que éstas no existen, y así lo enseñan en las facultades. Podemos sustentar este argumento recordándoles que Einstein nunca dijo: «$E=mc^2$, excepto en las clases de química».

La dieta de los átomos obesos

Entiendo que el carbón y el petróleo contengan energía, ya que la energía se libera en forma de calor cuando los quemamos, pero ¿cómo se obtiene la energía del uranio?, ¿quemándolo?

Si por «quemar» queremos decir combustión, o sea, el inicio de una reacción química con el oxígeno del aire, entonces no; pero si queremos decir que los átomos del uranio se consumen, entonces sí.

Tiene razón al decir que el carbón, el petróleo y el uranio contienen energía. La verdad es que cualquier sustancia contiene un poco de energía. Es un aspecto inherente a la organización singular de sus átomos y a la manera por la cual se mantienen unidos. Si los átomos están muy juntos y su configuración es compacta, presentarán un estado relativamente satisfecho y contendrán por ende escasa energía. Si su unión es floja, tendrán un potencial mayor para el cambio, dicho de otro modo, contendrán más energía potencial.

Sirva como ejemplo la unión de los átomos de la nitroglicerina, que es muy débil, por lo que esta sustancia es muy inestable y bastará un pequeño golpecito para que sus átomos se reorganicen con rapidez (extremadamente rápido) con objeto de formar una combinación más estable, con menos energía, o una variedad de gases. La energía liberada por la explosión resultante equivale a la diferencia entre la unión de átomos de la nitroglicerina original y la energía contenida en la nueva combinación de átomos en forma de gases.

Por norma general, si podemos encontrar una manera de redistribuir los átomos de una sustancia en una combinación que contenga menos energía, la energía «perdida» deberá adoptar alguna forma, una forma que normalmente es el calor. Cuando quemamos carbón o petróleo en el aire, damos a los átomos (con los átomos del oxígeno del aire) una oportunidad para que se reorganicen en combinaciones menos energéticas, en este caso el dióxido de carbono y el agua. La energía liberada puede recuperarse en forma de calor. La única razón por la cual no podemos obtener energía del agua o las piedras es que no existen combinaciones de sus átomos con menor energía. Al menos, sin gastar más energía de la que recuperaríamos.

Para conseguir combinaciones menos energéticas en el caso del petróleo, el gas natural y la gasolina, que constituyen nuestros combustibles más habituales, deberemos ofrecerles oxígeno para que puedan reaccionar con él. Los átomos del uranio no necesitan esta ayuda. Pueden llegar al estado de menor energía por división, esto es, dividiendo su sustancia en átomos más pequeños, también a partir de uno mayor. Los dos átomos pequeños resultantes constituyen combinaciones más estables, compactas y menos energéticas que el átomo original. La disminución en la energía resultante constituye la energía derivada de la fisión nuclear. En rigor, tan sólo se divide el núcleo del átomo; el resto (los electrones) hace de comparsa.

Pero no todos los átomos son capaces de dividir sus núcleos para producir energía. Sólo los más pesados se dividen de esta manera. Son tan pesados que se tambalean hasta tal punto que la mínima provocación hará que se partan o se dividan en dos. Un reactor nuclear es a la sazón un provocador muy eficiente. Bombardea los núcleos de los átomos con neutrones, partículas nucleares pesadas sin carga, circunstancia que les produce un cosquilleo y provoca su división en combinaciones más estables, que producirán energía en su proceso de formación.

 ### El rincón del quisquilloso

¿A qué se debe que el núcleo del uranio es tan inestable y se pueda dividir con tanta facilidad?

Todos los núcleos atómicos están hechos de partículas llamadas nucleones. Un núcleo grande, como el del uranio, es una aglomeración de más de doscientas de estas partículas, todas apiñadas en un espacio increíblemente pequeño. Es un número tan grande de objetos que deben mantenerse agrupados, que el control que ejerce el núcleo sobre estos objetos es bastante débil. A título ilustrativo, es como intentar coger un cesto de pelotas de golf en sus brazos sin tener ningún cesto que las contenga.

El núcleo podría mejorar su precaria situación y aumentar su autocontrol si se pudiese dividir en dos grupos más fácilmente controlables, en dos montones (medias cestas) de pelotas de golf más pequeñas que pudiera usted cargar y transportar con más seguridad y firmeza. Los dos montones de menor tamaño, al disponer de un control más firme, tendrían menos posibilidades de división. Su potencial de conducta errática y caótica sería notablemente menor, menos de aquello que los científicos llaman energía potencial.

Pero como nos enseñó Einstein, la energía es masa y la masa es energía. De esta manera, los núcleos más pequeños resultantes tienen menos energía que el núcleo original, y por consiguiente también menos masa. Los dos núcleos de «media cesta» juntos pesan menos que el núcleo de «la cesta entera», aunque contengan el mismo número de «pelotas de golf». Si sumamos la masa (o el peso, para entendernos) de los núcleos más pequeños que resultan de la división del uranio, veremos que la suma total es un 10 % inferior a la masa del núcleo original del uranio.

Ese 10 % de «masa perdida» se convierte en una gran cantidad de energía ya que, según nuestra vieja y querida ecuación de $E=mc^2$ (véase pág. 240), una pequeña cantidad de masa equivale a una enorme cantidad de energía.

Quizá sea un poco difícil de entender pero, si estas teorías no fuesen ciertas, la energía nuclear y cientos de fenómenos nucleares que los científicos observan cada día en sus laboratorios no existirían. Una vez que hayamos asumido la proposición de Einstein, según la cual la energía y la masa son intercambiables, todos estos acontecimientos nucleares no deberían sorprendernos.

Bueno, quizá un poco.

Una atracción férrea

¿Por qué los imanes atraen el hierro? ¿Por qué los imanes atraen el hierro y no el aluminio o el cobre, por ejemplo?

Los imanes sólo son atraídos por otros imanes. Un pedazo de hierro contiene millardos de minúsculos imanes, una circunstancia que no se da en el cobre y el aluminio.

La única cosa capaz de ejercer atracción sobre un polo de un imán es el polo opuesto de otro imán. Exactamente igual que las cargas eléctricas: la única cosa que una atraerá una carga eléctrica positiva es una carga eléctrica negativa, y viceversa. En el caso de los imanes, llamamos a estos polos opuestos «positivo» y «negativo». No existirá una fuerza directa entre una carga eléctrica y algo que no tenga carga. Lo mismo ocurre con los imanes; sin otro imán, no habrá atracción.

Existen algunos efectos cruzados entre la electricidad y el magnetismo; se puede obtener atracción magnética como resultado de variar las cargas eléctricas y también se pueden obtener atracciones eléctricas al mover imanes. Seguidamente nos ocuparemos de los imanes fijos.

Los átomos del hierro son pequeños imanes porque sus electrones de carga negativa (cada átomo de hierro tiene veintiséis) giran como peonzas en su viaje alrededor del núcleo, de la misma manera que la Tierra gira en su viaje alrededor del Sol. Este movimiento giratorio genera uno de esos efectos cruzados «eléctromagnéticos». En esta situación las cargas eléctricas actúan como un imán, pero la mayoría de los electrones del hierro están organizados en pares, y cuando los electrones giratorios se juntan en parejas su magnetismo resulta cancelado por el otro electrón, al igual que sucede con los imanes: polo positivo con polo negativo y polo negativo con polo positivo.

Cuatro electrones del hierro se quedan sin compañero, y al carecer de pareja irradiarán un efecto magnético hacia otros átomos. Por consiguiente, los átomos del hierro son magnéticos y serán atraídos por los imanes.

Todo eso está muy bien, pero el hierro no es, ni mucho menos, un caso aislado. Docenas de elementos (incluidos el aluminio y el cobre) tienen electrones sin pareja en sus átomos y son, por tanto, magnéticos. Hasta los átomos del oxígeno presentan electrones sin pareja que sufren la atracción de los imanes. Huelga decir que no podemos verlo en el aire, pero si derramamos oxígeno líquido encima de un imán potente en el laboratorio, verá que se queda pegado.

Esta clase de magnetismo que proviene de los electrones sin pareja (en términos científicos, paramagnetismo) es bastante débil. Sólo presenta una millonésima parte de la fuerza del tipo de magnetismo que normalmente nos viene a la mente, es decir, el que se da cuando el hierro es atraído por un imán, aunque usted podrá comprobarlo en su propia casa si se fija bien.

Haga la prueba

Ponga un nivel de burbuja, como los que se utilizan en la construcción, encima de una mesa. Acerque un imán potente a uno de sus extremos, donde está la burbuja. Fíjese bien, utilizando las marcas del tubo como punto de referencia. Si el imán es lo suficientemente potente, verá cómo la burbuja de aire se mueve ligeramente hacia el imán. Esto no sucede porque el aire de la burbuja sea atraído por el imán. Necesitaríamos un imán muy potente para conseguirlo. Se debe a que el líquido del nivel es repelido por el imán gracias a un seudomagnetismo. Cuando el líquido se desplaza en una dirección, la burbuja se mueve en la dirección contraria.

Si el magnetismo del hierro es mucho más potente (en términos científicos, ferromagnetismo; ferrum significa «hierro» en latín), se debe a que en un trozo de hierro los imanes atómicos no tienen por qué apuntar en cualquier dirección aleatoria, como si fuesen brújulas en un almacén repleto de imanes. Si frotamos un trozo de hierro con un imán, haremos que sus átomos se alineen, con todos sus polos norte apuntando en una misma dirección y sus polos sur en la opuesta.

Gracias al tamaño y la forma precisos de los átomos de hierro, mantendrán esta formación en línea. Esto producirá un efecto magnético añadido muy potente, millones de veces más fuerte que el magnetismo de los átomos individuales. Como resultado de todo ello, el trozo de hierro se habrá imantado; dicho de otro modo, se ha convertido en un imán y atraerá otros pedazos de hierro.

Sólo en tres elementos, el hierro, el cobalto y el níquel, el tamaño y la forma de los átomos posibilitan esta formación en línea. Por eso estos tres metales constituyen los tres elementos ferromagnéticos. El hierro es el más potente del trío.

Una reseña de comentarios

Un cuerpo humano adulto contiene de cuatro a cinco gramos de hierro presente en la hemoglobina y mioglobina [en honor a la verdad, dicha cantidad es más cercana a los tres gramos]. El hierro es esencial para la vida y sus influencias magnéticas tienen efectos magníficos y radicales [sic]... [Por consiguiente], los imanes poseen excepcionales facultades curativas muy indicadas para el tratamiento de ciertas dolencias tales como el dolor de muelas y el de las articulaciones, la rigidez de hombros, inflamaciones varias, la espondilitis cervical [sic], los eccemas, el asma, los sabañones y algunas heridas.

(Extracto de *Terapia Magnética*, un tratado sobre la salud distribuido en un centro comercial para promocionar una clínica que supuestamente «cura» con imanes.)

La pistola de aire comprimido más grande del mundo

Si dejase caer un perdigón desde el edificio más alto del mundo y le cayese a alguien en la cabeza, ¿lo mataría?

No, los vecinos de la Torre Sears, de 485 metros de altura, en Chicago, no tienen motivos para alarmarse. Lleven sombrero o no, no corren ningún peligro por experimentos tan puramente científicos como los suyos. (En esta ocasión, no nos molestaremos en considerar el caso de los globos llenos de agua.)

Seguramente usted pensará en la aceleración producida por la gravedad (el hecho de que un objeto caerá más y más rápido a medida que transcurra el tiempo). Efectivamente, la física de las caídas opera así. A medida que cae un objeto, la gravedad tira de él constantemente. Poco importa su velocidad en un momento dado, pues la gravedad lo empuja a velocidades más altas y el desplazamiento del objeto se acelera cada vez más. Lo mismo que sucede cuando empujamos un carro. Mientras continúe empujándolo, el carro aumentará su velocidad. En el caso de un coche hablaríamos de su «aceleración».

Podríamos pensar que, en caso de que le diéramos el tiempo suficiente, ¿nuestro perdigón podrá alcanzar la velocidad de una bala? Y ya que estamos, ¿por qué no la velocidad de la luz? Los resultados del cálculo obtenido de la ecuación de la gravedad muestran que un objeto (cualquier objeto), después de haber caído 485 metros, se moverá a una velocidad de 333 kilómetros por hora, una magnitud que es por supuesto muy inferior a la velocidad de la luz.

Pero aguarde. Esto es así suponiendo que nada se interponga entre nuestro bombardero loco y su objetivo. Pero hay algo que se interpone: el aire. Y como el objeto tiene que vencer la resistencia del aire, ésta reducirá su velocidad. Así las cosas, nos encontramos con dos fuerzas contrarias: el tirón de la gravedad que incrementa la velocidad del objeto y la oposición del aire que reduce esa velocidad.

Como todas las fuerzas opuestas de la naturaleza, estas dos fuerzas tan sabias llegarán a un acuerdo matemático. El freno impuesto por el aire cancelará una porción equivalente de la aceleración causada por la gravedad, limitando así la velocidad del objeto, sin que importe la distancia recorrida en su caída. Caerá más y más rápidamente, hasta llegar a un punto en que su velocidad se estabilizará y será constante.

La resistencia del aire variará según el objeto que decida arrojar o dejar caer desde el edificio. Por ejemplo, un pollo pelado opondrá una resistencia menor que uno con plumas. En consecuencia, la velocidad de la caída de los diferentes objetos variará. Si no hubiese aire, sus velocidades serían las mismas después de un tiempo, con independencia del peso de los objetos.

En el caso del perdigón, la resistencia del aire hará que la velocidad final cuando alcance la calle sea inocua, incluso para un calvo. Además, el perdigón alcanzaría su velocidad final después de haber caído unos pocos pisos, cosa que hace superflua la organización de una expedición científica a Chicago.

Recuerde que no sólo la velocidad determina la capacidad destructiva de un misil. Lo hace también su aceleración. La aceleración es una combinación de la velocidad y el peso. Aunque la velocidad de una bola de cemento sea inferior a la de una bala, su efecto en un peatón sería severo, gracias a su mayor peso.

Pero seguro que usted ya lo sabía.

La movida universal

En clase de química me enseñaron que todos los átomos y las moléculas están en continuo movimiento. Aunque en clase de física me dijeron que el movimiento continuo no existe, que nada puede moverse continuamente sin que algo lo empuje (una idea que Isaac Newton hubiese formulado de otra manera). ¿Quién está empujando todos esos átomos y moléculas?

Imagínese que los niños cantores de Viena saliesen al escenario a cantar solos y por riguroso turno. Convendrá en que el efecto no sería el mismo. Pero es así como están diseñados los planes de estudios: los profesores de física y química interpretan solos en escenarios diferentes toda vez que no existen las asignaturas de armonización de conceptos.

Ambos postulados son correctos, por supuesto. El truco es el siguiente: nadie empuja todos esos átomos y moléculas actualmente, pero sí recibieron un gran empujón hace miles de millones de años.

El movimiento de los átomos y las moléculas, como el movimiento de cualquier otra cosa, es una forma de energía llamada energía cinética (del griego *kinema*, que significa «movimiento»). En el caso de los átomos y las moléculas, la energía cinética se manifiesta en el incesante chocar y deambular de estas partículas, sólo controlado por los enlaces, palabra que utilizan los químicos para describir los diferentes tipos de atracciones que se dan entre las partículas. Este movimiento colectivo de átomos y moléculas recibe el nombre de calor.

Que todas estas partículas estén en constante movimiento no significa que cualquier pedazo de materia visible (un grano de sal, por ejemplo) pueda saltar espontáneamente como una pulga. Los tres trillones de átomos que integran un grano de sal (sí, lo he calculado) oscilan en todas las direcciones posibles, neutralizándose en el proceso. El grano de sal no saltará de su mesa, al igual que una colmena no galopará por la pradera sólo porque las abejas se muevan frenéticamente en su interior. Lo cierto es que están bastante quietas, a no ser que algo las moleste.

La gran pregunta es: ¿de dónde sacaron su energía cinética todas las partículas del mundo? ¿Acaso hubo un único impulso primordial? Sí, naturalmente. Toda la materia del Universo obtuvo su energía en el momento de la creación, en el famoso Big bang que, según la teoría más aceptada, supuso el inicio de la historia del Universo hace 20.000 millones de años (los cosmólogos aún discuten la fecha exacta). Veinte mil millones de años después, todas las partículas del Universo todavía están temblando.

Aunque no todas tiemblan a la misma velocidad. Cuando agregamos energía térmica a una olla de sopa en la cocina, las partículas de la sopa se moverán a una velocidad promedio más rápida. Asimismo, cuando sustraemos energía térmica de una botella de cerveza al guardarla en la nevera, las partículas de la cerveza se desplazarán con una velocidad promedio más lenta.

Claro está que usted ya sabía que lo que cambiaba en ambos casos era la temperatura: la energía cinética promedio de las partículas de una muestra de materia, ya sea sopa, cerveza, un ser humano o una estrella. En este contexto la palabra clave es *promedio*.

Obviamente no podemos subirnos al borde de una olla de sopa con un cronómetro para medir la velocidad promedio de tantos millones de partículas y así obtener su temperatura. Para eso se inventó el aparatito llamado termómetro, que, por cierto, lo inventó un hombre llamado Gabriel Fahrenheit. El termómetro contiene un líquido muy brillante y visible llamado mercurio que se expande dentro de un tubo de cristal cuando sube la temperatura y se contrae dentro del mismo tubo cuando baja la temperatura. El mercurio se expande a causa de una reacción en cadena de colisiones. Las partículas de la sustancia cuya temperatura queremos determinar colisionan con la superficie del termómetro. Esto hace que algunas de las partículas del cristal choquen con las partículas del mercurio ubicadas dentro del tubo. Las partículas del mercurio que han sido golpeadas se mueven ahora más rápido que antes, y precisan de un espacio mayor, circunstancia que provoca la expansión del mercurio en el interior del tubo.

De suerte que todas las partículas del Universo están temblando con la energía universal y primordial, a distintas velocidades que dependen de su temperatura. Y lo único que hay es energía, que es la única moneda de uso corriente en el Universo. Puede cambiar al igual que lo hace el dinero, en función de la moneda de curso legal en cada nación. Un cuerpo puede perderla y otro puede ganarla, igual que el dinero puede ser transferido mediante una transacción financiera. Hasta puede ser convertida en masa, lo mismo que el dinero puede convertirse en bienes (véase pág. 238). Lo único que no puede hacerse es crearla (la fábrica quebró justo después del Big bang) o destruirla. Obtuvimos una cierta cantidad de energía en el transcurso del Big bang, y desde entonces hemos vivido con ese presupuesto, que se materializa en forma de calor y todas las demás formas que puede adoptar la energía. Si cree que el Sol fabrica nueva energía continuamente para enviárnosla en forma de luz y calor, está muy equivocado. Toda la energía del Universo se está convirtiendo gradual e irreversiblemente en algo llamado entropía, o desorden, el caos total (véase pág. 260). Pero no se preocupe. Antes de que eso ocurra (al cabo de unos seis mil millones de años a partir del día de hoy), el Sol habrá muerto.

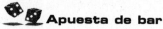 **Apuesta de bar**

El movimiento continuo existe y existirá mientras haya Universo.

Locos por la métrica[1]

De pronto, todas las latas de refresco se miden por litros en vez de cuartos o quintos. ¿Es éste el primer disparo de la revolución métrica? ¿Debemos cambiar todo el sistema de medidas? ¿Qué le pasa al sistema actual?

De entre todas las naciones del mundo, sólo cuatro potencias (Brunei, Mianmar [Birmania], Yemen y los Estados Unidos de América) aún no han adoptado el sistema métrico de pesos y medidas. ¿Acaso el resto del mundo sabe algo que estos cuatro países ignoran?

Veamos cómo nuestro viejo y decrépito sistema inglés de medidas (que ni siquiera utilizan ya los ingleses) puede ser mejorado ostensiblemente. Aquí tenemos una lista de ingredientes para preparar una suculenta tarta de moka:

$1 \, ^1/_3$ tazas de crema de leche
$1 \, ^1/_4$ cucharillas de postre de bicarbonato de sodio
$1 \, ^3/_4$ cucharillas de postre de levadura en polvo
$1 \, ^3/_4$ tazas de harina
2 huevos
$1 \, ^1/_2$ tazas de azúcar
$^1/_2$ taza de mantequilla

---

1. Esta sección, que defiende las ventajas del sistema métrico decimal, están en principio dirigida a los lectores de EE. UU. Ello no merma su interés, razón por la que se mantiene en la versión traducida. (*N. del T.*)

Ahora suponga que quiere preparar sólo media receta. Sus debe-
res consistirían en dividir por dos la cantidad de los ingredientes
estipulada.

Vamos a ver, la mitad de uno y un tercio es, mmm... Bueno, la mitad de uno y un cuarto es..., um... La mitad de uno y tres cuartos...

Bien, una taza son ocho onzas (¿o eran dieciséis?). Entonces, la
mitad de una taza y tres cuartos de harina es una y tres cuartas veces
ocho dividido por dos, o... ¿Por qué no cogemos la mitad de dos huevos (hasta ahí llego) e improvisamos el resto?

Le deseo buena suerte.

Imaginemos que habitamos un mundo mejor, en el cual todo
se mide en unidades métricas. La receta para la misma tarta de
moka sería como sigue:

Receta entera	Mitad de la receta
320 gramos de crema de leche	160 gramos de crema de leche.
6 gramos de bicarbonato de sodio	3 gramos de bicarbonato de sodio
9 gramos de levadura en polvo	4 $^1/_2$ gramos de levadura en polvo
230 gramos de harina	115 gramos de harina.
2 huevos	1 huevo
300 gramos de azúcar	150 gramos de azúcar
110 gramos de mantequilla	55 gramos de mantequilla

Simple, ¿no?

Sólo necesita saber cuánto es un gramo, ¿no es eso? Pues la verdad es que no. Si en este mundo mejor tiene usted un aparatito que
mide todo en gramos, ¿a quién le importará cuánto es un gramo?
Limítese a coger 160, 3, 4 $^1/_2$ de ellos, sean lo que sean. ¿Realmente
sabe usted lo que es una «onza»? Sabemos que es una cierta cantidad de algo, una medida arbitraria que alguien determinó por razones desconocidas, hace mucho, mucho tiempo.

Además, constantemente tenemos que tratar con tres diferentes tipos de onzas: fluidas, avoirdupois y troy, todas ellas distintas.
Ni siquiera sirven para medir las mismas cosas; dos de ellas miden
el peso de las cosas y la restante mide el volumen.

Un gramo es una unidad de peso. Pesar las cosas con una balanza es un procedimiento mucho más preciso y fácil de repetir que llenar tazas, cucharillas soperas o de postre, especialmente en el caso de sustancias engorrosas como la mantequilla. Así pues, tendrá que comprar una balanza de cocina. De todos modos, los chefs serios siempre pesan sus ingredientes.

Salgamos de la cocina y vayamos al taller. Imaginemos que tiene una tabla de madera que mide siete pies y nueve con cinco octavos de pulgada, y necesita cortarla en tres partes iguales. De nuevo le deseo la mejor de las suertes para hacer el cálculo. La solución, a la cual llegaremos en bastante menos de una hora, es dos pies con siete treintaidosavos de pulgada, más o menos. En un mundo mejor, usted mediría la tabla con un metro y descubriría que mide 238 centímetros. Un tercio de esa cantidad es 79,3 centímetros. Se acabó el problema.

Note que no hemos necesitado saber que una pulgada equivale a 2,54 centímetros para solucionar el problema, lo mismo que no necesitamos saber que una onza equivale a 28,35 gramos cuando procedimos a pesar los ingredientes de la tarta. Imagínese un centímetro como la distancia que separa dos puntos adyacentes situados en una vara, e imagínese un gramo como cada una de esas pequeñas divisiones que figuran en la balanza.

Muchas personas se mesan los cabellos cuando piensan que tienen que aprender el sistema métrico, ya que las unidades (los gramos, centímetros y demás) son difíciles de visualizar en términos de las familiares pulgadas y onzas, familiares en los países antes mencionados, desde luego. En otras palabras, el problema y la dificultad estriban en la conversión del viejo al nuevo sistema. ¿A quién le apetece medir en referencia a magnitudes como 2,54 y 28,35? Sin lugar a dudas será difícil y engorroso convertir al sistema métrico todas las cifras que se manejan en un país como Estados Unidos, desde las recetas hasta los mapas de carreteras, por no mencionar todo el conglomerado industrial. Nadie lo pone en duda.

Pero un motivo semejante no justifica la resistencia al cambio. ¿Acaso no tenemos que realizar todos los días cálculos ridículos en el obsoleto sistema inglés? Doce pulgadas son un pie; 3 pies forman una yarda; 1.760 yardas una milla; 16 onzas avoirdupois son una libra; hay 16 onzas fluidas en una pinta; 2 pintas integran un cuarto; 4 cuartos caben en un galón, etc. Y no quisiera mencionar el problema de los pecks (celemines), los bushels (fanegas), los barriles, los fathoms (brazas), los nudos y, literalmente, cientos de otras unidades de medida, ridículas en su mayoría.

En el sistema métrico sólo hay una unidad para cada clase de medida, y los únicos números de conversión que necesitamos son 10, 100 y 1.000, en vez de 3, 4, 12, 16 o 5.280, que resulta mucho más inconveniente. En un metro hay 100 centímetros, en un kilómetro hay 1.000 metros, en un kilogramo hay 1.000 gramos, etc. Utilizar el sistema métrico es la sencillez personificada, como lo prueba el hecho de que los niños y las amas de casa del 94 % de la población mundial lo hacen sin ningún tipo de problema.

Una vez finalizado el período de transición, la vida será más bella. No obstante, cuánto más larga sea la espera, más dura será la transición.

Los Estados Unidos de América padecen un grave dolor de muelas y nunca encuentran el momento adecuado para visitar al dentista.

❓ No lo ha preguntado, pero...

Algunos hombres del tiempo ya recitan las temperaturas en grados centígrados, pero las fórmulas de conversión que nos enseñaron en la escuela son complicadas y recordarlas es casi imposible. ¿Existe alguna manera sencilla para convertir los grados centígrados en grados Fahrenheit?

Sí, existe una manera mucho más sencilla que la que todos conocemos y es una lástima que no la enseñen en la escuela. Parece ser que después de ser escritas en los libros de texto, esas fórmulas complicadas, con tantos paréntesis y números 32, han adquirido vida propia.

He aquí un método mucho más sencillo:

Para convertir temperaturas expresadas en grados centígrados a grados Fahrenheit, sume 40, multiplique por 1,8 y reste 40.

Ése es el truco.

A modo de ejemplo: para transformar 100 °C en grados Fahrenheit, sumamos 40 y obtendremos 140, lo multiplicamos por 1,8 y obtendremos 252, y luego restamos 40 para obtener finalmente 212. ¡Quién lo iba a creer! Es la temperatura del punto de ebullición del agua: en efecto, 100 °C equivalen a 212 °F.

Y lo mejor de este método es que funciona en ambas direcciones:

Para convertir una temperatura en grados Fahrenheit a grados centígrados, sume 40, divida por 1,8 y reste 40.

Por ejemplo, para convertir la cantidad de 32 °F a grados centígrados, sumaremos 40 para obtener 72, dividiremos por 1,8 y obtendremos 40, y finalmente restaremos 40 para descubrir que el resultado..., ¡ahí está!, será 0. Es la temperatura del punto de congelación del agua: 32 °F equivalen a 0 °C.

Así pues, sólo necesita recordar si debe multiplicar o dividir por 1,8. Una pista: las temperaturas en grados Fahrenheit son siempre mayores que las temperaturas en grados centígrados. Entonces, cuando convierta a grados Fahrenheit, deberá siempre multiplicar.

 El rincón del quisquilloso

¿Por qué funciona este método? Funciona por la manera en que los señores Fahrenheit y Celsius crearon sus escalas respectivas de temperatura; accidentalmente, resulta que la magnitud de 40 grados bajo cero expresa la misma temperatura en ambas escalas. De modo que si añadimos 40 al número que tengamos, obtendremos, por decirlo de alguna manera, ambas temperaturas al mismo nivel. Lo único que resta por hacer es corregir el tamaño de los grados (un grado centígrado es exactamente 1,8 veces más grande que un grado Fahrenheit), y finalmente restar los 40 grados artificiales que fueron añadidos al principio.

Pruebas más exhaustivas de la eficacia de este método nos llevarían a entrar en más detalles, algo que queremos evitar en este momento, pero el método es exacto y siempre funciona.

Razones de peso

¿Por qué es más ligero el helio que el aire? Y ya que estamos, ¿por qué las cosas pesan más o menos?

Todo está hecho de partículas: átomos y moléculas. Pero no se trata de una cuestión tan sencilla como para decir que algunas cosas son más ligeras que otras, aunque ésta sea una razón sin duda relevante. El grado de compactación de las partículas es un factor que tiene mucho que decir al respecto.

El plomo es más denso (más pesado que el mismo volumen) que el agua, principalmente porque los átomos del plomo son más de once veces más pesados que las moléculas del agua. Con todo, aunque las moléculas de ambas sustancias pesaran lo mismo, existiría una diferencia en su densidad, causada por su grado de compactación. Por ejemplo, el agua líquida es más densa que el agua sólida (el hielo), si bien en ambos casos el compuesto presenta las mismas partículas, o sea, moléculas de agua. Pero en su forma líquida las moléculas tienen un grado de compactación superior al que puede observarse en su forma sólida. De modo que cuando alguien diga que una sustancia es más densa que otra porque sus partículas pesan más, no nos estará diciendo toda la verdad.

Los gases son un caso totalmente diferente a los líquidos y los sólidos, ya que no están compactados; antes bien, sus moléculas vuelan por el aire, siendo independientes las unas de las otras. A un nivel de presión determinado, todas las moléculas de un gas estarán compactadas (disgregadas en realidad) en la misma proporción, es decir, que estarán a la misma distancia unas de otras, ya sean átomos de helio o moléculas de aire.

Así las cosas, la compactación no tiene nada que ver con la densidad del gas. La densidad del helio es una séptima parte de la del aire bajo la misma presión, sencillamente porque el peso de sus partículas es siete veces menor que el de las partículas del aire.

Justo lo que usted creía, ¿no?, aunque probablemente lo atribuyera a las razones equivocadas.

¿Qué hace el ADN realmente?

¿Qué son esas manchas negras que presentan los científicos como «pruebas de ADN» en los juzgados? ¿Son ADN de verdad?

No lo son. Esas escaleras de manchas negras son sólo una forma de hacer que cosas que no pueden verse, ni con el microscopio, sean visibles para mayor regocijo de jurados y bioquímicos. Representan el resultado de manipulaciones realizadas en el laboratorio y que nunca se explican en los juzgados. Pero antes de que procedamos a describirlas, ¿podría ponerse en pie el ADN auténtico, por favor?

El ADN es la sustancia más impresionante y enmarañada de la Tierra, pero comprenderla no es difícil si evitamos la nomenclatura complicada y nos ceñimos a lo que realmente interesa.

Suponga por un instante que usted es la madre naturaleza y quiere diseñar un sistema o patrón para la vida, ya sea animal o vegetal. El mayor problema que afrontaría es el cambio de una generación a la siguiente. Después de todo, usted no conseguiría gran cosa si al fabricar rosas magníficas, cucarachas o caballos, por muy difícil que esto fuera, no los dotara con la capacidad para reproducirse y engendrar más rosas, cucarachas o caballos. ¿Cómo podríamos entonces conseguir rosas mejores? ¿Cómo sabe la descendencia del caballo que debe ser un caballo y no una brizna de césped o una cucaracha con cuatro patas, en vez de seis, sin antenas ni clorofila, etc., etc., etc.?

Hay un número enorme de especificaciones que deben tenerse en cuenta si queremos cerciorarnos de que cada generación sigue el mismo patrón. ¿Cómo ha conseguido la madre naturaleza grabar y reproducir la misma y enorme cantidad de información que graba y reproduce un «caballo», sin la ayuda de lápiz y papel, cintas de vídeo o un CD-rom?

La respuesta es: la graba en bandas de una sustancia asombrosa llamada ADN, como si ésta fuese una cinta magnética.

«ADN» es una abreviatura piadosa para referirse al ácido desoxirribonucleico. Esta sustancia está formada por cúmulos de átomos, alineados en largos lazos que se enroscan formando espirales, cuidadosamente empaquetadas y localizadas en todas las células de todos los seres vivos, desde los elefantes de seis toneladas hasta las bacterias unicelulares y los abogados.

La información que portan los lazos de ADN está escrita en código: es, por tanto, una información cifrada. Este código reproduce el patrón de secuencias exactas de alineación de los átomos en el lazo del ADN. Si los cúmulos de átomos fuesen palabras, sus secuencias de alineación constituirían frases. Cada secuencia de cúmulos de átomos proporciona una cierta información, de la misma manera que el orden o secuencia de palabras en una frase cambia su significado.

Los científicos llaman nucleótidos a los cúmulos de átomos (o «palabras»), siendo así que las «frases» son los genes. Cada gen («frase») proporciona información sobre lo que el potro, la cucaracha o el ser humano podrá o no podrá ser. Los genes también proporcionan información única que distingue a un bebé de los demás. Hay tantas «palabras» (posiblemente unos cuantos millones) en un solo gen humano, combinadas en tantas «frases» (posiblemente unos cuantos cientos de miles), que con la excepción de los gemelos idénticos, no hallaremos dos individuos con la misma combinación entre los 5.000 millones de seres humanos que pueblan la Tierra, incluidos todos los que ya no están entre nosotros.

Considere la probabilidad de que algo así suceda. Si usted tuviese una cesta llena de unos cuantos millones de palabras y escogiese un número determinado de ellas una a una, con los ojos vendados y al azar, para escribir un libro de unos cientos de miles de frases, ¿qué probabilidad tendría de repetir el proceso y conseguir exactamente las mismas palabras, organizadas según las mismas secuencias, o sea, de redactar exactamente el mismo libro? En el caso de los seres humanos, la probabilidad de que esto ocurra es aún menor, debido al aislamiento histórico y geográfico. Así, la probabilidad de obtener un duplicado de un bebé negro africano en un hospital sueco es menor que lo que podrían indicar las matemáticas.

¡Ajá! Dado que cada ser humano de la Tierra posee una combinación de genes única en sus lazos de ADN, ¿podemos acaso adivinar las características de un individuo al examinar su ADN? En teoría sí, mas todavía no hemos logrado descifrar la secuencia completa del genoma humano.[1] Pero ya que el ADN está presente en todas las células del cuerpo humano, desde la piel hasta la sangre, el pelo, las uñas y el semen, ¿podríamos identificar al sospechoso de un crimen comparando su ADN con el de las células halladas en la escena del crimen? Por supuesto, y eso es precisamente lo que pretende el análisis forense del ADN.

¿Que cómo lo hacen? Extraen el ADN de la muestra y lo tratan con enzimas que lo hacen crecer, realizando copias idénticas, hasta que se obtiene la cantidad necesaria para el análisis. Otras enzimas dividen los lazos en partes suficientemente manejables, como si dividiésemos un libro en páginas, párrafos y frases. Posteriormente los técnicos ordenan los fragmentos según su tamaño (ya le explicaré cómo) y comparan las muestras para dirimir si el mismo patrón de palabras se repite. Fragmentos idénticos significan un ADN idéntico y, por tanto, el análisis vendrá a decirnos que se trata de la misma persona.

Piénselo, si usted puede cortar dos libros en cientos de trozos y obtener siquiera media docena de páginas o párrafos en el mismo orden, entonces tenga por seguro que se trata del mismo libro (o de un caso escandaloso de plagio).

---

1. En febrero de 2001 se presentó un primer borrador, pero todavía no se conoce con certeza el número total de genes del genoma humano. *(N. del T.)*

258 | LO QUE EINSTEIN NO SABÍA

Volvamos ahora a esas siniestras manchas negras. Las escalas de líneas gruesas y negras están hechas con fragmentos de ADN, dispuestos según su tamaño y aparato eléctrico. Los técnicos les aplican una corriente eléctrica negativa y dejan que los fragmentos floten lentamente en una superficie en dirección a un polo positivo. Los fragmentos más pequeños se mueven más rápido y llegan más lejos en su carrera hacia el polo positivo, quedando más arriba en la escala. Por el contrario, los fragmentos más pesados se quedan en el camino a diferentes alturas de la escala. En resumidas cuentas, se diseminan y ordenan según su tamaño.

Los grupos invisibles y aislados de fragmentos de ADN se hacen radiactivos, para que su radiación marque la película fotográfica, y así obtenemos su posición en la escala. Los científicos comparan la película revelada y marcada de la escala de estos fragmentos de ADN, y así pueden comparar la estructura del ADN de las dos muestras. Posiciones idénticas en la escala para los fragmentos indican que se trata del mismo ADN y, por tanto, del mismo individuo con una elevada probabilidad de acierto, de cientos de trillones contra uno.

Ni que decir tiene que siempre existe la probabilidad de que un caballo fuera el asesino.

De usar y tirar

Hoy en día, reciclamos todo tipo de cosas para ahorrar energía y recursos. ¿Podemos reciclar la energía misma?

Por supuesto, siempre que reciclar suponga transformar algo en una forma más útil. Lo hacemos cada día. Las plantas de energía transforman agua, carbón y energía nuclear en electricidad. Las tostadoras de nuestras cocinas transforman la energía eléctrica en energía térmica. Los motores de nuestros automóviles transforman la energía química en movimiento (energía cinética). Así, las diferentes formas de energía son intercambiables; lo único que necesitamos hacer es inventar la máquina apropiada para realizar un determinado trabajo.

Pero tenemos un problema (quizá el mayor problema de todo el Universo): cada vez que convertimos la energía, perdemos un poco en la transformación. Esto no se debe a que nuestras máquinas no sean eficientes o a nuestra torpeza; es algo más sencillo. Es como cambiar divisas de un país extranjero: existe un agente cósmico que se lleva una pequeña comisión por cada transacción realizada y que recibe el nombre de Segunda ley de la termodinámica.

Es como cuando decimos que tenemos buenas y malas noticias.

Primero, las buenas noticias. Se trata de la Ley de la conservación de la energía, también llamada Primera ley de la termodinámica. Postula que la energía no puede ser creada ni destruida, antes bien puede ser transformada en muchas de sus formas (calor, luz, energía química, masa y demás). Sin embargo, según la Primera ley, la cantidad de energía debe ser la misma, la energía no puede desaparecer sin más. La cantidad total de masa-energía existente en el Universo fue estipulada en el momento de la creación (véase pág. 247). Nunca podremos quedarnos sin energía.

¡Perfecto! Entonces todo lo que tendremos que hacer es transformar la energía según la necesidad de cada momento, a saber: luz de una bombilla, electricidad de una batería, movimiento de un motor; y la podremos reutilizar hasta el infinito. Reciclaremos la energía del mismo modo que reciclamos las latas de aluminio, ¿verdad?

Desgraciadamente no, he aquí las malas noticias: la Segunda ley de la termodinámica propugna que cada vez que transformamos la energía perdemos un poco de su utilidad en dicho proceso. No podemos perder la energía misma (la Primera ley lo prohíbe), pero perdemos un poco de su capacidad para producir trabajo. Y si no se puede trabajar con ella, ¿de qué nos sirve?

La razón de que se produzca esta pérdida de fuerza de trabajo es que, cada vez que convertimos la energía de una forma a otra, una cierta cantidad de energía se convierte en calor, nos guste o no.

Alrededor de un 60 % de la energía del carbón quemado en las plantas de energía se desperdicia en forma de calor; de suerte que sólo un 40 % acaba convirtiéndose en electricidad, y mucha se pierde en los cables, camino de su casa. Un 98 % de la energía eléctrica de una bombilla se pierde en forma de calor, de la misma manera que mucha de la energía química de la gasolina se pierde por el radiador y el tubo de escape del coche.

Aunque todas estas operaciones complejas fuesen totalmente eficientes, al 100 %, algo de calor se perdería inevitablemente. Aun en el caso de los molinos de agua, un poco de la energía hídrica se convierte en calor por la fricción de los ejes de la rueda del molino.

Esperar que no se pierda calor es como negar la existencia de la fricción. Y pensar que no hay fricción es como pensar que una máquina puede moverse continuamente sin perder velocidad. Concebir la existencia del movimiento perpetuo. Energía de la nada, un concepto sin duda imposible (véase la Primera ley). En resumidas cuentas, siempre que empleemos la energía se producirá calor.

Pero el calor es energía, ¿o no? Por supuesto que lo es. Entonces, ¿por qué no podemos emplearlo de una manera útil?

Éstas son las noticias realmente malas que se derivan de la segunda ley: lo podemos hacer, pero no completamente. Aunque otras formas de energía pueden ser convertidas en calor en su totalidad, con una eficiencia del 100 %, el calor no puede ser convertido al 100 % en otras formas de energía. ¿Por qué? Porque el calor es un movimiento continuo y aleatorio de las moléculas (véase pág. 247), y una vez que la energía se encuentre en esta condición caótica, no podremos obtener de ella la cantidad adecuada de trabajo útil. Si tiene dudas, intente arar un campo con un «equipo» de caballos que galopen libremente en direcciones distintas.

Y así, poco a poco, el mundo gira y todas las formas de energía se van convirtiendo irremediablemente en un calor irrecuperable. La energía del mundo se transforma de manera gradual en un movimiento de partículas inútil para nuestros propósitos, y sumamente caótico. Cuanta más energía utilicemos, más perderemos.

El Universo se está consumiendo cual batería de coche barata. Estamos, pues, en un callejón sin salida.

Que tenga un buen día.

¿Por qué, papá...?

Podría parecer una pregunta estúpida, pero ¿qué propicia que las cosas ocurran o dejen de ocurrir? El agua fluye cuesta abajo, nunca cuesta arriba. Puedo añadir azúcar al café, pero si pongo demasiado ya no lo puedo quitar. Puedo encender una cerilla, pero no puedo devolverla a su estado inicial una vez encendida. ¿Existe alguna ley que determine el porqué de las cosas?

Las preguntas estúpidas no existen. La verdad es que su pregunta es la más profunda jamás formulada. En todo caso, tiene una respuesta relativamente sencilla, en particular desde que un genio llamado Josiah Willard Gibbs diera con la razón a finales del siglo XIX.

La respuesta consiste en que todo, absolutamente todo, en la naturaleza depende de un equilibrio establecido entre dos cualidades fundamentales: la energía, de la que probablemente a estas alturas sabrá algo, y la entropía, que probablemente desconozca, si bien muy pronto este concepto le resultará familiar. Este equilibrio determinará, por sí solo, el porqué de las cosas.

Algunas cosas ocurren por sí mismas, pero no pueden cambiar de comportamiento sin ayuda externa. Por ejemplo, si la transportamos o bombeamos podemos hacer que el agua fluya cuesta arriba. Y si realmente quisiéramos, podríamos sacar el azúcar del café, como resultado de evaporar el agua y separar los restos sólidos del café y el azúcar por medios químicos. La cuestión de la cerilla es más difícil, pero con suficientes medios y tiempo, un pequeño ejército de químicos sería capaz de reconstruir la cerilla a partir de las cenizas, el humo y los gases.

La cuestión es que cada uno de estos casos requiere de una injerencia externa sustancial, unos influjos o suministros de energía foránea. Si no la molestamos, la naturaleza se encargará de que muchas cosas ocurran por sí mismas. Aunque otras nunca lo harán, por muy tranquilas y en paz que la dejemos hasta el día del Juicio Final. La naturaleza obedece una regla fundamental que consiste en que las cosas pasarán siempre y cuando el equilibrio entre la energía y la entropía sea el justo; de no ser así, jamás se llevarán a cabo.

Primero abordaremos el concepto de energía y después nos encargaremos de la entropía.

Por norma general, las cosas intentarán desprenderse de energía. En una cascada, el agua se desprende de su energía gravitacional, permitiendo su caída a un estanque. Algo de lo que podemos sacar provecho, haciendo que mueva una rueda en su viaje descendente. Pero una vez que el agua haya llegado abajo, se encontrará «vacía de energía», al menos desde el punto de vista gravitacional. Y no podrá regresar hasta arriba por la cascada. Muchas de las reacciones químicas son causadas por la misma razón: los compuestos químicos se deshacen de parte de su energía al transformarse en compuestos con menos energía. La cerilla que arde es un buen ejemplo.

De esta manera y si nada cambia, la naturaleza tenderá habitualmente a rebajar la energía siempre que sea posible. Ésta es la primera regla.

Pero la disminución de energía es sólo una parte del porqué de las cosas. El resto responde al aumento de la entropía. La entropía no es sino un término sofisticado para nombrar el desorden, la organización caótica e irregular de las cosas. En el comienzo de un partido de fútbol, los jugadores se colocan en su sitio de manera ordenada, no están desordenados o mezclados y, por ende, presentan un nivel de entropía bajo. Después del inicio del partido, lo más normal es que se dispersen por el terreno de juego y originen una estructura más desordenada y con un nivel de entropía más elevado.

Lo mismo sucede con las partículas individuales que forman las sustancias: los átomos y las moléculas. Pueden organizarse en estructuras ordenadas, desordenadas o en cualquier otra disposición intermedia. O sea, que pueden tener niveles de entropía variables. Con todo, suponiendo que todo permanece sin cambios (especialmente la energía), la tendencia de la naturaleza consiste en procurar asumir niveles de desorden progresivamente mayores, esto es, en aumentar su nivel de entropía siempre que sea posible. Es la regla número dos. Se puede producir un incremento «artificial» de la energía siempre y cuando se vea compensado por un incremento igual o mayor de la entropía. ¿Está claro?

De modo que para conocer si algún fenómeno de los que se dan en la naturaleza acontece o no de manera espontánea (sin injerencias externas) deberemos examinar el equilibrio entre las reglas de la energía y la entropía.

¿Respecto a la cascada? La caída se produce debido a una disminución importante de energía; no existen diferencias apreciables entre los niveles de entropía del agua antes o después de caer por la cascada. Se trata de un proceso provocado por la energía.

¿El azúcar del café? Su disolución es debida a un incremento considerable de su nivel de entropía; las moléculas del azúcar que se encuentran nadando en el café poseen una estructura mucho más desordenada que la que presentaban cuando estaban unidas unas a otras, ordenadamente, en la forma de cristales de azúcar. No existen diferencias apreciables en el nivel de energía del azúcar sólido y el del azúcar disuelto (el café no cambia de temperatura cuando disolvemos el azúcar, ¿verdad?). Se trata de un proceso provocado por la entropía.

¿Y la cerilla ardiente? Aquí se produce una clara disminución de energía; la energía química almacenada se libera en forma de luz y calor. Pero, además, se produce un incremento importante del nivel de entropía; los gases y los humos presentan una forma mucho más desordenada que la cabeza de la cerilla original. De modo que esta reacción posee la bendición de ambas leyes, y se produce con inusitadas ganas en el momento en que se rasca la cerilla. Se trata de un proceso provocado tanto por la entropía como por la energía.

Pero ¿qué ocurre si tenemos un proceso en el que uno de los dos niveles, ya sea el de la energía o el de la entropía, sufre una variación «en sentido contrario»? En este contexto el proceso se llevará a cabo siempre y cuando el otro nivel varíe en la «dirección correcta» y en cantidad suficiente para compensar la variación inicial «contraria». Dicho con otras palabras, la energía puede aumentar siempre y cuando sea compensada por un aumento de la entropía; y la entropía puede disminuir siempre y cuando se produzca una disminución acorde de la energía.

Lo que el Sr. J. Willard Gibbs inventó fue una ecuación que representa el equilibrio entre la entropía y la energía. Casualmente, si el resultado de esta ecuación es de signo negativo, nos encontraremos ante un proceso que la naturaleza permite que ocurra de forma espontánea. Si el resultado es positivo, el proceso será imposible. Totalmente imposible, a no ser que los seres humanos rompan las reglas por medio de influjos energéticos exteriores.

Siempre y cuando utilicemos la suficiente energía, podremos contradecir la ley de la entropía de la naturaleza que, como se ha dicho, postula que todo tiende al desorden. Por citar un ejemplo, podríamos recolectar, átomo por átomo y con el suficiente esfuerzo, los diez millones de toneladas de oro disuelto presentes en el océano, donde sólo aguardan nuestra codiciosa llegada. Lo malo del caso es que están diseminadas en 1.350 millones de kilómetros cúbicos de océano, observando un patrón completamente aleatorio y con un nivel de entropía increíblemente alto. Así las cosas, la producción de la energía necesaria para separar y purificar el oro costaría mucho más que el valor del oro obtenido tras el proceso.

En un momento de fervor desaforado y favorecido por las leyes de la mecánica, atribuimos la cita que sigue al bueno de Arquímedes (287-212 a. C.): «Dadme un punto de apoyo y moveré el mundo». Si hubiese conocido la entropía y el pastel de manzana, es muy probable que hubiera añadido lo siguiente: «Dadme la energía suficiente y ordenaré el mundo como un pastel de manzana».

PALABRAS CLAVE

aceleración Incremento de la velocidad a medida que transcurre el tiempo.

ácido, base y sal Los ácidos y las bases son compuestos químicos opuestos que se neutralizan mutuamente, dando lugar a ciertas cantidades de agua y sal. La sal de mesa es la sal más común. Entre los ácidos comunes encontramos el dióxido de carbono (anhídrido carbónico) y el vinagre. El amoníaco y la lejía son dos bases muy comunes.

aleación Metal resultante de la fusión de dos o más metales puros.

átomos Partículas muy pequeñas que componen todas las sustancias. Hay 110 clases de átomos conocidas. Los átomos están casi siempre juntos, agrupados unos a otros en combinaciones muy variadas que forman las moléculas.

calor Una forma de energía que repercute en el movimiento de los átomos y las moléculas que integran una sustancia.

calor de fusión La cantidad de calor necesaria para derretir un cuerpo sólido, normalmente expresada por el número de calorías que se requieren para fundir un gramo de dicho sólido.

caloría Una cantidad de energía calorífica. Conforme al uso que de esta palabra hacen los químicos, una caloría es la cantidad de calor necesaria para elevar en un grado centígrado la temperatura de un gramo de agua. La Caloría aplicada al aporte de energía de los alimentos según la emplean los dietistas y los expertos en nutrición equivale a 1.000 calorías de las anteriormente citadas. Para evitar confusiones, a lo largo de este libro se ha optado por el uso de la caloría en minúscula cuando se hace referencia al argot de los químicos y la Caloría en mayúscula para el término que utilizan los dietistas y los expertos en nutrición.

capacidad calorífica La cantidad de calor añadido requerida para elevar la temperatura de una sustancia un determinado número de grados. El agua, por citar un ejemplo, absorberá una gran cantidad de calor antes de calentarse mucho y, en consecuencia, tiene una capacidad calorífica elevada.

capilar Un tubo extremadamente delgado, o un espacio muy reducido, a través del cual puede fluir un líquido. El agua y algunos otros líquidos se arrastran de manera automática por estos espacios tan reducidos debido a que sus moléculas son atraídas por las paredes del tubo.

carbohidratos Una familia de compuestos químicos de origen vegetal entre los que cabe incluir los almidones, los azúcares y la celulosa.

compuesto químico Una sustancia pura y definida cuyas moléculas están compuestas por un número de átomos concreto de una clase asimismo concreta. Resulta poco frecuente observar compuestos químicos puros en la naturaleza, debido fundamentalmente a que casi todas las cosas de este mundo están compuestas por combinaciones y mezclas de ellos.

compuestos orgánicos e inorgánicos Los químicos han dividido todos los compuestos químicos en dos clases principales: los orgánicos y los inorgánicos. Compuestos orgánicos son aquellos que contienen átomos de carbono en sus moléculas, mientras que son inorgánicos todos los compuestos cuya composición carece de átomos de carbono. Casi todos los compuestos químicos que intervienen en los procesos de la vida animal y vegetal son de naturaleza orgánica.

condensación Cuando un vapor se enfría lo suficiente para convertirse en un líquido se dice que se ha condensado. La condensación es el proceso inverso a la ebullición, donde un líquido se transforma en vapor como resultado de un fuerte aumento de la temperatura.

coseno Lo que se obtiene tras pulsar el botón cos de una calculadora científica.

cristal Un sólido integrado por una disposición regular y geométrica de partículas. El aspecto del sólido en cuestión reflejará esta uniformidad en la disposición interna; así pues, su forma será asimismo geométrica y regular.

densidad Medida que indica cuán pesado es un volumen (masa) dado de una sustancia. Por ejemplo, en el sistema métrico un centímetro cúbico de agua pesa un gramo a 4 ºC (un pie cúbico pesará por tanto 62,4 libras). Comparativamente hablando, la densidad del plomo es de 11 gramos por centímetro cúbico.

disolución Cuando una sustancia se disuelve en agua parece desaparecer sencillamente porque se disgrega. Sus moléculas se separan y se mezclan íntimamente con las moléculas que integran el agua. Esta mezcla recibe el nombre de *solución*. La «fuerza» de una solución es un indicador de la cantidad de sustancia que se ha disuelto en una cantidad de agua determinada. Por razones que aquí no explicaremos, los químicos insisten en utilizar el término *concentración* en lugar de *fuerza*.

electrón Una partícula diminuta que presenta una carga negativa. Su hábitat natural es la zona exterior del núcleo, el centro (extremadamente pesado) de un átomo. Con relativa facilidad pueden desprenderse del átomo y moverse con libertad.

energía cinética Energía cinética es la energía que se manifiesta en la forma de una acción o movimiento. Una pelota de béisbol, una vez lanzada, presentará obviamente una cierta cantidad de energía cinética. Si bien el calor también es una forma de energía cinética porque no es otra cosa que el resultado del movimiento de los átomos y las moléculas que integran un objeto cualquiera, aún cuando el objeto en cuestión no esté en movimiento.

energía potencial Toda energía que de un modo u otro se encuentra almacenada y a la espera de ser liberada para llevar a cabo algún trabajo útil. Sirvan como ejemplo la energía potencial gravitatoria (un canto rodado en posición de equilibrio al borde de un precipicio), la energía potencial química (un cartucho de dinamita) y la energía potencial nuclear (un grupo de átomos de uranio).

enzima Catalizador natural (sustancia que propicia y acelera los procesos químicos sin agotarse ni sufrir alteración alguna). En los animales y las plantas las enzimas contribuyen a que ciertos procesos excesivamente lentos se ejecuten con una velocidad razonable.

espectro Una muestra de todas las longitudes de onda que presenta la radiación que una sustancia dada absorbe o emite. Así, el Sol emite un amplio espectro de radiación que incluye el llamado espectro visible: los colores del arco iris que puede apreciar el ojo humano.

fuerza centrífuga La fuerza en virtud de la cual las cosas tienden a desplazarse hacia el exterior cuando las hacemos girar en círculos. Si alguna vez ha oído hablar de la fuerza centrípeta, olvídese de ella: es innecesaria y confusa.

ión Un ion es un átomo o grupo de átomos con una carga eléctrica obtenida tras perder algunos de sus electrones o bien por haberlos ganado. La mayoría de los minerales existe en forma de iones, y no como átomos o moléculas exentos de carga eléctrica.

molécula Partícula minúscula que encontramos en la composición de todas las sustancias. Las diferencias que caracterizan a las sustancias derivan de la composición, disposición, tamaño o forma, asimismo diferentes, de las moléculas que las integran. A su vez, las moléculas están compuestas por partículas aún más pequeñas llamadas átomos. Y los átomos, a su vez, están compuestos por electrones que, como se ha dicho, están localizados alrededor de un núcleo.

núcleo El cuerpo central, y más pesado, de un átomo que virtualmente contiene toda la masa o el peso del mismo. Es miles de veces más pesado que los electrones del átomo.

polar Una sustancia polar se halla constituida por moléculas cuyos electrones están más concentrados en un extremo que en el otro, circunstancia que hace que ese extremo presente una carga negativa, en comparación con la carga del opuesto. Una molécula semejante responderá a las fuerzas eléctricas y magnéticas, siendo así que una molécula no polar no se vería en modo alguno afectada por ellas. Las moléculas del agua son altamente polares, cosa que confiere al líquido elemento sus propiedades únicas.

polímero Sustancia cuyas grandes moléculas están compuestas por otras de mucho menor tamaño adheridas unas a otras. Las proteínas y los plásticos son polímeros muy comunes.

presión La cantidad de fuerza que se aplica por unidad de superficie, a menudo expresada en gramos por centímetro cuadrado.

proteína Un polímero que puede encontrarse en animales y plantas, cuyas moléculas de gran tamaño se han formado como consecuencia de la condensación de moléculas de aminoácidos. Los aminoácidos son compuestos químicos orgánicos que contienen nitrógeno y resultan esenciales para el metabolismo del ser humano.

radiación electromagnética Energía pura en forma de ondas que viajan a través del espacio a la velocidad de la luz. Los tipos de energía electromagnética conocidos abarcan desde las ondas de radio hasta las microondas y la luz (ambas visibles e invisibles), así como los rayos X y los rayos gamma. Las ondas electromagnéticas presentan una longitud de onda y una frecuencia de vibración. Cuanto más corta sea la longitud, mayores serán la frecuencia y la energía de las ondas.

reacción redox Una reacción química en la cual se produce una transferencia de electrones entre un átomo, molécula o ion de una clase a otros de otra clase.

temperatura Cifra que expresa la energía cinética, o energía de movimiento, que promedian todas las partículas de una sustancia.

ÍNDICE ANALÍTICO

músculo
en los peces y animales terrestres, 71, 72
fibras, 71
Mylar (película plástica aluminiza-
da), 191

N

neón (rótulos), colores de, 187
neumático, bicicleta, 30
neumáticos de un automóvil, inflado
de los, 45
Newton, Sir Isaac, 124, 125, 126
niebla
falsa, hecha con hielo seco, 148
tras abrir una botella de cerveza,
129
nieve
calor de la,
desaparición, 178
formación de, 181
nieve artificial, 182, 184
nigari (condimento), 87
níquel, magnetismo del, 54, 168, 246
nitrógeno, en la sangre, 205, 206
nitroglicerina, 241
nubes de electrones, 117
nubes, color de las, 159, 172, 173, 195
nuclear, fisión, 240, 242
núcleos, para la formación de burbujas, 45, 46, 47

O

obturadores, para las botellas de bebidas gaseosas, 30
océanos, nivel de los, 178
olas, del mar
cómo se producen, 159
movimiento de las, en la orilla, 160
por qué rompen,150, 159, 162

olla a presión,
temperatura en su interior, 224
ondas de radio, 81, 232
onzas, tipos de, 251, 252
oro,
como absorbente de los rayos X,
235
en los océanos, 263
ósmosis, 97
oxidación, 52, 105
efectos de la sal en la, 106
óxido de hierro, 105, 106
óxido nítrico, como contaminante
del aire, 170

P

palomas,
el vuelo de las, 123
en el remolque de un camión,
123
parabrisas, automóviles, cómo se
rompen, 101, 103
parafina, 25, 27
paramagnetismo, 244
parrillas y hornos de gas, 28
pastel de café, medición de sus ingredientes, 250
pátina, en le cobre, 166
patinaje sobre hielo, récord de velocidad, 225
patines sobre hielo, presión causada
por, 226
peces
blancura de la carne, 70
cocción, 70
cómo cambian la profundidad,
153, 154
enfermedad del buzo, 205
enzimas digestivas en, 154
nado, 70